Hérodote

revue de géographie
et de géopolitique
n° 179

SOMMAIRE

Hérodote

PROCHAIN NUMÉRO

N° 180 : Le Maghreb

DERNIERS NUMÉROS D'*HÉRODOTE*

N° 131 : Les enjeux de la crise alimentaire.
N° 132 : L'Amérique d'Obama.
N° 133 : Le Golfe et ses émirats.
N° 134 : Pillages et Pirateries.
N° 135 : France, enjeux territoriaux.
N° 136 : Femmes et géopolitiques.
N° 137 : Géopolitique des Îles Britanniques.
N° 138 : Géopolitique de la Russie.
N° 139 : Géopolitique du Pakistan.
N° 140 : Renseignement et intelligence géographique.
N° 141 : Géopolitique de la péninsule coréenne.
N° 142 : Géopolitique du Sahara.
N° 143 : Santé publique et Territoires.
N° 144 : L'extrême droite en Europe.
N° 145 : Géopolitique de l'océan Indien.
N° 146-147 : La géopolitique, des géopolitiques.
N° 148 : Géopolitique de la Turquie.
N° 149 : L'Amérique d'Obama, 2.
N° 150 : Regards géopolitiques sur la Chine.
N° 151 : Économie et géopolitique.
N° 152-153 : Cyberespace : enjeux politiques.
N° 154 : France, pouvoirs et territoires.
N° 155 : Géopolitique de l'énergie.
N° 156 : Géopolitique de l'agriculture.
N° 157 : Géopolitique du Viêt Nam.
N° 158 : Postconflit : entre guerre et paix ?
N° 159 : Géopolitique du Nigéria.
N° 160-161 : Hérodote a 40 ans : spécial monde arabe.
N° 162 : le 9-3, un territoire de la nation.
N° 163 : Mers et océans.
N° 164 : Menaces sur l'Europe.
N° 165 : Géopolitique de l'environnement.
N° 166-167 : Géopolitique de la Russie.
N° 168 : Géopolitique des universités.
N° 169 : Regards géopolitiques sur l'Iran.
N° 170 : La France demain.
N° 171 : Nouvelle géopolitique de l'Amérique latine.
N° 172 : Géopolitique sahélo-saharienne.
N° 173 : L'Inde.
N° 174 : Nations et migrations.
N° 175 : L'Allemagne, trente ans après.
N° 176 : L'Asie du Sud-Est.
N° 177-178 : Du cyberespace à la datasphère.

Mis en pages par DV Arts Graphiques à La Rochelle – Dépôt légal : octobre 2020

ISBN : 978-2-348-06424-1

Éditorial.
Géopolitique d'une autre Afrique médiane

Béatrice Giblin

En 1997, Yves Lacoste proposait à Roland Pourtier, géographe spécialiste de l'Afrique subsaharienne francophone, de contribuer à la réalisation d'un numéro d'*Hérodote* sur cette région. Lacoste lui donnait le titre singulier de : « Géopolitique d'une Afrique médiane ». Singulier car cette région d'Afrique n'était jamais qualifiée ainsi mais plutôt d'Afrique centrale, équatoriale ou tropicale. Or, comme le précisait Lacoste, parler d'Afrique médiane c'était former un nouvel ensemble spatial et le distinguer des autres, sans toutefois les disqualifier, pour mieux comprendre des situations géopolitiques très compliquées, en décortiquant leurs intersections politiques et spatiales et en prenant en compte un ensemble plus vaste. En effet, ces situations géopolitiques conflictuelles bien localisées pouvaient avoir des répercussions non seulement sur des territoires voisins mais aussi sur d'autres territoires beaucoup plus lointains. Autre caractère singulier de ce titre « Géopolitique *d'une* Afrique médiane » et non pas « Géopolitique *de l'*Afrique médiane », la précision du choix de l'article n'avait rien d'anodin. Pour Lacoste, cela signifiait que les limites qu'il donnait à cette Afrique médiane n'étaient pas intangibles et qu'il était donc possible de construire un autre ensemble spatial qui correspondrait *grosso modo* à cette région mais sans en avoir exactement les mêmes limites. C'est d'ailleurs le cas avec l'ensemble spatial qui a été formé pour traiter des situations géopolitiques compliquées actuelles de cette autre Afrique médiane, un peu moins vaste que la précédente, puisqu'elle n'intègre pas les pays situés au sud de la République du Congo, c'est-à-dire l'Angola, la Zambie, le Mozambique, mais plus étendue vers le nord puisqu'elle intègre le sud du Sahel.

Vingt-trois ans plus tard, je me suis de nouveau adressée à Roland Pourtier pour réaliser ce numéro. C'est donc une fois encore lui qui a choisi les auteurs parmi lesquels on retrouve trois des auteurs du précédent numéro, lui-même,

Hérodote, n° 179, La Découverte, 4e trimestre 2020.

Gérard Prunier et Filip Reyntjens, preuve que les situations géopolitiques de ce vaste ensemble restent conflictuelles et compliquées, ce qui justifie qu'*Hérodote* s'y intéresse de nouveau.

En mai 1997, c'était la chute de Mobutu et la conquête du pouvoir par Laurent-Désiré Kabila soutenu par le nouveau pouvoir tutsi du Rwanda, par l'Ouganda et par des spécialistes américains pour assurer la logistique de cette longue marche de plus de 2 000 km à travers la forêt équatoriale. L'essentiel des articles de ce numéro était d'ailleurs consacré à la situation du Congo et à l'une de ses régions, voisine du Rwanda, le Kivu, en pleine rébellion et enfin au Rwanda, encore très marqué par les conséquences du génocide des Tutsis.

Aujourd'hui, dans ce vaste ensemble dans lequel la République démocratique du Congo occupe une place centrale, avec ses 2 350 000 km^2 et ses plus ou moins 85 millions d'habitants, l'une des questions majeures qui se posent est de comprendre les raisons de la persistance de ces situations géopolitiques compliquées et conflictuelles.

Celles-ci ne font d'ailleurs plus la une de l'actualité, leur longévité, souvent plus de deux décennies, génère une forme de lassitude dans l'opinion publique malgré des rébellions et des révoltes qui font des milliers de morts, des centaines de milliers, voire des millions, de déplacés. Comme le dit Roland Pourtier dans son excellent article, l'actualité africaine s'est déportée vers d'autres théâtres, principalement le Sahara-Sahel, où l'armée française est directement engagée.

L'indispensable raisonnement géographique pour éclairer les situations géopolitiques

De par le titre qu'il a choisi, « Afrique médiane, Afrique équatoriale : milieu et histoire », Roland Pourtier annonce une analyse géopolitique où la géographie des milieux est justement et utilement prise en compte, sans toutefois tomber dans un déterminisme simpliste. C'est exactement le genre d'article qu'*Hérodote* est fière de publier. D'une part, il légitime la question des liens de causalité, généralement occultés, ici entre les milieux équatoriaux et l'organisation sociale et politique des populations. Ainsi, celle de la forêt équatoriale dense et humide, où le regard ne peut se porter sur de vastes espaces, ne peut correspondre à celle des populations de la savane arborée. Citons Roland Pourtier : « L'équateur forestier est un monde sans moisson, sans conservation de longue durée, sans grenier. Il en résulte une relation au temps très particulière : pas de provision, pas de prévision. Aucun pouvoir ne s'est construit sur le contrôle des subsistances et la gestion du futur. » En revanche, dans la savane arborée « la circulation y est aisée, le repérage à longue distance

Hérodote, n° 179, La Découverte, 4e trimestre 2020.

possible. La céréaliculture (mils et sorghos et de plus en plus maïs) a été la réponse au climat tropical à saisons alternées. Le grenier impose une autorité gestionnaire, il faut penser le futur. Là réside un des fondements de l'organisation de la société, une des sources du pouvoir dans cette Afrique des greniers ». Par ailleurs, Roland Pourtier prend en compte les temps longs pour aborder les conséquences parfois toujours actuelles de phénomènes géopolitiques majeurs, comme la traite esclavagiste pratiquée par des peuples africains au détriment d'autres peuples africains pour le plus grand bénéfice des commerçants arabes puis européens. Traite esclavagiste qui a dépeuplé certaines régions et laissé des traces toujours perceptibles dans les mémoires collectives de ces populations. Au prélèvement des hommes a succédé le prélèvement des matières premières, qui explique en partie pourquoi les populations de la République démocratique du Congo (RDC) si riche en minerais sont dans leur grande majorité toujours aussi pauvres. Cette pauvreté se traduit dans la médiocrité de l'état de santé de la population même si celle-ci s'améliore (voir l'article de René Migliani et Jeanne-Marie Amat-Roze).

De même, la faiblesse de l'État dans le contrôle de son territoire interdit à la RDC de jouer au niveau régional le rôle central que devraient lui permettre sa position géographique et l'immensité de son territoire aux potentialités économiques si élevées (voir l'article de Marc-Louis Ropivia). Ces immenses potentialités économiques suscitent l'intérêt des nouvelles puissances émergentes asiatiques, en particulier la Chine et dans une moindre mesure l'Inde[1], qui concurrencent les anciennes puissances coloniales au point que Jean-Pierre Bat parle à propos de l'Afrique centrale de nouveau « Grand Jeu ».

L'immensité des espaces forestiers n'en est d'ailleurs pas le moindre des atouts. Au moment où les défrichements de la forêt amazonienne s'accroissent, encouragés par la politique de Jair Bolsonaro, alors même que les effets négatifs du réchauffement climatique sont incontestables, les forêts de l'Afrique équatoriale sont de plus en plus convoitées soit pour les préserver comme étant un « poumon vert » indispensable à l'humanité, soit pour y exploiter leurs bois précieux. Alain Karsenty montre que la déforestation, surtout en RDC, est d'abord le fait de la petite agriculture du fait de la forte croissance démographique qui a pour conséquence d'augmenter rapidement le besoin de nouvelles terres à cultiver. Même si certains milieux sont toujours prompts à dénoncer la persistance d'une exploitation de type colonial des espaces forestiers par des entreprises européennes, celles-ci sont désormais très nettement minoritaires, largement dépassées par l'émergence d'une rivalité sino-indienne comme le souligne Alain Karsenty.

1. Voir article de Pooja Jain, « La politique indienne en Afrique », « Géopolitique de l'Inde », *Hérodote*, n° 173, 2019, 2e trim.

Hérodote, n° 179, La Découverte, 4e trimestre 2020.

Des conflits interminables aux extensions régionales

Dans le numéro précédent sur l'Afrique médiane, Gérard Prunier avait traité de la crise du Kivu et de ses répercussions dans la région des Grands Lacs, où il démontrait que les conflits entre Africains n'avaient nul besoin pour se développer d'interventions extérieures et que les leaders africains étaient bien capables de mener seuls leurs politiques et de faire seuls leurs propres erreurs.

Cette fois nous lui avons demandé d'expliquer la situation du Soudan du Sud, confronté deux ans après son indépendance à une guerre civile toujours pas terminée. Or, la séparation du Soudan du Sud du Soudan du Nord devait mettre fin à un conflit qui durait depuis plus de cinquante ans. En effet, nombre d'observateurs de ce conflit voyaient ses causes dans l'héritage de frontières coloniales qui réunissaient dans un même État des Arabes musulmans au nord et des populations africaines chrétiennes au sud. Une fois le partage réalisé la paix devait régner. Il n'en fut rien, preuve que nombre de conflits attribués à l'arbitraire du tracé des frontières des pays africains ou autres (je pense au Moyen-Orient) ont bien d'autres causes, ce dont les dirigeants africains à l'époque de la décolonisation devaient être convaincus puisqu'ils ont choisi, avec sagesse, de ne pas les retoucher évitant ainsi d'accroître les causes de conflits potentiels.

Gérard Prunier, observateur attentif de la situation géopolitique du Soudan – Nord et Sud –, ne nie bien évidemment pas les différences culturelles et religieuses entre le Nord et le Sud mais il se demande comment pourraient-elles à elles seules continuer à être la cause unique de conflits aux profils similaires alors que s'est opérée une scission entre ces deux territoires ? En revanche, le Nord et le Sud partagent « une même conception profondément enracinée de l'État non comme un gestionnaire de la chose publique mais comme une entité essentiellement parasite dont l'existence n'a rien à voir avec la fourniture d'un service public mais représente un mécanisme d'extraction des ressources où le Centre domine la Périphérie pour l'exploiter. Or, cette périphérie est plurielle et soit lutte pour saisir directement le pouvoir central, soit cherche à lui échapper en marginalisant elle-même d'autres fractions de la périphérie. Il n'y a dans ce schéma aucun concept de développement ou de fourniture de service. Cette structure héritée de la conquête ottomane du XIXe siècle est très différente de la colonisation européenne. Elle a longtemps été une caractéristique du Nord mais cela s'est ensuite étendu au Sud qui n'eut jamais d'autre perspective ni d'autre idéologie implicite en dépit de la différence culturelle. Il s'agit de ce que les Soudanais, Nordistes comme Sudistes, appellent "*al Hukum*", "le pouvoir", terme turco-arabe à la connotation particulièrement négative ».

Comprendre la situation conflictuelle du Soudan du Sud demande donc d'abandonner des grilles de lecture inadaptées et de faire l'effort, d'une part, de rentrer dans la complexité ethnique du Soudan du Sud et, d'autre part, de suivre des jeux

Hérodote, n° 179, La Découverte, 4e trimestre 2020.

d'alliances instables entre différents groupes ethniques du Sud mais aussi entre groupes du Sud et du Nord, en gardant à l'esprit leur représentation commune négative du rôle de l'État.

Tout autre est la situation actuelle du Rwanda où l'État exerce pleinement ses pouvoirs sur son territoire et voire même, au-delà, sur celui de ses voisins. Dirigé depuis le retour des Tutsis par le leader de l'armée de libération à la tête du Front patriotique rwandais, l'autoritaire Paul Kagame, ce « petit pays » pour reprendre le titre du livre de Gaël Faye, joue un grand rôle dans la perpétuation des conflits (qui s'applique au Burundi) qui touchent ses immenses voisins. Filip Reyntjens explique pourquoi c'est à l'initiative du Rwanda que les conflits débutent et qu'à chaque fois ses actions sont déterminantes et qu'il reste toujours en conflit, à un moment ou à un autre, avec l'un ou l'autre de ses quatre voisins. Selon Filip Reyntjens, le besoin d'assurer la sécurité du territoire rwandais ne suffit pas pour expliquer ce comportement. Aussi fait-il appel à la longue durée : « Le Rwanda précolonial était une société profondément militarisée et un ancien "nationalisme belligérant", réactivé après la victoire du FPR et le retour des Tutsis au Rwanda, continue de façonner la vision des relations régionales de ses leaders. » Démonstration est de nouveau faite de la nécessité de combiner dans une approche géopolitique les temps longs et courts et les différents niveaux d'analyse.

C'est cette même approche que Thierry Vircoulon met en œuvre dans son article centré sur le conflit centrafricain – qui a débuté en 2012 –, dont le titre même « Quand le Sahel central rencontre l'Afrique centrale » montre qu'il ne se focalise pas seulement sur la situation centrafricaine, et précise dès son introduction qu'il est indispensable pour une analyse géopolitique efficace de prendre un peu de distance et de contextualiser un conflit dans son environnement. C'est à partir de son analyse du conflit centrafricain, auquel les médias ne s'intéressent plus guère depuis qu'il a perdu en intensité (peu de morts, mais toujours de nombreux déplacés), qu'il arrive à montrer les évolutions géopolitiques qui déstabilisent les États de la région, accélèrent les déplacements de population nord-sud, et enfin ce qu'il appelle la rencontre conflictogène entre le Sahel et l'Afrique.

Dans les deux études de cas qui viennent clore ce numéro, l'une sur l'accaparement foncier au Kenya, l'autre sur l'auto-construction à Kinshasa, la croissance démographique est un facteur important de la situation décrite. Claire Médard et Stéphanie Duvail montrent que l'accaparement foncier au Kenya, qui conduit à l'officialisation de la propriété privée d'un bien commun, résulte de jeux et rivalités de pouvoir entre représentants de l'État central et pouvoirs locaux. Enfin, Francis Lelo Nzuzi retrace les étapes de la construction urbaine de Kinshasa qui se caractérise aujourd'hui par l'opposition entre les « camps riches » (îlots fermés et gardés pour population aisée) et les *manzanzavilles* ou bidonvilles, quartiers d'auto-construction légalisés au fil du temps.

Hérodote, n° 179, La Découverte, 4e trimestre 2020.

Afrique médiane, Afrique équatoriale : milieu et histoire

Roland Pourtier[1]

Près d'un quart de siècle s'est écoulé depuis la parution d'un numéro d'*Hérodote* consacré à « l'Afrique médiane » [*Hérodote*, 1997]. En 1997, la poudrière des Grands Lacs venait d'exploser, provoquant une recomposition géopolitique de grande ampleur au centre de l'Afrique. Le génocide de 1994 au Rwanda, précédant la prise de pouvoir des Tutsis du Front patriotique rwandais (FPR) à Kigali, avait connu un retentissement mondial. La destruction en 1996 des camps de réfugiés Hutus à l'est du Zaïre avait précédé l'aventure militaire de l'Alliance des forces démocratiques pour la libération du Congo-Zaïre (AFDL) emmenée par Laurent-Désiré Kabila avec le soutien du Rwanda, de l'Angola, du Burundi et celui, discret, des États-Unis. L'entrée victorieuse de l'ex-maquisard à Kinshasa en mai 1997 scella la chute de Mobutu Sese Seko au terme de plus de trente ans de règne, et le retour à la République démocratique du Congo (RDC) en lieu et place du Zaïre. De l'autre côté du Pool Malebo (ex-Stanley Pool), Brazzaville pansait ses plaies après une période de guerre civile qui avait vu, cette même année, le retour au pouvoir de Denis Sassou-Nguesso grâce au soutien militaire de l'Angola.

Une séquence historique régionale semblait avoir atteint son terme. Cependant, le front uni formé par la RDC et ses « parrains » des Grands Lacs explosa dès 1998, ouvrant la brèche à une « deuxième guerre du Congo », impliquant une dizaine de puissances régionales, notamment le Zimbabwe, l'Angola et le Tchad aux côtés de Kabila, ce qui lui valut le qualificatif de « première guerre continentale africaine ». L'accord de Pretoria en décembre 2002 entre les belligérants,

1. Professeur honoraire des universités.

Hérodote, n° 179, La Découverte, 4e trimestre 2020.

puis la formation à Kinshasa d'un gouvernement de transition en juin 2003 mirent fin, sur le papier, à un conflit qui se solda par des pertes humaines considérables, essentiellement parmi les civils, plusieurs millions de personnes déplacées, un pillage anarchique des ressources minières et forestières de l'est du Congo[2]. Depuis lors, l'actualité africaine s'est déportée vers d'autres théâtres, principalement le Sahara-Sahel. Une lassitude résignée face à des conflits sans fin, face à la litanie quotidienne du nombre de morts dans les Kivu a fini par détourner les regards des drames qui se jouent dans le bassin du Congo. La révolte des Kamuina Nsapu au Kasaï en 2016-2017, réprimée par la force brutale des Forces armées de la République démocratique du Congo (FARDC), qui fit des milliers de morts et des centaines de milliers de déplacés, n'a eu qu'un faible écho. L'impuissance de la mission de l'Organisation des Nations unies (ONU) en RDC, confite depuis deux décennies dans l'observation passive et le commentaire, ajoute à la désespérance[3].

Qu'on la qualifie de centrale ou de médiane, cette Afrique reste pour le grand public un trou noir évoquant pour certains les « ténèbres » de Conrad, un espace étrange, maléfique quand survient une épidémie d'Ebola[4], porteur d'une lueur d'espoir quand le docteur Mukwege, « l'homme qui répare les femmes » [Braeckman, 2012] dans son hôpital de Panzi à Bukavu, est honoré en 2018 du prix Nobel de la paix. Les réminiscences de l'histoire dramatique du Rwanda des années 1990 ne touchent l'opinion française qu'à l'occasion de débats autour de la mission Turquoise. L'élection en 2018 de Louise Mushikiwabo, précédemment ministre des Affaires étrangères du Rwanda, au poste de secrétaire générale de la Francophonie va dans le sens de la stratégie « disruptive » du président Macron mais n'aide pas à déchiffrer cette partie du monde où les cartes paraissent brouillées, où la logique cartésienne cède parfois le pas à d'autres modes de pensée et d'action[5]. En dehors de la Belgique aux relations passionnelles avec le Congo-Kinshasa, qui se soucie d'un conflit qui perdure depuis plus de vingt ans dans l'est

2. Ces épisodes de la « grande guerre africaine » ont été analysés dans le numéro d'*Hérodote* « Tragédies africaines » [Pourtier, 2003].

3. La MONUC, Mission de l'Organisation des Nations unies en République démocratique du Congo, créée en 1999, devenue en 2010 MONUSCO, Mission de l'Organisation des Nations unies pour la stabilisation en République démocratique du Congo, est l'intervention la plus importante et coûteuse de l'ONU. Forte de près de 20 000 casques bleus, son budget annuel, longtemps de l'ordre de 1,5 milliard de dollars US, amorce une baisse depuis quelques années, prélude à un possible désengagement, au moins partiel.

4. Nom d'un sous-affluent du Congo, au nord de la RDC, qui donna son nom au virus Ebola identifié lors d'une épidémie qui éclata en 1976 dans la ville de Yambuku, proche de la rivière.

5. Le film *Kongo* d'Hadrien La Vapeur et Corto Vaclav, sorti en salle en 2020, après le confinement, en est une illustration très convaincante.

Hérodote, n° 179, La Découverte, 4e trimestre 2020.

de la RDC ? Ce conflit est pourtant, même si le nombre de millions de victimes fait débat, le plus meurtrier depuis la fin de la Seconde Guerre mondiale[6].

Le vaste ensemble qui couvre les contrées équatoriales entre les océans Atlantique et Indien est trop divers et contrasté dans l'espace et dans le temps pour être abordé comme un bloc[7]. Néanmoins quelques questions communes se posent à la quinzaine d'États qui le composent. Celle tout d'abord d'éventuels liens de causalité entre le milieu équatorial – plus exactement les milieux équatoriaux – et l'organisation de la vie sociale et politique. Étant donné que la nature est toujours interprétée par les cultures selon leurs trajectoires historiques, une deuxième question surgit, celle des réponses apportées par les sociétés équatoriales aux opportunités et aux contraintes de leur milieu de vie, dans leur évolution interne comme dans leurs relations au monde extérieur. L'hypothèse sous-jacente à ces questionnements est qu'il existe des données structurelles de temps long indispensables à la compréhension des tourbillons de l'histoire. Elles relient un passé précolonial fortement marqué par la traite des esclaves et un présent dominé par le système économique rentier qui perpétue la ponction des ressources primaires dans le droit fil de l'exploitation coloniale.

Au centre du centre, la République démocratique du Congo, homme malade chronique de l'Afrique équatoriale, mérite une attention particulière. Il y eut jadis un mystère des sources du Congo. Il y a aujourd'hui un mystère des sources de la pauvreté dans un pays dont on ne cesse pourtant de vanter les « richesses potentielles », un pays réputé « regorger » de ressources minières. Selon les données les plus récentes de la Banque mondiale, le PIB par habitant n'atteindrait pas 500 US $, 750 en parité de pouvoir d'achat, parmi les plus faibles de tous les pays africains. L'arithmétique des indicateurs est certes discutable, mais que la pauvreté soit plus répandue en 2020 qu'en 1960 interroge. Beaucoup a été écrit sur ce paradoxe. Le système politique est généralement incriminé. La « politique du ventre » [Bayart, 1989] trouverait ici son acmé. À la « kleptocratie » du régime de Mobutu répondrait aujourd'hui celle du clan Kabila. « État fragile » s'il en est,

6. La mortalité consécutive aux guerres du Congo fait polémique. L'ONG américaine International Rescue Committee, s'appuyant sur des enquêtes localisées de mortalité effectuées entre 2000 et 2007, conclut à un déficit démographique de 3,9 millions de personnes entre 1998 et 2002, chiffres augmentés année après année par extrapolation, jusqu'à 5, puis 6 millions. Des chercheurs de l'université Simon-Frazer de Vancouver ont ramené ces chiffres, colportés sans discernement par les médias, de 2,8 millions à 900 000 pour la période 2001-2007 (*Human Security Report*, 2009-2010).

7. Réparti entre 15 États d'Afrique centrale et d'Afrique orientale, selon la nomenclature des Nations unies, cet ensemble couvre 8,25 millions de km^2 et compte environ 370 millions d'habitants en 2020.

Hérodote, n° 179, La Découverte, 4e trimestre 2020.

la RDC serait la proie des multinationales qui continueraient sans vergogne à piller les richesses du sol et du sous-sol, comme le firent quelques pays voisins profitant des guerres. Il n'y a pourtant aucune fatalité. Au tournant de l'indépendance, le Congo belge avait atteint un niveau de développement enviable. On pouvait voyager en sécurité du lac Tanganyika à Matadi en combinant automobile, train et bateau, ce qui semble aujourd'hui inimaginable.

Jusque dans les années 1970, le Congo-Kinshasa fit figure de puissance régionale après avoir surmonté les épreuves d'une indépendance qui fit rimer Congo avec chaos. En 1974, le championnat du monde de boxe des poids lourds opposant Mohamed Ali à George Foreman, organisé à Kinshasa, avait donné au Zaïre une aura internationale. Mais cette même année, la mise en application de la « zaïrianisation » qui se solda par un transfert des biens des colons à la clientèle de Mobutu amorça l'inexorable déclin du Zaïre. Il ne s'en est jamais remis [Young et Turner, 1985]. À partir de 1990, la « décennie du chaos » vit le pays sombrer dans une profonde crise économique et politique ponctuée de violences sporadiques avant qu'il soit entraîné dans les conflits des Grands Lacs et la guerre civile. Depuis le « retour de la paix », la RDC a renoué avec la croissance économique. La reprise reste cependant fragile du fait d'une forte dépendance aux produits primaires d'exportation, et parce qu'elle est à peine suffisante pour suivre le rythme de 3 % d'une croissance démographique parmi les plus fortes du monde. Comment expliquer soixante ans de turbulences, de déchirements, de crises et de violences à répétition ? Quels facteurs structurels fragilisent cet État, « sous-continent » à lui seul avec ses 2 350 000 km² et autour de 85 millions d'habitants, mais géant aux pieds d'argile ? Quelle influence le milieu exerce-t-il sur l'organisation du temps et de l'espace ; quels héritages pèsent-ils encore sur les tensions politiques ; la mondialisation actuelle s'inscrit-elle en rupture ou en continuité ? Le croisement de ces questions, inhabituel dans l'abondante littérature consacrée au Congo[8],

8. Les publications sur le Congo ne manquent pas, en particulier aux éditions L'Harmattan. La Belgique reste un foyer dynamique de recherches, qu'il s'agisse de l'Institut africain de Tervuren, du Groupe de recherche et d'information sur la paix et la sécurité (GRIP) de Bruxelles ou d'International Peace Information Service (IPIS) d'Anvers. Aux États-Unis, l'université de Madison (Wisconsin) perpétue l'héritage de Jan Vansina et de l'histoire du bassin du Congo. Plus récemment, le Groupe d'étude sur le Congo (Congo Research Group – CRG) de l'université de New York en partenariat avec l'université de Kinshasa s'est fait remarquer par ses études sur les conflits en RDC. Les ONG internationales de leur côté n'ont cessé de publier des rapports sur la situation politique, économique, humanitaire, environnementale de l'Afrique centrale. S'y ajoutent les témoignages de multiples ONG locales, moins connues mais essentielles pour la production de données de terrain. En France, l'Observatoire de l'Afrique centrale et australe de l'IFRI est devenu un centre de recherche de référence. Le Cirad, dont les travaux sur les forêts du bassin du Congo font autorité, dispose d'une capacité de recherche de niveau international.

Hérodote, n° 179, La Découverte, 4e trimestre 2020.

ambitionne d'ouvrir quelques pistes de compréhension d'une géopolitique aussi complexe que déroutante.

L'intersection de trois équateurs

Située entre 10° de latitude nord et 15° de latitude sud, l'Afrique médiane est avant tout une Afrique équatoriale. Elle n'en partage en réalité qu'une caractéristique commune : l'égalité des jours et des nuits (étymologie d'équateur). La nuit « tombe » avec une régularité de métronome entre 18 et 19 heures tous les jours, ouvrant les portes aux esprits et aux palabres essentiels [Willame, 2010]. La photopériode exerce, avec la température et l'humidité, une influence déterminante sur l'activité biologique, en premier lieu la vie des plantes. Dans quelle mesure cette influence s'exerce-t-elle aussi sur la vie sociale et politique ? Le rejet du déterminisme naturaliste, des causalités mécaniques dans leurs formes les plus élémentaires, ne fait pas pour autant disparaître la pertinence de la question des rapports entre nature et société, environnement et politique dès lors qu'on les aborde comme un système complexe, aux multiples interactions, ce que l'écologie redécouvre aujourd'hui. La relecture de Montesquieu ne serait pas superflue.

Derrière le terme générique d'équatorial, trois grands types de milieux se distinguent, auxquels correspondent des réponses humaines spécifiques : forêts, savanes, hautes terres. L'historien Jan Vansina a consacré une étude qui fait autorité au passé du Congo, sous le titre *Les Anciens Royaumes de la savane : les États des savanes méridionales de l'Afrique centrale des origines à l'occupation coloniale* [Vansina, 1965]. Associer une histoire à un milieu est porteur de sens. L'Afrique équatoriale présente en effet une opposition éco-historique fondamentale. Les espaces ouverts des savanes furent propices à l'épanouissement des royaumes Congo, Luba et Lunda au sud de la forêt, Mangbetu et Zandé au nord, la royauté sacrée des Kuba correspondant aux marges méridionales où forêt et savane s'interpénètrent. Les espaces fermés de la forêt dense humide furent au contraire le domaine de sociétés lignagères, parfois qualifiées d'acéphales, qui ignoraient les organisations de type étatique. Cela ne signifie aucunement que les sociétés de la forêt étaient dénuées d'organisation sociale, mais les groupes humains ne reconnaissaient pas d'autorité permanente au-dessus du village. En complément des recherches sur les royaumes des savanes, Vansina s'est tourné par la suite vers l'histoire des sociétés des *Rainforests* du bassin du Congo [Vansina, 1990]. Dans les deux cas la référence aux environnements naturels est délibérée. Elle incite à interroger ce qui, dans les milieux équatoriaux, est susceptible d'aider à élucider le paradoxe congolais, en apportant un éclairage complémentaire des analyses politiques classiques qui en général les ignorent.

Hérodote, n° 179, La Découverte, 4e trimestre 2020.

L'équateur forestier. Fermeture et fluidité

L'univers de la forêt dense humide (plus d'un million de demi de kilomètres carrés dans le bassin du Congo) constitue le milieu le plus fermé qui soit au monde. Il prive de perspective les sociétés qui y vivent. Sous l'épaisse canopée, aucun horizon. Sans vision au-delà du proche rideau d'arbres cernant les clairières d'habitat, comment se projeter dans l'espace-temps ? Sans vision, pas de stratégie. Il existe certes des parcours balisés, des sentiers sous forêt formant des réseaux ténus, invisibles depuis le ciel. L'espace social réticulaire, construit sur les relations entre les villages-clairières, indispensables aux échanges matrimoniaux, conformément aux principes de l'exogamie clanique pratiquée par toutes les sociétés lignagères, ne constitue cependant pas un territoire *stricto sensu*. Fluide, mobile, il n'a pas d'assise aréolaire franche, de délimitation précise et durable. Ectoplasmique, il peut se déployer sans contrainte dans des étendues forestières à très faible densité humaine.

L'opacité des milieux forestiers les transforme occasionnellement en refuges ou maquis, les rébellions se dissimulent dans des environnements obscurs propices aux guérillas, défavorables aux « campagnes » militaires. Le « maquis Kabila » de Fizi, proche du lac Tanganyika, dont Che Guevara, qui y séjourna quelque temps en 1965, donna une piètre image [Che Guevara, 2000], a tenu plus de deux décennies aux marges du Zaïre. Après la destruction en 1996 des camps de réfugiés Hutus au Kivu, quelques milliers de militaires des Forces armées rwandaises et de miliciens *interahamwe* se sont réorganisés à l'abri du couvert forestier du Nord et du Sud-Kivu, avant de créer la formation politique des Forces démocratiques pour la libération du Rwanda (FDLR). Mais l'abri de la forêt a ses limites, le confinement, à la longue, étouffe. Il fallait aux FDLR des relais de plein jour pour survivre économiquement et faire connaître leur combat politique. Longtemps protégé par Kinshasa, vivant de l'exploitation du coltan (colombo-tantalite) dans les zones sous son contrôle armé, le mouvement aujourd'hui résiduel s'étiole dans les profondeurs sans avenir de la forêt.

En dépit des transformations socio-économiques en cours, l'équateur forestier présente des permanences remarquables dans l'usage de la nature, toujours placé sous le signe de l'agriculture itinérante sur brûlis, système complexe de production vivrière et de socialisation. Considéré comme archaïque par les élites urbaines, à la suite des colons et des développeurs, l'essartage tropical constitue pourtant une réponse à la production alimentaire ajustée au milieu forestier et qui a fait ses preuves en termes écologiques et économiques. Du moins tant que les faibles densités de population permettent la perpétuation du cycle brûlis, culture, longue jachère – une vingtaine d'années pour une bonne reconstitution de la biomasse. Quand ces conditions sont réunies, la mobilité et la fluidité qui régissent les

Hérodote, n° 179, La Découverte, 4e trimestre 2020.

relations matérielles et spirituelles des sociétés à l'espace-temps créent des relations particulières entre les hommes et leur environnement dont les comportements des acteurs économiques et politiques portent encore la marque, même s'ils sont aujourd'hui distanciés de leur milieu originel.

L'équateur forestier correspond à l'« Afrique des paniers » [Pourtier, 1989]. Rien n'a fondamentalement changé depuis les premières descriptions qui en ont été faites : les allées et venues des femmes entre les villages et les champs, leur panier sanglé sur le dos, lourdement chargé au retour des produits de leur récolte, continuent à rythmer la vie quotidienne des villages. Les plantes cultivées, banane plantain, manioc, autres racines, ne se conservent pas ou ne sont pas conditionnées pour être conservées. Peu de temps s'écoule entre la récolte et une consommation non différée. L'équateur forestier est un monde sans moisson, sans conservation de longue durée, sans grenier. Il en résulte une relation au temps très particulière : pas de provision, pas de prévision. Aucun pouvoir ne s'est construit sur le contrôle des subsistances et la gestion du futur. Autre particularité du système de production forestier, la répartition sexuelle du travail qui confère aux femmes l'essentiel du travail agricole en dehors du défrichement des parcelles de culture réservé aux hommes. Leur incombe en particulier la tâche éprouvante du portage. Le jour où les femmes jetteront leur panier, refusant d'être indéfiniment la « bête de somme » de cette partie de l'Afrique, selon l'expression de Paul Du Chaillu dans les années 1860 [Du Chaillu, 1863], une véritable révolution sera en marche. Elle a commencé avec l'urbanisation et la scolarisation.

En attendant, le quotidien de 2020 reste marqué par des pratiques techniques et sociales qui, hors des villes, paraissent figées dans une temporalité immuable. Elles imprègnent toujours une culture du temps aux antipodes de celle du capitalisme fondé sur une vision du futur. Une notion aussi essentielle que celle de provisions pour investissement est étrangère à des pratiques fondées sur la consommation quasi immédiate d'une production à certains égards proche de la cueillette, sans césure saisonnière franche, où rien ne presse à la différence des agricultures où la moisson est un moment crucial. L'équateur forestier incline à la procrastination. Il n'est pas infondé de penser qu'il y a là une entrave au progrès économique. Combien d'opérations de développement ont été sans lendemain par manque de planification à moyen et long terme. Combien d'infrastructures de transport, qu'il s'agisse du rail, de la route, de la navigation, sont devenues impraticables faute d'avoir été entretenues, faute d'intervention « juste à temps », faute d'avoir prévu le remplacement des matériels ! Cette question n'est pas hors champ du politique : la dégradation des transports au Zaïre a accompagné le délitement de l'État dans les années 1990, rendant les encadrements territoriaux de plus en plus inopérants, l'accès aux services sociaux de base de plus en plus aléatoires. Il s'est ensuivi une fragmentation du territoire national, un repli des populations sur des espaces

Hérodote, n° 179, La Découverte, 4e trimestre 2020.

de proximité en archipel où le référent ethnique compense les carences d'un État défaillant.

Circonstance aggravante, le milieu équatorial rend les infrastructures particulièrement vulnérables (érosion agressive sur des sols sableux ou reposant sur des altérites instables, puissance d'une végétation prompte à anéantir les aménagements). Après des années de déshérence, la RDC a commencé à résorber un énorme passif qui fait de la question des infrastructures de communication un défi économique majeur et une condition *sine qua non* pour la reconstruction d'un État fonctionnel. On rend généralement la mauvaise gouvernance (corruption, captation des ressources nationales par les détenteurs des leviers de pouvoir) responsable des ratés du développement : les déficits de maintenance consécutifs à une culture du temps propice au laisser-aller en partagent la responsabilité. Les *habitus* acquis dans la forêt équatoriale conservent une forte rémanence, même quand un changement d'environnement se produit, à la suite principalement des migrations vers les villes.

Dans ce contexte spatio-temporel très particulier, l'émergence d'une classe d'entrepreneurs est d'autant plus problématique que les sociétés de la forêt ont élaboré des systèmes de pouvoir qui confèrent aux aînés l'autorité sur les cadets mais sont en même temps égalitaristes en ce sens qu'aucun chef de lignage ne puisse s'imposer durablement à d'autres. Divers mécanismes de régulation veillaient à ce qu'une personne ayant accumulé des richesses[9] respecte un principe redistributif. L'injonction de redistribution est toujours d'actualité. Elle s'exprime en termes de solidarité au sein de familles étendues, tout comme dans les pratiques politiques clientélistes. Les devoirs envers des proches dont la définition est très extensive constituent une entrave à l'accumulation de capital nécessaire à la création d'une entreprise. C'est pourquoi nombre de jeunes s'expatrient pour tenter fortune, dans le commerce par exemple, afin d'échapper au « parasitisme » familial. Quant à l'accumulation initiale de capital provenant du détournement des fonds publics par la classe politique, l'exemple venant de haut (« le poisson pourrit par la tête »), elle s'avère généralement stérile car le capital est dépensé prioritairement en biens de consommation, placé dans les pays sûrs d'Europe ou d'Amérique du Nord, ou gelé dans l'immobilier plutôt qu'investi dans le secteur productif, agricole ou industriel, beaucoup plus risqué. La corruption africaine fonctionne comme une rente politique improductive, dépouillant l'État de ses ressources. Elle se départit de la sorte d'autres formes de gestion de la corruption qui, notamment en Asie, ont transformé l'accumulation primitive en capital productif et contribué

9. Sous forme notamment de biens non fongibles comme les objets en fer (armes et outils) alors très précieux et élément essentiel de la « compensation matrimoniale » (dot), indispensable à la conclusion des mariages. L'argent s'y est aujourd'hui substitué.

Hérodote, n° 179, La Découverte, 4e trimestre 2020.

à une forte croissance économique articulant intérêts privés et publics. Qu'en 1960 le PIB du Congo-Brazzaville ait été supérieur à celui de la Corée du Sud laisse songeur... soulevant par ailleurs bien des réserves quant à la signification des indicateurs quantitatifs. Une étude d'un organisme gouvernemental de Séoul préconisait voici quelques années que la RDC adopte pour réussir son développement les principes du confucianisme[10]. Les chances d'y parvenir paraissent plutôt minces. Les enseignements de Max Weber, quant à eux, sont toujours à méditer.

L'équateur des savanes : autorité et fondement de l'État

Aux antipodes des milieux fermés de forêt dense, les pays de savanes exposent à la vue leurs étendues herbacées, arbustives ou arborées. La circulation y est aisée, le repérage à longue distance, possible. La céréaliculture (mils et sorghos et de plus en plus maïs) a été la réponse au climat tropical à saisons alternées. Comme en Afrique de l'Ouest, les villages se garnissent de greniers. On y engrange les grains qui devront assurer la nourriture jusqu'à la prochaine récolte, en espérant que la « soudure » ne sera pas trop éprouvante. Le grenier impose une autorité gestionnaire, il faut penser le futur. Là réside un des fondements de l'organisation de la société, une des sources du pouvoir dans cette Afrique des greniers qui donna lieu à un classique de l'anthropologie économique et politique [Meillassoux, 1975]. Sans le céder à la facilité des corrélations illusoires, on peut voir dans la distinction entre les mangeurs d'« ugali » des savanes d'Afrique orientale (sorte de polenta à base de maïs, équivalent de la boule de mil d'Afrique occidentale) et les mangeurs de « chikwangue », le pain de manioc des gens de la forêt, comme une allégorie alimentaire des systèmes d'autorité d'Afrique équatoriale. Avec les céréales l'agriculture se sédentarise, si bien que le foncier devient un véritable enjeu de société à la différence des forêts aux terroirs mobiles faiblement ancrés dans l'espace physique. Dans l'ensemble des pays de savane, le grenier représente un capital, comme l'est le bétail des zones d'élevage. Dans le passé, la conservation des grains a rendu possibles la circulation de la nourriture en même temps que l'extorsion d'un tribut par un pouvoir disposant et usant de la force. Ont été ainsi rendus possibles l'institution militaire et l'expansion du commerce, et, *in fine*, l'État. Que les royaumes anciens se soient tous constitués dans les pays de savane et pas ailleurs n'est donc pas un hasard de l'histoire, mais une réponse rationnelle aux environnements naturels.

10. Korea Institute for Development Strategy (KDS), (2011), *Établissement d'un cadre de développement national innovateur, et orientation vers une nouvelle stratégie de développement pour la République démocratique du Congo*. Séoul, Ministry of Strategy and Finance.

Hérodote, n° 179, La Découverte, 4e trimestre 2020.

CARTE 1. – MILIEUX ÉQUATORIAUX ET ROYAUMES PRÉCOLONIAUX

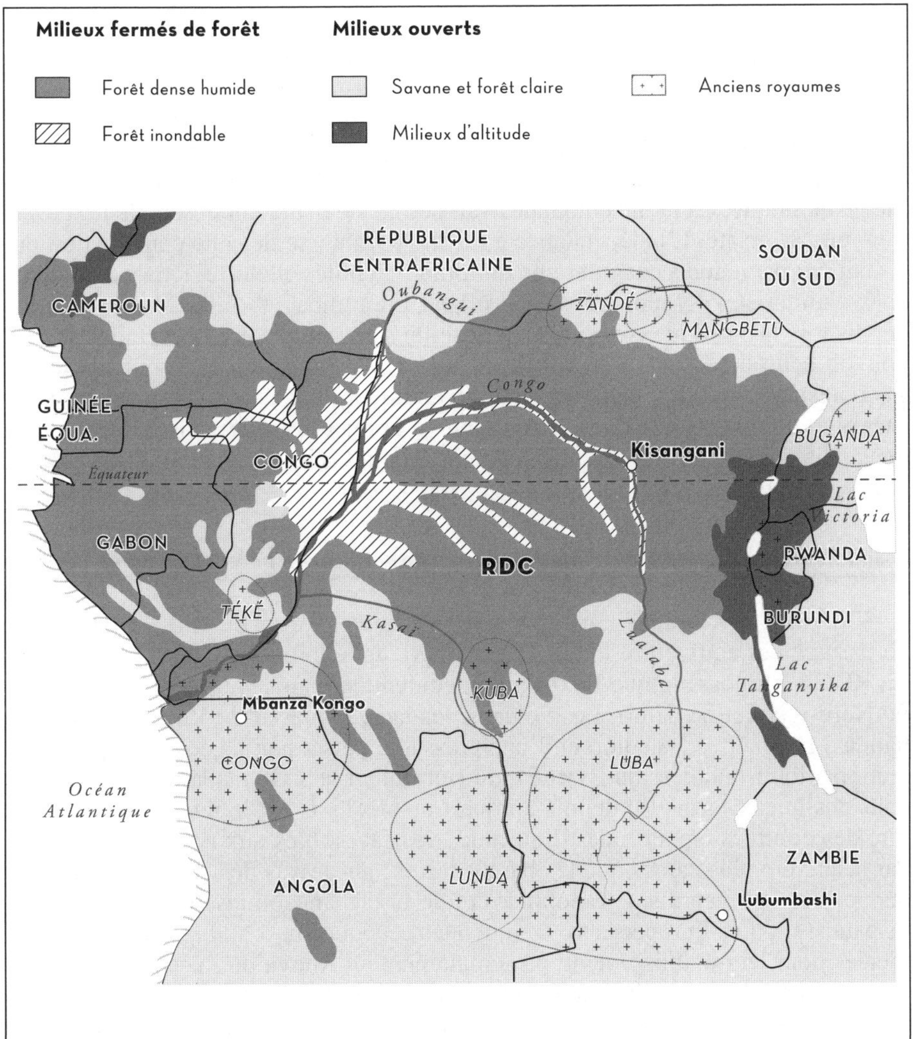

Carte conçue par N. et R. Pourtier
Source : Compilation des auteurs
HÉRODOTE N°179

Hérodote, n° 179, La Découverte, 4e trimestre 2020.

Mais aucun de ces royaumes n'a constitué un pôle suffisamment puissant autour duquel auraient pu s'agréger d'autres espaces, par coalescence pacifique ou conquête. Le territoire de la RDC n'est pas l'aboutissement d'un processus historique endogène. Ses contours ont été fixés par l'Europe qui rassembla dans une même enveloppe des populations dont les rapports au pouvoir sont très contrastés, les unes, situées en périphérie ayant expérimenté l'organisation de type étatique, les autres non. Or, ces dernières occupent le centre du bassin du Congo. Un tel dispositif ne favorise pas la construction d'un État unitaire, privé de centralité géopolitique. La férule coloniale avait permis de maintenir ensemble les pièces d'un puzzle éclaté. L'indépendance a révélé la faiblesse de cette construction qui n'était pas parvenue à coaguler une multitude d'entités ethno-régionales. Le débat entre « unitaristes », représentés en 1960 par Lumumba, et « fédéralistes » domine depuis lors la politique congolaise qui oscille sans cesse entre la captation par un pouvoir central des fonctions régaliennes et des attributs qui lui sont associés, et sa contestation par des leaders locaux revendiquant la gestion décentralisée d'un État pluriethnique. Cette question continue d'animer les réflexions d'intellectuels congolais qui s'interrogent depuis longtemps déjà sur les connexions entre espace, ethnie, nation [Tshiyembe et Bukasa, 1992].

L'équateur des hautes terres : de la bénédiction au piège démographique

L'Afrique des Grands Lacs, bourrelet de hautes terres du Rift formant ligne de partage des eaux entre le Nil et le Congo, appelle une attention particulière. La RDC n'en possède que l'extrémité occidentale dans les provinces du Sud et du Nord-Kivu et de l'Ituri. Les volcans, les lacs, le massif du Ruwenzori culminant à 5 109 mètres les colorent d'une puissante personnalité géographique. Mais leur position frontalière du Rwanda, du Burundi et de l'Ouganda les a précipitées dans des guerres sans fin depuis un quart de siècle. C'est le revers de l'attractivité des contrées équatoriales d'altitude, très favorables aux activités humaines car beaucoup plus saines que les basses terres : au-dessus de 1 400-1 500 mètres, les vecteurs du paludisme (anophèle) et de la trypanosomiase (mouche tsé-tsé) disparaissent. Les Européens trouvèrent dans cet équateur d'altitude des conditions idéales pour leur établissement, principalement au Kenya où l'accaparement des *white highlands* est à l'origine d'une compétition foncière qui rythme toujours la vie politique et les violences cycliques entre communautés. Mais, bien avant l'arrivée des Européens, plusieurs royaumes s'étaient formés sur les hautes terres, notamment au Rwanda et au Burundi. Agriculteurs et éleveurs, attirés par les conditions écologiques des milieux de moyenne montagne, y avaient élaboré des systèmes politiques complexes régissant les rapports entre la majorité Hutue,

Hérodote, n° 179, La Découverte, 4e trimestre 2020.

composée principalement de cultivateurs, et les éleveurs Tutsis qui, quoique minoritaires, exerçaient des fonctions politiques éminentes. Au Rwanda, l'environnement des « mille collines » a contribué à la formation d'une identité transcendant les différences ethniques dans laquelle l'élevage bovin occupe une place centrale. La danse de la vache, fleuron du folklore national, est là pour en témoigner. Dans ces conditions, pour quelles raisons Hutus et Tutsis, aux relations autrefois pacifiques, ont-ils basculé dans un cycle de violences inouïes au moment où se dessinaient les indépendances jusqu'au point d'orgue du génocide de 1994 ?

Les très nombreuses études consacrées aux guerres des Grands Lacs et au génocide passent généralement sous silence la dimension démographique des conflits régionaux, ou n'y accordent qu'une importance mineure. Elle est pourtant essentielle. Les conditions exceptionnellement favorables à l'agro-pastoralisme, couplées à l'action sanitaire de l'administration belge, ont favorisé une très forte croissance de la population, accumulée dans les petits espaces du Rwanda et du Burundi. Lors des tueries de 1994, les paysans Hutus massacrèrent leurs voisins Tutsis, non pas parce qu'ils étaient différents (plus grands par exemple selon les représentations occidentales) mais parce qu'ils redoutaient leur retour au pouvoir, et que l'occasion leur était offerte de s'emparer de leurs terres. Les familles paysannes disposaient alors de 40 ares en moyenne : même avec une agriculture très intensive il est impossible d'envisager le partage d'exploitations aussi exiguës entre de très nombreux héritiers. Le nombre d'enfants par femme était alors de 8, un record mondial. Le génocide a des causes complexes, mais il peut se lire aussi comme une régulation démographique par le pire des moyens. Depuis ces événements tragiques, la fécondité a fort heureusement baissé au Rwanda (ISF de 4 au lieu de 8). L'exemple rwandais devrait servir de leçon et alerter. Mais au Burundi voisin, où les relations ambiguës entre Hutus et Tutsis risquent à tout moment de dégénérer en violence, l'ISF est encore supérieur à 5.

L'est du Congo a subi de plein fouet les conséquences de la crise démographique et les contrecoups des violences rwandaises. L'attractivité des hautes terres du Kivu est ancienne car elles offrent des conditions environnementales comparables à celles du Rwanda. Bien avant la création des frontières coloniales, des éleveurs Tutsis en quête de pâturages s'étaient installés au Sud-Kivu où ils constituent la communauté appelée depuis les années 1970 « Banyamulenge ». Au XXe siècle, des migrations spontanées ou encadrées par l'administration coloniale pour délester les campagnes rwandaises et fournir de la main-d'œuvre aux entreprises belges du Congo (agriculture et mines) ont grossi les communautés « Banyarwanda » (les originaires du Rwanda) jusqu'à provoquer des réactions de rejet des « autochtones » lorsque ceux-ci prirent conscience qu'ils devenaient minoritaires, comme dans le Masisi, à l'ouest de Goma. Les tensions foncières du Rwanda importées au Kivu, y nourrissent désormais la guerre. Les terres propices

Hérodote, n° 179, La Découverte, 4e trimestre 2020.

à l'élevage, particulièrement convoitées, sont au cœur des conflits récurrents entre agriculteurs autochtones et éleveurs Banyarwanda, principalement des Tutsis, propriétaires des plus grands troupeaux. Sous l'effet du nombre, la migration des originaires du Rwanda est devenue le principal facteur de déstabilisation du Kivu. Plus au nord, en Ituri, les violences entre agriculteurs Lendu et éleveurs Hema originaires de l'actuel Ouganda ont été exacerbées entre 1999 et 2005 dans le contexte général de la deuxième guerre du Congo [Vircoulon, 2005]. Elles s'ancrent, comme au Kivu, dans des conflits fonciers nés d'une charge démographique croissante[11].

En RDC, le nombre d'enfants par femme est toujours proche de 6. Prétendre que ce n'est pas un problème parce qu'« il y a de la place » dans l'immense Congo, à la différence des hautes terres, relève d'une conception à courte vue et qui ne tient pas compte de situations locales. Ici ou là, des conflits dits « ethniques » éclatent périodiquement : il s'agit dans la plupart des cas de conflits pour l'accès aux ressources. Derniers en date, les affrontements violents en décembre 2018 dans la province du Mai-Ndombe entre les pêcheurs Banunu et les agriculteurs Batende : une centaine de morts, quelques milliers de villageois traversant le fleuve Congo pour chercher refuge au Congo-Brazzaville, l'histoire n'est pas nouvelle. Elle pourrait se répéter partout où la question foncière et plus généralement celle du partage des ressources entre communautés atteint un seuil critique.

Bien entendu, tout ne s'explique pas par la démographie. Des facteurs qualifiés faute de mieux de culturels jouent, entre autres, un rôle géopolitique qui n'est plus à démontrer. La frontière entre la RDC et le Rwanda est à cet égard particulièrement éloquente. Deux conceptions de la vie sociale, deux *Weltanshauungen* s'y juxtaposent. D'un côté, exubérance et désordre, de l'autre, mutisme et soumission à l'autorité. En termes de pratique quotidienne et de rapport au politique, s'exprime ainsi l'opposition entre sociétés de la négociation, du palabre permanent et du désordre, et sociétés de l'obéissance où l'on exécute sans discuter les ordres des bourgmestres, des instituteurs, des prêtres, de même qu'auparavant on s'inclinait devant la parole royale des *mwami*. Dans le droit fil du passé, on obéit aujourd'hui au régime de Paul Kagame qui ne laisse aucune place à une quelconque opposition.

11. Dans les années 1980, un projet d'amélioration de l'élevage bovin destiné à l'approvisionnement en viande de Kinshasa avait obtenu des résultats remarquables grâce à l'encadrement de vétérinaires français. Ceux-ci avaient simplement oublié que l'expansion du troupeau des éleveurs nécessitait des terres que les Hema eurent tendance à étendre au détriment des agriculteurs Lendu.

Hérodote, n° 179, La Découverte, 4e trimestre 2020.

D'un océan à l'autre : les conséquences de la traite des esclaves

La configuration des États contemporains a totalement ignoré, faut-il le rappeler, l'existence de formations politico-territoriales antérieures, à l'exception notable des royaumes « inter-lacustres ». Le destin du bassin du Congo, arrêté lors de la conférence de Berlin (novembre 1884-avril 1885), en constitue l'illustration la plus emblématique. La combinaison entre une représentation hydrographique de l'espace et les prétentions territoriales des protagonistes européens, Grande-Bretagne, France, Portugal, Allemagne et le roi des Belges Léopold II, dessina une carte politique que l'Organisation de l'Unité africaine (OUA) entérina en 1963 au nom du principe d'*uti possidetis* d'où découle l'« intangibilité » des frontières héritées, principe remis en cause une seule fois jusqu'à présent par l'amputation de la partie méridionale du Soudan, devenue le Soudan du Sud en 2011. Toutefois, la doctrine coloniale de la *tabula rasa* et la création de frontières génétiquement hétéronomes n'ont pas effacé les traces d'un passé plus lointain qui pèse encore sur la géopolitique contemporaine. Parmi elles, celles de la traite des esclaves restent sous-jacentes à bien des conflits. Elles ont contribué par ailleurs à la structuration de l'espace par l'orientation donnée aux échanges. En un temps où la confrontation entre histoire et mémoire prend un mauvais tour il n'est pas inutile de rappeler quelques vérités premières. L'Afrique équatoriale a été, depuis une haute antiquité, un foyer majeur de la traite des esclaves africains qu'on retrouvait en Égypte, à Rome, plus tard dans le monde arabe puis l'Empire ottoman. La vallée du Nil servit de guide, via la Nubie, à ce trafic millénaire.

Les côtes de l'océan Indien ont constitué de longue date une interface très active entre l'Afrique et l'Asie, la péninsule Arabique et le Gujerat en particulier – sans parler de l'expédition sans lendemain de l'amiral chinois Zheng He au début du XVe siècle. Les ports polarisèrent très tôt la traite des esclaves vers le Moyen-Orient, contrôlée au XIXe siècle par le sultanat d'Oman. Zanzibar en était le centre le plus important. Dans les années 1860, les commerçants arabes ou arabisés de la côte, en recherche d'ivoire et d'esclaves, avaient pénétré l'hinterland et établi des comptoirs commerciaux sur le fleuve Congo. Lorsque Livingstone atteignit ce fleuve dont il se demanda jusqu'à sa mort s'il ne s'agissait pas du Nil, la place commerciale de Nyangwé était un des hauts lieux de la traite. Stanley, lors de sa célèbre expédition de « découverte » du Congo (1874-1877), fit alliance avec Tippo Tib, grand marchand d'esclaves, pour forcer le passage aux tribus riveraines qui voyaient leur monopole commercial menacé. Plus au sud, M'Siri, roi du Garenganze (dans l'actuel Katanga), approvisionnait lui aussi Zanzibar en esclaves et en ivoire. L'importance de cette traite orientale a été plus ou moins occultée par les études historiques consacrées à la traite atlantique, beaucoup mieux documentées grâce à l'abondance des sources écrites, et par des postures idéologiques peu

Hérodote, n° 179, La Découverte, 4e trimestre 2020.

CARTE 2. – RDC : CARREFOUR DES GRANDES AIRES LINGUISTIQUES D'AFRIQUE MÉDIANE

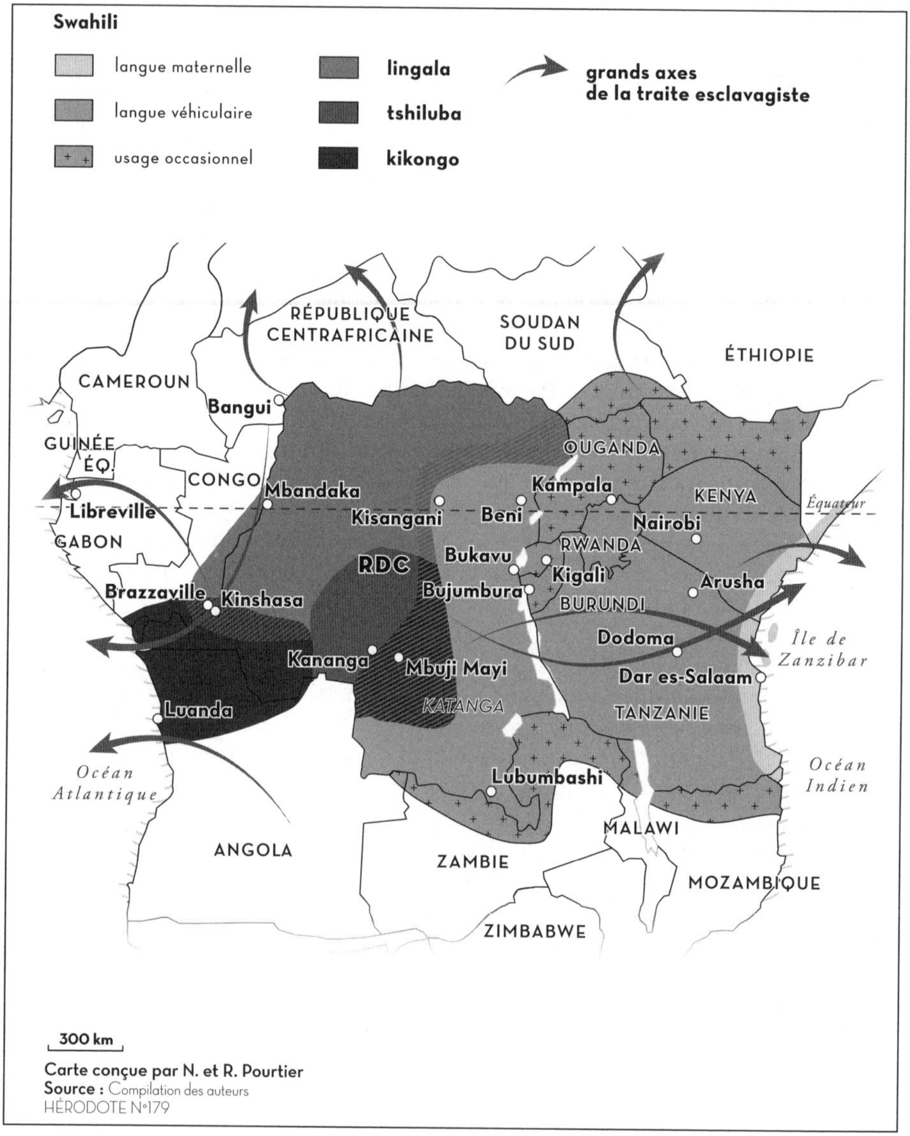

Hérodote, n° 179, La Découverte, 4e trimestre 2020.

disposées à reconnaître que la traite était organisée par les Africains eux-mêmes et que les Arabes en furent les agents les plus actifs [Pétré-Grenouilleau, 2004]. Les distorsions de mémoire tendent à faire oublier que l'Europe, après avoir activement participé à la traite esclavagiste entre la fin du XVIe siècle et le début du XIXe siècle, avait fini par proscrire l'esclavage, envoyant en Afrique ses missionnaires, puis ses militaires, pour y mettre un terme avant même de s'emparer des territoires et d'en exploiter les ressources naturelles. À l'aune du temps long ces événements sont relativement récents. La mémoire collective en garde la trace. Les groupes qui furent victimes de la traite vers les pays arabes ne l'ont pas oublié, ce qui alimente périodiquement des réactions hâtivement qualifiées de « tribales » alors qu'elles ne font que rejouer des scénarios anciens, enjambant la « parenthèse » coloniale.

Une des conséquences majeures de la pénétration des commerçants arabes et arabisés à partir des côtes de l'océan Indien fut l'expansion de la langue swahilie, mélange d'idiomes arabes et de structure linguistique bantoue, jusqu'au cœur du Congo. Longtemps limité au littoral de l'océan Indien, le swahili s'est diffusé sur un vaste espace jusqu'à devenir langue officielle au Kenya et en Tanzanie, et une des quatre langues nationales de RDC, dont l'aire de compréhension couvre la moitié orientale du pays. L'islam a suivi le commerce mais dans une moindre mesure qu'en Afrique de l'Ouest. Dans l'est de la RDC il s'est implanté dans le Maniema et la région de Kisangani. Les musulmans, noirs ou métissés, y sont encore couramment désignés comme « arabisés »[12]. Pendant longtemps, musulmans, chrétiens et animistes ont cohabité sans heurt, mais leurs relations ont commencé à se dégrader au Nord et au Sud-Kivu. Depuis 2013, les Forces démocratiques alliées (ADF), composées de rebelles musulmans de l'ouest de l'Ouganda ayant trouvé refuge dans le massif montagneux du Ruwenzori, se manifestent à nouveau. Les massacres répétés de villageois sèment la terreur tout autour de la ville de Béni. Cette radicalisation de la violence dont les raisons profondes restent assez obscures mais qui pourraient servir les intérêts de certains militaires ou politiciens locaux, a pour effet une stigmatisation de l'islam [Vircoulon, 2016]. Des milices d'autodéfense « chrétiennes » ont récemment vu le jour, selon le processus habituel dans la région de formation des groupes miliciens *mayi mayi*[13]. La RDC n'échappe pas au contexte mondial de l'islamisme : ce qui n'était à l'origine qu'un

12. On estime la population musulmane à environ 10 % de celle de la RDC, soit environ 8 millions de personnes.

13. Les *Mayi Mayi* sont des milices d'autodéfense paysannes, apparues lors des rébellions des années 1960 et à nouveau très impliquées dans les conflits de l'est du Congo depuis la fin des années 1990. Les combattants tirent leur nom de *mayi* (l'eau) : des pratiques magiques sont censées les protéger des balles ennemies en les pulvérisant en eau. Aujourd'hui ils ont troqué les lances et les flèches pour la Kalachnikov.

Hérodote, n° 179, La Découverte, 4e trimestre 2020.

conflit local est désormais instrumentalisé par Daech qui, en 2019, a revendiqué les attaques dans le territoire de Béni. Le spectre d'affrontements entre chrétiens et arabisés, réactivant des lignes de fracture de la période de la traite, ajouterait aux calamités qui affligent l'est de la RDC.

Les côtes atlantiques ont connu un destin différent à partir du XVIe siècle lorsque se mit en place le trafic triangulaire dont la pierre angulaire reposait sur l'exportation d'esclaves africains vers les colonies américaines. L'Afrique équatoriale y prit une part notable. Dans le bassin du Congo, l'axe Oubangui-Congo joua un rôle majeur dans l'organisation des circuits de la traite. Les confins des actuels RCA et RDC, pays imprécis des « Boubangui », remplirent une fonction de réservoir d'esclaves, convoyés par les ethnies riveraines du fleuve jusqu'au Pool Malebo. Les Téké contrôlaient ce lieu stratégique des échanges, lieu de rupture de charge entre le fleuve et les « pistes des caravanes » par lesquelles les captifs étaient conduits jusqu'aux ports de l'estuaire que les Portugais avaient nommé Zaïre (déformation de *nzadi* qui signifie l'eau en langue kikongo). À la différence des régions orientales du bassin du Congo, ouvertes sur l'océan Indien, les montagnes du Mayombe ferment l'accès à l'océan Atlantique. Entre le Pool et Matadi, port de fond d'estuaire, le Congo est fracturé, sur 350 km, par une série de chutes, cataractes, rapides qui interdisent la navigation. Ce verrou tectonique a fait du Congo un fleuve intérieur. Et pour les Européens une énigme qui ne fut résolue que quatre siècles après l'arrivée des navires de Diego Cão dans l'estuaire, en 1482. À défaut de pouvoir remonter le fleuve, les Portugais avaient établi des relations avec le royaume de Congo qu'ils entreprirent de christianiser. Mais la traite atlantique désorganisa le royaume. Les Européens restèrent sur la côte, se contentant de réceptionner les captifs que leur livraient les chefs africains. De ces échanges se forgea peu à peu une langue d'intercompréhension entre les tribus du fleuve en amont du Pool. L'habitude se prit de désigner comme « Bangala » les populations d'un Nord encore nébuleux gravitant autour du Congo et de l'Oubangui. De là vient le lingala, langue véhiculaire qui servit aux échanges entre Africains et Européens dès lors que ceux-ci, s'étant émancipés de leurs comptoirs côtiers, pénétrèrent le pays à la suite des explorations et du partage colonial. Les linguistes belges, généralement des missionnaires, fixèrent la grammaire du lingala. Mobutu, fils du fleuve et lingalaphone, contribua pour beaucoup à la diffusion du lingala, langue des militaires notamment, mais aussi de la chanson à laquelle la rumba congolaise donna une résonance internationale de sorte que cette *lingua franca* du fleuve est devenue la plus populaire des langues nationales, partagée en outre par une fraction des populations du Congo-Brazzaville.

Ces héritages aident à comprendre la géographie politique de la RDC. Lingala et kikongo à l'ouest ; swahili à l'est ; au centre-sud tshiluba, la langue du groupe le

Hérodote, n° 179, La Découverte, 4e trimestre 2020.

plus nombreux de RDC, le groupe luba, auquel appartient le président actuel, Félix Tshisekedi. Le mot Lualaba fut appliqué à la suite des explorations du XIXe siècle à l'ensemble du cours supérieur du fleuve Congo. La géographie politique congolaise peut ainsi se lire dans la succession géohistorique des trois noms du fleuve : « Zaïre », le bas fleuve, en pays Kongo héritier du plus prestigieux des royaumes précoloniaux [14] ; « Congo », entre le Pool et Kisangani, la grande artère navigable des pays du lingala ; « Lualaba » enfin, de Kisangani jusqu'à ses sources à la frontière de la Zambie, axe méridien de l'espace swahili. Les cartes électorales des premières élections libres de RDC en 2006 se calquent de façon remarquable sur cette structuration ethno-régionale de l'espace, fruit des échanges séculaires du bassin du Congo avec le monde extérieur.

Au nord de la RDC, la crise politique actuelle de la République centrafricaine (RCA) réactualise des tensions héritées des époques de la traite. Le territoire créé par la France sous le nom d'Oubangui-Chari, devenu République centrafricaine avec l'indépendance, constituait un vivier d'esclaves convoyés de temps immémoriaux vers le Maghreb, l'Égypte et le Moyen-Orient, ou intégrés dans les armées des royaumes et sultanats esclavagistes du Sahel central (Kanem, Bornou, Baguirmi). La mémoire de la chasse aux esclaves est encore vive, elle ne remonte qu'à quatre ou cinq générations. À la fin du XIXe siècle, les vastes interfluves de plaines et de plateaux entre la cuvette du lac Tchad, le bassin de l'Oubangui et le bassin du Nil, furent ravagés par les expéditions guerrières de Rabah. La mort du dernier des grands conquérants africains au cours de la bataille de Kousseri, en 1900, mit un terme à une domination séculaire des nomades-guerriers islamisés sur les paysans sédentaires animistes, selon un schéma comparable à celui de l'Afrique sahélienne ou du Soudan. Les événements de la fin du XIXe siècle laissaient un pays exsangue. La géographie de la République centrafricaine en porte encore les stigmates. La guerre civile actuelle s'inscrit dans cet héritage, alourdi depuis quelques décennies par la « descente » vers le sud de pasteurs musulmans, Peuls ou Arabes, en quête de pâturages, faisant rejouer des antagonismes et des peurs séculaires. L'affrontement entre *seleka* et *anti-balaka* s'enracine dans ce substrat historique sur lequel se greffent conflictualités foncières, radicalisations religieuses et rivalités de pouvoir.

14. L'ancien royaume de Congo est géographiquement centré sur la province de Zaïre autour de l'ancienne capitale du royaume, Mbanza Congo, dans l'actuel Angola.

Hérodote, n° 179, La Découverte, 4e trimestre 2020.

CARTE 3. – ÉLECTION PRÉSIDENTIELLE DE 2006 EN RDC : UN CLIVAGE EST/OUEST

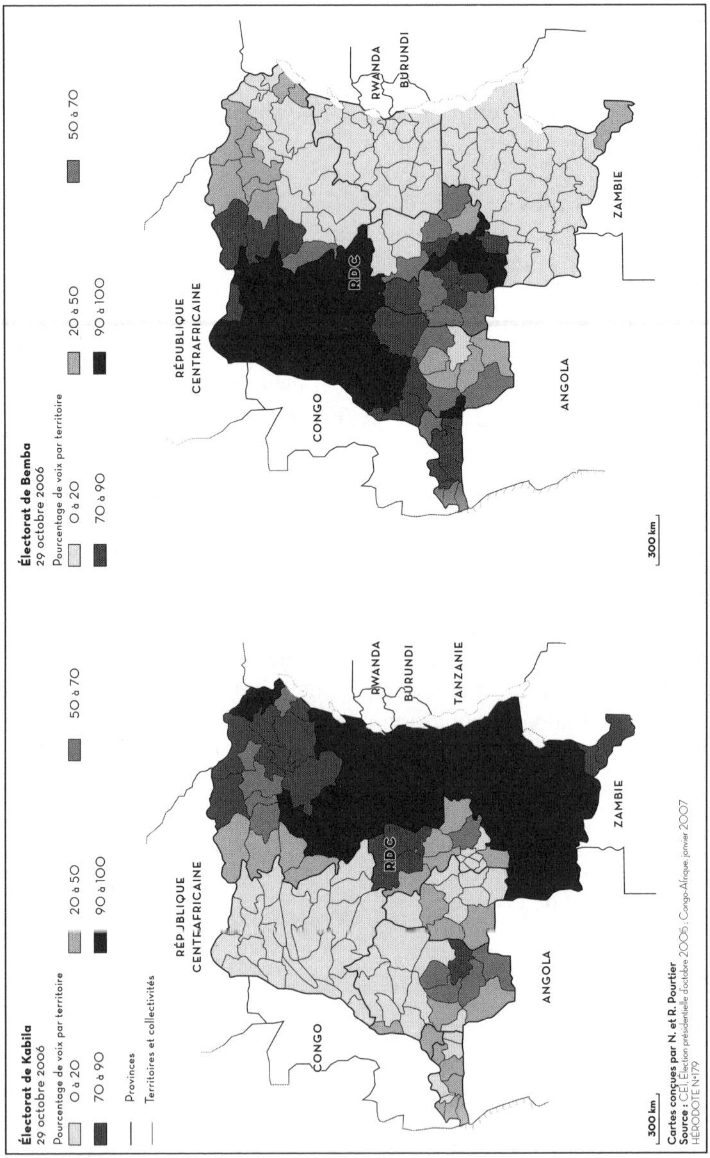

Hérodote, n° 179, La Découverte, 4e trimestre 2020.

La mondialisation et le basculement vers l'Asie

Un territoire en tension entre deux océans

Les façades atlantique et indienne de l'Afrique équatoriale ont longtemps été les interfaces du système mondial de la traite négrière, partagée entre les deux horizons du monde arabe et du Nouveau Monde. Avec la colonisation, l'exploitation des ressources naturelles inaugure un nouveau cycle économique fondé sur le prélèvement non plus des hommes, mais des matières premières. Les ports et les infrastructures de transport terrestre sont organisés pour drainer les produits de la forêt et du sous-sol jusqu'à la côte. Exploitation des ressources naturelles, économie extravertie caractérisent la domination impérialiste et structurent l'espace en une double polarisation littorale laissant un vaste hiatus au milieu du bassin du Congo. Enclavé par la distance aux océans, le centre de l'Afrique l'est aussi par la forêt équatoriale, sinon hermétique, du moins très difficile à aménager. Des origines de l'État indépendant du Congo jusqu'à nos jours, les contraintes d'un territoire écartelé [Bruneau et Simon, 1991], privé d'une véritable centralité géographique, exposé aux forces centrifuges de périphéries tournées soit vers l'ouest et l'Atlantique, soit vers l'est et l'océan Indien, constituent un défi géopolitique structurel, tant pour le fonctionnement de l'État que pour ses rapports avec les voisins.

La sécession du Katanga en 1960, alors que l'indépendance du Congo belge venait à peine d'être proclamée, en est l'illustration archétypale. La tentative de l'Union minière du Haut-Katanga (UMHK) de protéger le joyau minier des désordres politiques et sociaux qui se manifestaient à Léopoldville et dans d'autres parties d'un pays soudain en ébullition y était certes pour quelque chose. Elle échoua, par suite de l'opposition des maîtres du monde d'alors, États-Unis et URSS. Mais elle correspondait à une réalité : l'ancrage du Katanga dans un espace d'échange orienté vers les ports d'Afrique australe (Port Elisabeth, Durban), secondairement d'Afrique orientale (Dar es-Salaam). Le grand projet territorial du Congo belge consista à réorienter les flux de transport vers l'ouest. Vers le port angolais de Lobito lorsque le chemin de fer de Benguela fut raccordé au réseau congolais en 1932. Mais surtout en aménageant une « voie nationale », organisée sur un modèle bimodal, « fluvio-ferroviaire », conçue pour transporter le cuivre katangais en « territoire belge », de Lubumbashi à Matadi et Anvers. La voie nationale ne transporta en réalité, dans ses meilleures années, que 40 % du cuivre du Katanga, avant de sombrer dans le chaos des années 1990, reportant la totalité du transport minier vers les ports sud-africains.

L'histoire cependant ne s'arrête pas là. De vieux schémas d'aménagement du territoire élaborés à l'époque du Congo belge ont été remis au goût du jour avec

Hérodote, n° 179, La Découverte, 4e trimestre 2020.

l'arrivée de la Chine sur la scène congolaise, porteuse de perspectives nouvelles de grandes infrastructures. C'est ainsi que le prolongement de la voie ferrée Lubumbashi-Ilebo jusqu'à Kinshasa, supprimant la rupture de charge du transport par barge entre Ilebo sur le Kasaï et le port de Kinshasa, est ressorti des cartons. Une liaison ferroviaire directe entre le Katanga et Matadi concrétiserait le rêve colonial élaboré il y a un siècle ! Complétant ce dispositif, le projet d'un pont sur le Congo, au niveau du Pool, a lui aussi trouvé une nouvelle vie avec le soutien du NEPAD et de la Banque africaine de développement (BAD). Les deux Congo ont conclu des accords en ce sens, les sites de Maluku et Maloukou Trecho, à une cinquantaine de kilomètres en amont de Kinshasa et de Brazzaville, ont été retenus pour l'implantation de ce pont route-rail, clé de voûte d'un double corridor régional entre le bassin du Congo et les ports de Matadi et de Pointe-Noire. Les travaux devaient démarrer en 2020, mais les autorités de Kinshasa ont fait savoir au début de l'année que le pont n'était plus prioritaire parce qu'il donnerait trop d'importance à Pointe-Noire au détriment de Matadi, port de faible capacité et peu performant. Il faudrait attendre la réalisation d'un avant-port en eau profonde à Banana, serpent de mer qui resurgit périodiquement depuis un siècle des eaux troubles du Congo. Autant dire les calendes grecques. Les postures nationalistes l'emportent, comme bien souvent, sur les représentations d'un monde rationnel lisse, dépourvu de rivalités, où le progrès économique ressemblerait à l'assemblage d'un jeu de Lego.

Des multinationales de tous horizons, Amérique du Nord, Europe, Dubaï pour la gestion du futur port, Chine bien sûr, sont à l'affût au cas où les projets prométhéens qui feraient du Bas-Congo un pôle majeur, d'échelle continentale, sur les plans de l'énergie (électricité d'Inga), de l'industrie (électrométallurgie) et des échanges (débouché d'un vaste hinterland) se concrétiseraient. Mais le stade des projets et des promesses a rarement été dépassé depuis l'indépendance. Il s'est limité à la construction sur le site d'Inga de deux petites centrales hydroélectriques aux performances amoindries par les carences dans la maintenance des installations. Pendant ce temps, l'économie réelle regarde vers l'océan Indien par où transite toute la production minière du Katanga et des Kivu.

L'ouverture vers l'orient, tendance lourde de la nouvelle mondialisation, s'est trouvée confortée par les guerres, l'insécurité, l'incurie des sociétés publiques qui ont pratiquement anéanti la navigation sur le Congo. Les quelques convois pousseurs qui se risquent à nouveau sur le fleuve entre Kinshasa et Kisangani ne suffisent pas à lui restituer la fonction de « colonne vertébrale » du territoire national que le discours officiel continue à proclamer comme si de rien n'était. En réalité, la moitié orientale de la RDC n'est reliée à la capitale que par voie aérienne. Ses échanges terrestres transitent par les pays des Grands Lacs et

Hérodote, n° 179, La Découverte, 4e trimestre 2020.

CARTE 4. – UN ESPACE EN TENSION ENTRE DEUX OCÉANS

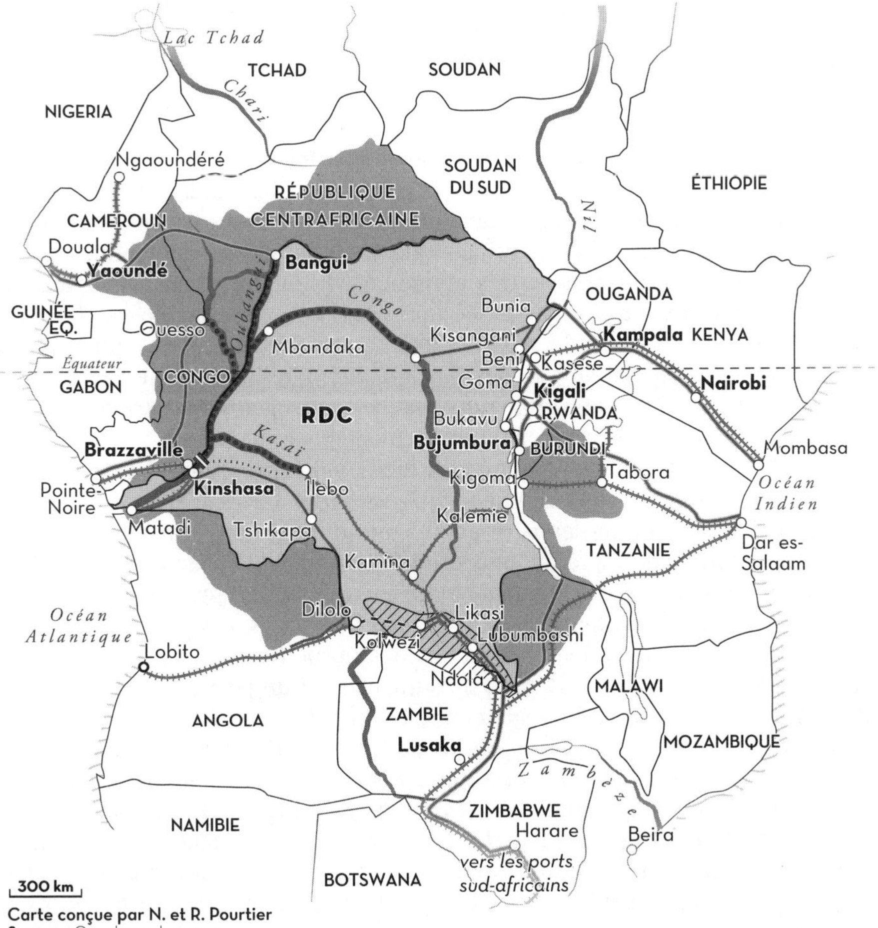

Carte conçue par N. et R. Pourtier
Source : Compiltation des auteurs
HÉRODOTE N°179

Hérodote, n° 179, La Découverte, 4e trimestre 2020.

l'océan Indien, entretenant les régionalismes qui en période de crise politique aiguë dérivent en ruptures avec une capitale lointaine : la sécession du Katanga, les rébellions de 1998 instrumentalisées par le Rwanda ont à chaque fois menacé d'éclatement un pays dont l'immensité et les tensions territoriales constituent un défi permanent. La condamnation en juin 2020 de Vital Kamerhe, directeur de cabinet du président Tshisekedi, à 20 ans de travaux forcés pour corruption, sera considérée, quelle que soit la légitimité de l'accusation, comme un jugement politique destiné à abattre l'homme fort de Bukavu, avec le risque de réveiller les forces centrifuges de l'extrême orient congolais.

Le tropisme asiatique

Le tropisme oriental s'inscrit dans le temps long depuis que les pays du Lualaba constituèrent le front avancé de la pénétration des « arabisés ». À l'échelle des mobilités mondiales, après les avancées arabes, ce sont les courants migratoires en provenance de l'Empire britannique des Indes qui grossirent une diaspora commerçante indo-pakistanaise très active en Afrique de l'Est, principalement en Ouganda où elle s'est reconstituée après en avoir été chassée par Idi Amin Dada en 1972. La poussée du monde indien, partie de l'océan qui porte à juste titre son nom, se poursuit vers l'ouest jusqu'à atteindre l'Atlantique, avant-garde d'une vague de fond venue d'Asie qui rebat les cartes géopolitiques du centre de l'Afrique, surtout depuis l'arrivée du rouleau compresseur chinois.

Au début du XXe siècle, quelques Indiens venus, les uns, d'Ouganda, les autres, de Tanzanie s'aventurèrent jusqu'aux villes de l'est du Congo. Parmi eux, la famille Rawji dont les héritiers, ayant quitté Kindu pour Kinshasa, sont aujourd'hui à la tête d'un groupe industriel commercial et bancaire (Rawbank) de première importance. La communauté indienne de RDC, longtemps discrète, a fait preuve d'une grande résilience lors des crises politiques successives du Congo-Zaïre. Ses membres les plus dynamiques ont su mettre ces crises à profit pour s'imposer dans l'import-export en se substituant aux Européens dont la très grande majorité a quitté le pays, principalement à la suite de la « zaïrianisation ». Depuis une vingtaine d'années, concomitamment à l'ère Kabila, une nouvelle vague de migrants et d'investisseurs très entreprenants a donné une autre dimension aux entreprises indiennes, qui comptent désormais parmi les principaux acteurs économiques de RDC. Elles ont bénéficié des réseaux d'influence précédemment tissés par les pionniers de la diaspora au sein de la classe politique congolaise sans laquelle rien ne peut se faire. Elles peuvent aussi compter sur le soutien du gouvernement de New Delhi, en symbiose étroite avec la stratégie de conquête du marché africain portée par de puissants groupes industriels.

Hérodote, n° 179, La Découverte, 4e trimestre 2020.

La création d'une chambre de commerce indo-congolaise en 2006, le financement via l'Export-Import Bank of India des ouvrages hydroélectriques de Grand Katende sur la Lulua (Kasaï occidental) et Kakabola sur le Kwilu (Bandundu) soulignent la volonté de l'Inde de participer à la valorisation du potentiel économique congolais sans en laisser le monopole à la Chine. Depuis 2001, des groupes métallurgiques indiens investissent dans le secteur minier au Katanga et au Sud-Kivu : Shalina Resources, Société minière du Katanga (SOMIKA) fondée par des Indiens du Canada, ou encore une filiale à Lubumbashi du groupe Rubamin de Vadodara (Gujarat). Dans le secteur des télécommunications, Bharti Airtel a racheté la branche africaine du koweïtien Zaïn en 2010, dont Airtel Congo. Les Indiens se partagent par ailleurs avec les Libanais la plupart des supermarchés et supérettes qui ont fleuri à Kinshasa depuis le retour de la paix. Plus récemment, ils se sont lancés dans la construction immobilière, avec notamment deux tours d'appartements et de bureaux près du fleuve, participant au renouveau du quartier d'affaires de la capitale congolaise. Parmi les entrepreneurs les plus en vue, Harish Jagtani, originaire de Jaipur au Rajasthan, a fait fortune dans le fret aérien et l'immobilier de luxe à Kinshasa, si rapidement que ses liens avec le clan Kabila ont été dénoncés par l'opposition[15]. Au total, la communauté indienne compterait une dizaine de milliers de personnes. C'est peu par rapport à la population de la RDC, mais c'est désormais plus que la population européenne, laminée par l'histoire du Congo depuis l'indépendance, alors qu'elle a compté jusqu'à 100 000 ressortissants avant 1960.

Bien que l'Afrique n'ait pas été une priorité pour la jeune République populaire de Chine, celle-ci ne manqua pas d'y mener une action diplomatique à la faveur des indépendances, appuyée par quelques opérations symboliques de développement destinées à rappeler qu'elle était au côté des peuples du tiers monde victimes du colonialisme. Dans les années 1970, sa coopération prit une autre dimension : la construction du « Tazara », chemin de fer Tanzanie-Zambie reliant Dar es-Salaam à Lusaka, fit la démonstration qu'elle était capable de se mesurer aux puissances occidentales. Pékin apporta un soutien constant aux pays ralliés à l'idéologie marxiste comme le Congo-Brazzaville et fit pression pour que les États africains cessent de reconnaître la République de Chine, ce qui est chose faite depuis la rupture en 2018 des dernières relations diplomatiques avec Taïwan, celles du Burkina Faso. La présence économique chinoise est longtemps restée très modeste en comparaison de celle des puissances occidentales. Tout a basculé très vite lorsque la République populaire de Chine, au fur et à mesure qu'elle devenait

Hérodote, n° 179, La Découverte, 4e trimestre 2020.

15. *RDC : le fabuleux destin d'Harish Jagtani et de ses proches*, RFI, mis en ligne le 22 mai 2020.

« l'usine du monde », fit de l'Afrique une cible prioritaire pour la fourniture de minerais dont son industrie a besoin, et d'hydrocarbures. En 1995, l'arrivée de la China National Petroleum Corporation (CNPC) au Soudan, profitant du retrait des compagnies pétrolières occidentales, fut un premier pas décisif. Vingt ans plus tard, les compagnies pétrolières nationales chinoises[16] se retrouvent au cœur de l'imbroglio pétrolier du Soudan et du Soudan du Sud. Poussant plus à l'ouest, elles sont arrivées jusqu'au lac Albert. La CNOOC y partage, avec Total, les permis sur les rives ougandaise et congolaise de ce nouveau bassin pétrolier.

La Chine a fait une entrée fracassante dans le bassin du Congo au tournant du millénaire, provoquant un véritable tsunami géopolitique. L'annonce en 2006 d'un contrat de 9 milliards de dollars, ramené par la suite à 6 milliards (le budget de la RDC n'étant alors que de l'ordre de 2 milliards), fit l'effet d'une bombe pour les Occidentaux et les institutions internationales qui se considèrent comme les garantes de l'ordre financier du monde (FMI et Banque mondiale). Ce contrat chinois restait cependant dans la ligne d'une économie d'exportation de produits primaires bruts : il répliquait le modèle économique colonial et postcolonial. Les rapports de force sur la scène internationale avaient simplement changé. Tout comme la méthode, privilégiant les contrats de type infrastructures contre permis miniers, indifférente par ailleurs à toute « conditionnalité » politique.

Le Katanga se trouve en première ligne des offensives chinoises. La Chine a financé la construction du barrage de Bussanga afin d'assurer l'approvisionnement en électricité des usines de Sicomines, *joint venture* sino-congolaise. En 2016, le rachat par China Molybdenum de la part de l'américain Freeport-McMoRan dans la mine de Tenke Fungurume pour 2,6 milliards de dollars a confirmé la domination chinoise sur le secteur minier katangais, où elle était déjà solidement implantée depuis le rachat en 2012 par China Minmetals Corporation de l'australo-canadien Anvil[17]. Les entreprises chinoises contrôlent désormais 70 à 80 % du marché du cuivre et du cobalt congolais. La mainmise de Pékin sur les deux tiers de la production mondiale de cobalt raffiné et de lithium lui assure une situation dominante dans le domaine stratégique des batteries électriques. Plus que jamais, la RDC est un enjeu mondial, les nouveaux maîtres du jeu venant désormais de l'empire du Milieu.

Comme dans l'ensemble du continent africain, les entreprises chinoises sont devenues en quelques années les leaders incontestés en matière d'infrastructures.

16. CNPC et ses filiales, SINOPEC (China Petroleum and Chemical Corporation), CNOOC (China National Offshore Oil Corporation).

17. Informations en ligne de la Direction générale du Trésor, Service économique de Kinshasa. Voir *La Chine en République démocratique du Congo : présence économique, financement et les créances*, en ligne, publié le 20 mars 2019.

Hérodote, n° 179, La Découverte, 4e trimestre 2020.

Les deux Congo font figure de succursales de la Chine dont les entreprises ont un quasi-monopole dans le secteur des travaux publics. Cette présence chinoise très forte s'inscrit dans une stratégie globale, formalisée lors des Forums Chine-Afrique[18] dont le dernier s'est tenu à Pékin en 2018. Il fut l'occasion pour le président Xi Jinping d'exposer sa vision de la *Belt and Road Initiative* dans le cadre d'un partenariat « gagnant-gagnant » entre la Chine et l'Afrique, confirmant l'engagement de Pékin à accélérer le développement du continent en le dotant des infrastructures qui lui font défaut. Dans un secteur moins visible que les grands travaux, les investisseurs chinois sont aussi à l'affût de concessions forestières et foncières dans le bassin du Congo, attribuées et gérées dans un très grand flou[19]. Ils se sont récemment lancés dans l'immobilier pour classe moyenne supérieure, par exemple la réalisation de la « Cité du fleuve » à Kinshasa. Le *soft power* n'est pas oublié : ouverture d'un Institut Confucius à Kinshasa en 2018, après celui, pionnier, de Nairobi. Enfin, parallèlement aux initiatives officielles, de nombreux Chinois essaiment, par leurs propres moyens. En RDC, ils ont commencé à investir le commerce de détail dans les grandes villes, au grand dam des Congolais qui jugent leur concurrence déloyale. Les chiffres les plus contradictoires circulent quant à leur nombre, probablement plusieurs dizaines de milliers. On ne sait au juste, mais ce qui est sûr c'est que l'étranger non africain a désormais les traits non plus du *mundele* (le blanc) mais du Han. Un sentiment antichinois se fait jour, récemment renforcé par les manifestations racistes visant les Africains résidant en Chine, accusés au printemps 2020 de propager l'épidémie de Covid-19, en particulier à Canton où ils constituent une diaspora très nombreuse. C'est la rançon de l'avènement de la « Chinafrique », et plus largement peut-être de la « Chindiafrique » [Boilot et Dembinski, 2013], reléguant, entre autres, la « Françafrique » aux marges de l'histoire. Les Occidentaux conservent cependant quelques positions dominantes, en particulier dans le secteur pétrolier, moteur des économies des pays riverains de l'Atlantique, de l'Angola (2e producteur africain) à la Guinée équatoriale, mais l'Afrique médiane dans son ensemble a basculé dans l'aire d'attraction asiatique. Ce basculement repeint le visage de la mondialisation : tandis qu'on cherche toujours en vain le *made in Africa*, le *made in China* s'affiche dans tous les commerces.

18. Depuis 2000, Les « Forums sur la coopération sino-africaine » (FOCAC) se réunissent tous les trois ans, tantôt à Pékin, tantôt dans une capitale africaine.

19. Voir l'article d'Alain Karsenty dans ce numéro.

Hérodote, n° 179, La Découverte, 4e trimestre 2020.

Conclusion

Que conclure de cette incursion en Afrique équatoriale, à la croisée de la nature et de l'histoire ? S'impose un premier constat : la permanence, dans le temps long, d'un type de relation asymétrique avec le reste du monde. Aussi loin que remontent les sources, le centre du continent noir a toujours été soumis à une économie de prélèvement, des hommes d'abord, des produits de cueillette (bois précieux, caoutchouc) et de chasse (ivoire) ensuite, des matières premières minérales enfin. Les pays arabes puis l'Europe, les États-Unis et aujourd'hui les nouvelles puissances asiatiques ont chacun orchestré à leur façon ce prélèvement, ce pillage des ressources humaines et naturelles, avec la complicité des détenteurs locaux du pouvoir, quels qu'ils aient été au cours des temps. Les indépendances, le renouvellement des acteurs mondiaux n'ont pas changé la structure d'un système rentier qui domine toujours les économies nationales, imprègne les mentalités et les comportements politiques, maintenant les États en situation de vulnérabilité et de dépendance. L'asymétrie de leurs relations avec les grandes puissances mondiales corsète leur autonomie. La classe politico-administrative est davantage préoccupée d'accaparer et de mettre à l'abri sa part de la rente que de prendre le risque d'investir dans des entreprises locales. À cet égard, le basculement de l'Atlantique vers l'océan Indien, de l'Occident vers l'Asie, n'a rien changé des pratiques de prédation des agents extérieurs comme des acteurs intérieurs.

Dans ce contexte, les discours sur le développement, relayés par le mythe actuel de l'émergence, se révèlent en porte-à-faux par rapport aux actes. La parole trop souvent dispense d'agir [Kabou, 1991]. À l'instar de nombreux pays africains, la RDC s'est dotée de son plan Émergence. Elle en a daté l'horizon, 2035[20], plus proche que celui de l'« agenda 2063 » de l'Union africaine, mais quel qu'en soit le curseur le propre de l'horizon est de s'éloigner quand on croit s'en approcher. Plutôt que se focaliser sur l'émergence, en copiant des modèles importés dont la « greffe » se révèle très problématique [Bayart, 1996], sans doute vaudrait-il mieux s'intéresser à la résilience des populations, aux énergies sociales qui leur ont permis de surmonter des crises à répétition. Les projections vers un avenir hypothétique font oublier la réalité des leçons du passé. Dans le domaine économique elles perpétuent la croyance aux éléphants blancs par dévotion envers une technologie hors sol. L'échec exemplaire d'un méga projet agro-industriel qui devait être

20. L'étude nationale prospective « RDC 2035 », lancée en 2010, s'est soldée par un certain nombre d'analyses et de propositions aussitôt oubliées qu'évoquées à l'occasion d'une « Conférence sur la croissance économique inclusive en RDC » organisée à Kinshasa par la primature et l'université Harvard en 2015.

Hérodote, n° 179, La Découverte, 4e trimestre 2020.

mis au crédit de la présidence de Joseph Kabila en est une illustration récente[21]. Bien que la RDC dispose d'un potentiel agricole exceptionnel, ses élites urbanisées font peu de cas de la paysannerie, jugée archaïque, alors que l'agroforesterie devrait être au cœur des politiques de développement. Malheureusement, la forêt devient une nouvelle rente. Une fois encore l'Afrique équatoriale est instrumentalisée par les puissances dominantes qui, cette fois-ci au nom du salut de la planète, mobilisent les institutions internationales et les ONG dans l'intention d'exercer leur contrôle sur son deuxième « poumon ».

Alors que le bassin du Congo a connu une hémorragie démographique sans précédent lors du choc épidémiologique colonial de la fin du XIXe siècle et est resté longtemps « sous-peuplé », les crises qui le secouent depuis un demi-siècle ont un rapport certain avec une croissance démographique explosive qui déstabilise des sociétés confrontées à une compétition croissante pour la terre et aux difficultés d'insertion des jeunes dans le système productif. La RDC fait partie de la demi-douzaine de pays dont la population compte plus de 45 % de moins de 15 ans. Le nombre d'enfants par femme (5,8) n'est dépassé que par le Niger et la Somalie. Les projections annoncent plus de 190 millions d'habitants en 2050, contre seulement 15 millions en 1960. Kinshasa a longtemps eu une attitude de déni vis-à-vis du risque démographique au prétexte que l'immense territoire de la RDC n'avait encore qu'une faible densité (37 hab/km^2 en 2020) et disposait des réserves foncières cultivables les plus importantes du continent [Pourtier, 2018]. Une prise de conscience de la nécessité d'accélérer la transition démographique en agissant sur le volet fécondité gagne toutefois du terrain. Mais le temps presse pour que la RDC entreprenne l'indispensable révolution contraceptive qui lui permettrait de bénéficier d'un « dividende démographique » [Guengant, 2014]. En attendant, un nombre croissant de jeunes désocialisés tentent vaille que vaille de survivre. Enfants des rues, ils s'organisent en bandes, les *kuluna*, apparues à Kinshasa il y a quelques années, aggravant l'insécurité urbaine. Dans l'Est, ils alimentent l'armée des « creuseurs » qui grappillent leur existence en extrayant des minerais (cassitérite, coltan, or) pour quelques dollars par jour, ou bien, enfants-soldats, viennent grossir les rangs des milices. Dans tout le territoire, beaucoup d'entre eux, dans le désarroi d'un avenir sans issue perceptible, rejoignent les

21. Le projet de Bukanga Lonzo (80 000 hectares) dans le territoire de Kenge au sud-est de Kinshasa, lancé avec tambours et trompettes en 2014, sur fond de machines rutilantes et d'avions épandeurs, devait être le pilote d'un programme hors norme de 22 parcs agro-industriels. En 2015, 5 000 ha de maïs étaient plantés, mais deux ans plus tard l'opérateur, le sud-africain African Commodities, jetait l'éponge : détournements de fonds (l'État congolais avait investi près de 100 millions de dollars), inadaptation du projet aux conditions écologiques et humaines... l'histoire ne cesse de bégayer depuis des décennies.

Hérodote, n° 179, La Découverte, 4e trimestre 2020.

CARTE 5. – RÉPARTITION ET DYNAMIQ

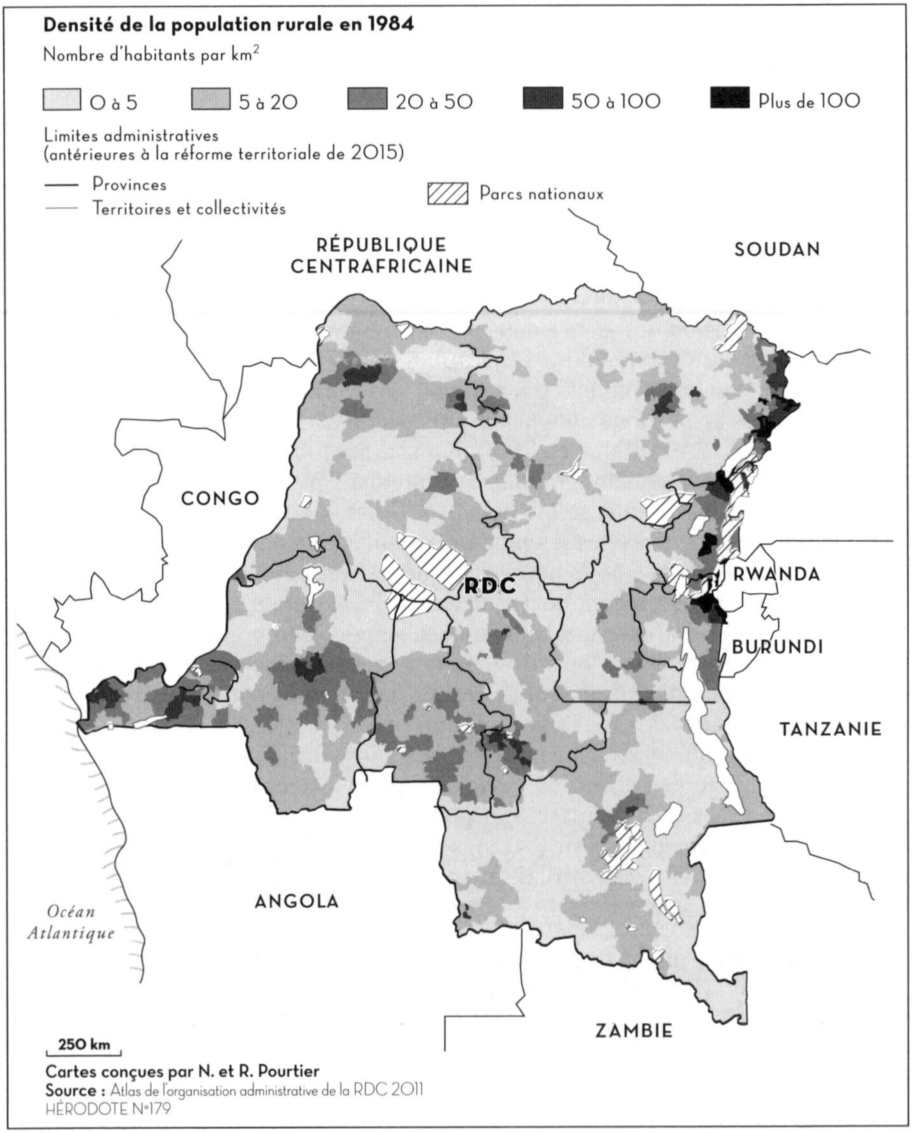

Hérodote, n° 179, La Découverte, 4e trimestre 2020.

: LA POPULATION EN RDC

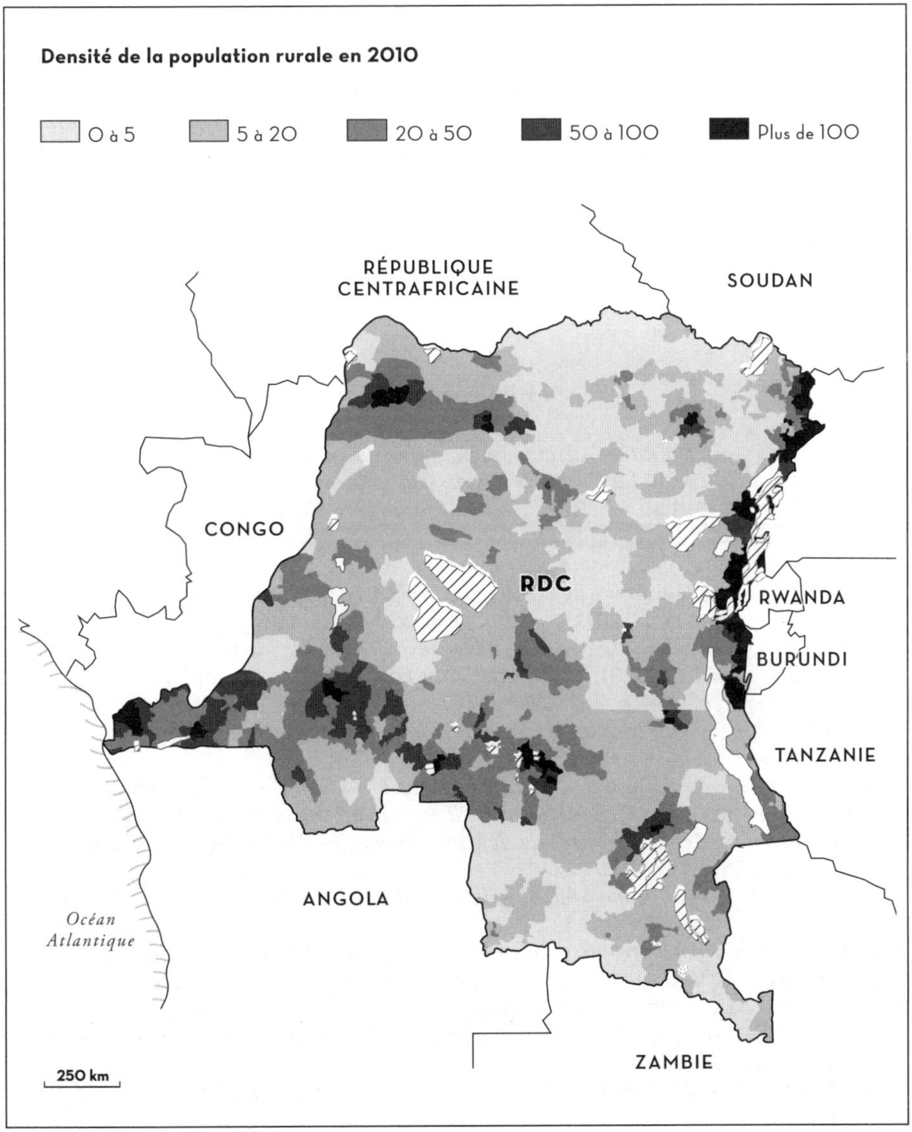

Hérodote, n° 179, La Découverte, 4e trimestre 2020.

Églises évangélistes où ils espèrent trouver protection et salut. Proclamer comme il est d'usage que la jeunesse est la richesse de la nation ne suffira pas à répondre aux immenses défis à venir.

En conclure que le changement serait hors d'atteinte serait nier le cours de l'histoire, toujours faite de bifurcations inattendues. Deux transformations majeures sont en cours, l'urbanisation et la digitalisation. L'une et l'autre remettent en cause, avec une force qui dépasse déjà toutes les prévisions, l'ordre socio-politique ancien. L'urbanisation constitue le socle de la nouvelle classe moyenne, avide de s'insérer dans la mondialisation tout en revendiquant une identité nationale congolaise. La diffusion du téléphone portable et du smartphone modifie radicalement le rapport au temps et à l'espace. La combinaison des deux devrait insuffler une dynamique nouvelle à la géopolitique congolaise, dont les trajectoires cependant continueront à se construire, avec de nouveaux outils, entre terroir et mémoire.

Bibliographie

BAYART J.-F. (1989), *L'État en Afrique. La politique du ventre*, Paris, Fayard.

BAYART J.-F. (dir.) (1996), *La Greffe de l'État*, Paris, Karthala.

BOILOT J.-F. et DEMBINSKI S. (2013), *Chindiafrique. La Chine, l'Inde et l'Afrique feront le monde de demain*, Paris, Odile Jacob.

BRAECKMAN C. (2012), *L'homme qui répare les femmes. Violences sexuelles au Congo. Le combat du docteur Mukwege,* Bruxelles, GRIP, André Versaille éditeur.

BRUNEAU J.-C. et SIMON T. (1991), « Zaïre, l'espace écartelé », *Mappemonde*, vol. 4, p. 2-5.

CHE GUEVARA (2000), *Passages de la guerre révolutionnaire : le Congo*, Paris, Métailié.

DE SAINT-MOULIN L. (2010), « La population congolaise : situation et perspectives », *Congo-Afrique*, n° 444, p. 263-280.

DU CHAILLU P. (1863), *Voyages et aventures dans l'Afrique équatoriale*, Paris, Michel Lévy Frères.

GABAS J.-J. et CHAPONNIÈRE J-R. (2012), *Le Temps de la Chine en Afrique*, Paris, Karthala.

GUENGANT J.-P. (dir.) (2014), *Bénéficier du dividende démographique ? Replacer la population au centre des trajectoires de développement de la République démocratique du Congo,* PARSS, AFD, IRD.

Hérodote (1997), *Géopolitique d'une Afrique médiane*, 3e-4e trim., Paris, La Découverte, 240 p.

KABOU A. (1991), *Et si l'Afrique refusait le développement ?* Paris, L'Harmattan.

LAGRANGE M.-A et VIRCOULON T. (2020), *RDC : le changement à pas feutrés*, Paris, IFRI.

MEILLASSOUX J.-C. (1975), *Femmes, greniers et capitaux*, Paris, Maspero.

MICHEL S. et BEURET M. (2010), *La Chinafrique. Pékin à la conquête du continent noir*, Paris, Fayard/Pluriel.

PÉTRÉ-GRENOUILLEAU O. (2004), *Les Traites négrières. Essai d'histoire globale*, Paris, Gallimard.

Hérodote, n° 179, La Découverte, 4e trimestre 2020.

POURTIER R. (1989), Le *Gabon. Espace, histoire, société*, Paris, L'Harmattan.
POURTIER R. (2003), « L'Afrique centrale dans la tourmente. Les enjeux de la guerre et de la paix au Congo et alentour », *Hérodote*, n° 111, 4e trimestre, p. 11-39.
POURTIER R. (2018), *La République démocratique du Congo face au défi démographique*, Paris, IFRI.
REYNTJENS F. (2012), *La Grande Guerre africaine : instabilité, violence et déclin de l'État en Afrique centrale (1996-2006)*, Paris, Les Belles Lettres.
SAUTTER G. (1966), *De l'Atlantique au fleuve Congo. Une géographie du sous-peuplement*, Paris, Mouton.
STEARNS J. (2011), *Dancing in the Glory of Monsters. The Collapse of the Congo and the Great War of Africa*, New York, Public Affairs.
TREFON T. et DE PUTTER T. (dir.) (2017), *Ressources naturelles et développement. Le paradoxe congolais*. Tervuren, *Cahiers africains*/ Paris, L'Harmattan.
TSHIYEMBE M. et BUKASA M. (1992), *Invention de l'État de droit et projet de société démocratique en Afrique : le cas du Zaïre*, Paris, Diane de Selliers.
VANSINA J. (1965), *Les Anciens Royaumes de la savane : les États des savanes méridionales de l'Afrique centrale des origines à l'occupation coloniale*, Léopoldville, Institut de recherches économique et sociale, [version anglaise] 1967, *Kingdoms of the Savanna*, Madison, University of Wisconsin Press.
VANSINA J. (1990) *Paths in the Rainforests. Toward a History of Political Tradition in Equatorial Africa*, Madison, University of Wisconsin Press.
VIRCOULON T. (2005), « L'Ituri ou la guerre au pluriel », *Afrique contemporaine*, vol. 215, p. 129-146.
VIRCOULON T. (2016), *L'Islam radical en République démocratique du Congo : entre mythe et manipulation*, Observatoire de l'Afrique australe et des Grands Lacs, Paris, IFRI.
WILLAME J.-C. (2010), *La Guerre du Kivu. Vues de la salle climatisée et de la véranda*, Bruxelles, GRIP.
YOUNG C. et TURNER T. (1985), *The Rise and Decline of the Zairian State*, Madison, University of Wisconsin Press.

Hérodote, n° 179, La Découverte, 4e trimestre 2020.

Le Sud-Soudan depuis l'indépendance : chronique d'un désastre

Gérard Prunier[1]

Comprendre la spécificité « ottomane » de la culture politique « soudanaise »

Un mot de mise en garde

La crise du « Soudan » a commencé avant même que celui-ci ne naisse[2]. Bien sûr, dès le départ, celle-ci a été attribuée à la différence entre un Nord arabisé et un Sud chrétien. Mais cette vue était en fait superficielle. Après cinquante années de conflit, l'accord de paix de janvier 2005 qui aboutit à l'indépendance du Sud en 2011 avait été vu comme *la* solution du problème. Mais après deux ans d'« indépendance », le Sud lui-même explosait dans sa propre guerre civile. Et le Nord lui-même (bien que ce ne soit pas le sujet de cet article) se retrouvait en proie à une nouvelle guerre alors qu'il venait de se séparer de ses provinces du Sud qui étaient censées être la cause du conflit. Donc, si nous souhaitons comprendre le(s) Soudan(s), nous devons repenser complètement notre paradigme initial. Les différences culturelles et religieuses entre le Nord et le Sud existent bien, mais comment pourraient-elles à elles seules continuer à être la cause unique de conflits

1. Chercheur émérite au CNRS. Consultant indépendant.

2. Le « Soudan » a été en guerre dès avant sa naissance. La première rébellion du « mouvement sudiste » a commencé dès août 1955, c'est-à-dire cinq mois *avant* l'indépendance. Ce soulèvement n'était pas du tout dirigé contre les colonialistes mais était au contraire une mutinerie des troupes noires de la Sudan Defense Force (SDF) visant à obliger les forces anglaises à demeurer dans le pays parce que les soldats africains craignaient – à juste titre – que l'« indépendance » ne soit que le début d'une nouvelle colonisation par les Arabes du Nord.

Hérodote, n° 179, La Découverte, 4e trimestre 2020.

aux profils similaires alors que s'est opérée une scission entre ces deux territoires. Qu'ont-ils en commun ? Une conception profondément enracinée de l'État non comme un gestionnaire de la chose publique mais comme une entité essentiellement parasite dont l'existence n'a rien à voir avec la fourniture d'un service public mais représente un mécanisme d'extraction des ressources où le Centre domine la Périphérie pour l'exploiter. Or, cette périphérie est plurielle et soit lutte pour saisir directement le pouvoir central, soit cherche à lui échapper en marginalisant elle-même d'autres fractions de la périphérie. Il n'y a dans ce schéma aucun concept de développement ou de fourniture de service. Cette structure héritée de la conquête ottomane du XIXe siècle est très différente de la colonisation européenne. Elle a longtemps été une caractéristique du Nord mais cela s'est ensuite étendu au Sud qui n'eut jamais d'autre perspective ni d'autre idéologie implicite en dépit de la différence culturelle[3]. Il s'agit de ce que les Soudanais, Nordistes comme Sudistes, appellent « *al Hukum* », « le pouvoir », terme turco-arabe à la connotation particulièrement négative.

C'est pourquoi lorsqu'on présente les actuelles convulsions de l'administration sudiste comme un affrontement tribal qui serait une lutte entre les Dinka et les Nuer respectivement premier et second groupe ethnique de l'ensemble sud-soudanais, on opère une simplification réductrice qui met entre parenthèses le modèle politique très particulier que tous partagent. On ajoute que chaque groupe serait rangé derrière un « leader » considéré comme « naturel », réellement représentatif, pour ne pas dire tout-puissant. Cette présentation qui défère au mythe de « l'homme fort » en politique africaine est en général fausse et particulièrement dans le cas du Soudan du Sud où l'autorité politique est diffuse et passe par des sous-ensembles claniques. Cela fait des « leaders » des présences n'allant pas d'elles-mêmes, en l'absence tant de choix démocratique que d'autorité traditionnelle incontestable. Pour comprendre ce qui s'est réellement passé après l'indépendance acquise par référendum à l'issue d'une guerre de cinquante années (1955-2005)[4] il faut en revenir à la situation du nouveau pouvoir intronisé en juillet 2011. Celui-ci correspondait à l'institutionnalisation de la guérilla du SPLA (Sudan People's

3. La prégnance de cette structure est énorme et a survécu à la colonisation britannique (1898-1956). Le seul qui semble avoir bien compris cela a été John Garang et c'est sans doute pourquoi il ne croyait pas à la faisabilité d'une indépendance du Sud dont il craignait l'incapacité à sortir de ce cercle infernal (souvenir d'une entrevue de l'auteur avec le colonel Garang en 1988).

4. La rébellion des Sudistes contre l'autorité de Khartoum avait commencé six mois avant l'indépendance du Soudan unitaire, lorsque les populations du Sud avaient compris qu'au départ des Anglais allait correspondre un transfert de l'autorité du colonisateur vers l'ancienne élite arabo-musulmane d'avant 1898.

Hérodote, n° 179, La Découverte, 4e trimestre 2020.

Liberation Army – Armée populaire de libération du Soudan) transformée en « gouvernement ». Mais à cela il fallait adjoindre plusieurs facteurs affectant la situation. Le premier était la disparition accidentelle du colonel John Garang, chef charismatique du SPLA depuis sa fondation en 1984, mort dans un accident d'hélicoptère le 30 juillet 2005. Brillant et autoritaire, il avait mené avec une poigne de fer pendant presque vingt ans une organisation hiérarchisée et militarisée qui n'avait jamais cherché à développer un corpus para-étatique. Le « chairman » avait coupé la plupart des têtes qui dépassaient. Sa mort laissa au sommet un subalterne, médiocre, Salva Kiir Myardit, incapable de maîtriser la corruption du corps des officiers et même des simples soldats. Il n'essaya d'ailleurs pas. Il n'avait en commun avec son chef mort que son origine tribale, l'ethnie Dinka[5]. Ensuite, la seule et unique ressource exportable du pays était le pétrole (96 % des exportations) – sur lequel les officiers fondirent comme des prédateurs. Enfin, en l'absence d'un groupe social au sein du SPLA capable d'assurer l'administration du pays, les officiers assumèrent ces fonctions avec une totale inexpérience et un mépris militaire des civils qui aboutirent à une économie de pillage ressemblant en fait étonnamment au modèle para-ottoman du *hukum*[6].

On vit donc une force militaro-ethnique assumer le pouvoir avec l'aura des « libérateurs » à laquelle avait contribué la communauté internationale et particulièrement les Américains qui depuis le 11 septembre 2001 étaient entrés en guerre avec une vision déformée de l'islam et qui considéraient le SPLA comme leur bijou triomphal. Mais sans Garang, avec un pouvoir ethno-militaire corrompu et sans aucune tradition hormis le spectre du *hukum* ottoman[7], la fragilité du « gouvernement » était extrême. D'ailleurs s'agissait-il d'un réel gouvernement ? Des élections étaient prévues pour 2015 et visaient à en créer un, avec cette fois une légitimité plus large. Mais comment envisager un processus électoral « normal » dans une société qui n'avait connu que la guerre et le pillage sous la période ottomane (1821-1898) et que le colonialisme n'avait que temporairement affectée[8].

5. Néanmoins, leurs origines géographiques n'étant pas les mêmes, ils appartenaient à des sous-groupes Dinka qui devinrent vite rivaux.

6. Le Soudan avait été occupé dès 1821 par le vice-roi d'Égypte Méhémet Ali qui avait pris le pouvoir au Caire après la retraite de Napoléon vers la France. Le vice-roi n'était pas égyptien mais un Albanais du Kosovo et il projeta sur sa nouvelle colonie le modèle de pillage qui avait constitué sa propre expérience d'exercice du pouvoir ottoman sur les franges conquises.

7. Comme me le dit un ami membre (civil) du SPLA, « c'est le syndrome de l'enfant battu : devenu parent, il battra à son tour ses propres enfants ».

8. Les Anglais n'eurent jamais de politique coloniale standard. Ils ont toujours et partout tendu à s'adapter au passé du territoire colonisé et, selon les colonies, on a d'extrêmes différences. Le Soudan resta fortement marqué par l'empreinte ottomane pendant la période « anglaise ».

Hérodote, n° 179, La Découverte, 4e trimestre 2020.

CARTE. – LES ETHNIES DU SOUDAN

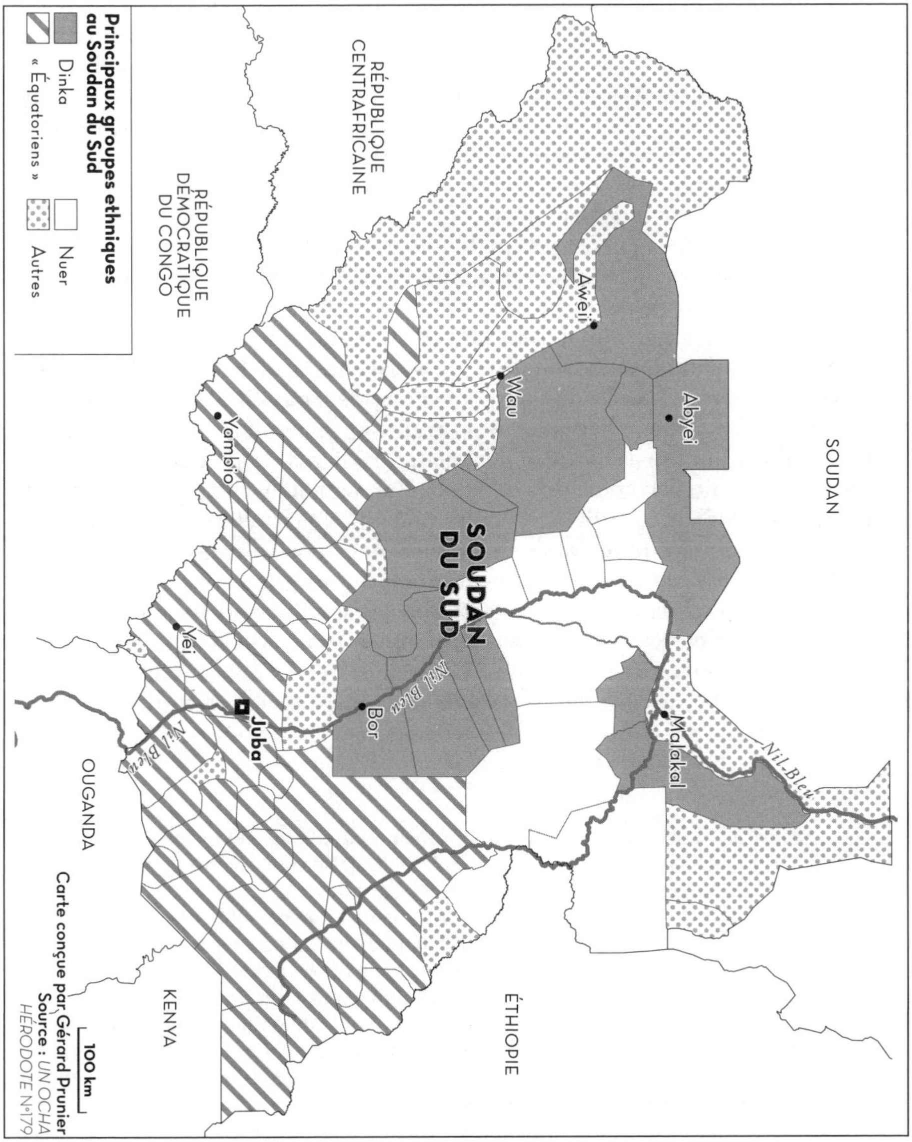

Hérodote, n° 179, La Découverte, 4e trimestre 2020.

L'auto-coup d'État du « président » va viser à empêcher les élections

Une série de plusieurs événements consécutifs s'était engagée dès le début du mois de juillet 2013. D'abord, 170 officiers supérieurs vus comme « peu fiables » car liés au SPLM-Nord[9] furent mis à la retraite. Le retrait des pouvoirs d'intérim du vice-président Riak Machar (Nuer) fut annoncé, l'empêchant ainsi d'assumer le pouvoir au cas où celui-ci deviendrait vacant, tout comme la suspension « temporaire » du secrétaire général du SPLM Pagan Amum, un Chillouk. Furent ensuite annoncées la mise à l'écart et la mise en accusation de deux des principaux ministres du gouvernement, Deng Alor, un Dinka Ngok, ancien bras droit de Garang pendant toute la guerre et actuel ministre à la Présidence, et Kosti Manibe, ministre des Finances, un Moru, ethnie avec laquelle Salva et le noyau Dinka du pouvoir n'avaient pas de difficultés particulières. Les accusations de malversations financières n'avaient rien d'extraordinaire et paraissaient même faibles comparées à celles portées contre les deux ministres. Le gouverneur de l'État des Lacs, Chuol Tong Mayay, fut mis à pied, suivi du gouverneur de Unity State, Taban Deng Gaï.

Soyons clairs. Dans le climat de corruption généralisé du régime depuis 2005, et suite à la fameuse « lettre des quatre milliards[10] » il était facile de faire passer ces accusations comme des éléments d'un prétendu « nettoyage » vertueux. Mais plusieurs éléments militaient contre une telle interprétation. Les personnes visées étaient loin d'être les pires, même s'il était possible de prouver telle ou telle malversation commise par eux. Bien qu'autoritaires et sans états d'âme, ces administrateurs étaient néanmoins parmi les meilleurs et les plus efficaces. Toutes les personnes visées étaient à la fois des « éléphants » du SPLM et des gens très critiques de Salva Kiir lui-même. Ils avaient tous annoncé leur soutien à la candidature soit de Riak Machar soit de Pagan Amum pour les élections de 2015.

9. Le SPLM-Nord (SPLM-N) était un mouvement pluriethnique et même pluriracial, créé au Nord-Soudan avant la mort de Garang. Au-delà du décès de son fondateur, il maintenait la revendication d'un changement global de régime et s'opposait à la séparation du Sud. Son existence, notamment à cause de la large participation d'éléments arabes, était une menace majeure pour le régime islamo-militaire de Béchir. Salva Kiir, avançant en partenariat avec ce même régime, s'était engagé dans une coopération de plus en plus étroite avec Khartoum.

10. En 2005 le président Salva Kiir avait fait publier dans la presse une lettre ouverte où il accusait ses propres ministres d'avoir volé 4 milliards de dollars depuis la création du gouvernement autonome du Sud. Le véritable chiffre était sans doute nettement plus élevé. Salva fournissait un numéro de compte en banque où il demandait qu'on verse les restitutions. Il recueillit environ 20 000 ou 30 000 dollars, somme dérisoire au regard des détournements opérés par surfacturation de fournitures. Souvent, il y avait une facture (réglée) et aucune livraison.

Hérodote, n° 179, La Découverte, 4e trimestre 2020.

Dans la foulée (22 juillet), Riak Machar annonçait que le gouvernement du Sud était résolu à organiser un référendum sur le statut d'Abyei, avec l'autorisation de Khartoum ou en s'en passant, et avec l'aval de la communauté internationale ou sans. Or, Abyei constituait [11], avec la question de l'appui sudiste au FRS [12], la ligne rouge au-delà de laquelle Khartoum était absolument décidé à bloquer les exportations pétrolières. Au moment même où celles-ci avaient déjà repris et où Juba payait 236 millions de dollars de droits de passage pour son brut au Nord, le secrétaire de la Commission énergie du Parlement de Khartoum déclarait qu'il arrêterait le passage du pétrole dans l'oléoduc en cas d'échec des négociations sécuritaires «*malgré la situation économique difficile que traverse notre pays en ce moment*». Le 23 juillet, Salva frappa un grand coup sans prévenir : il limogea Riak Machar et renvoya la totalité du cabinet. Une série de décisions clefs se succédèrent alors. Le 1er août, Salva Kiir nommait un nouveau cabinet. Le 2, il offrait solennellement à Khartoum de mettre fin à tout soutien au SPLM-Nord, soutien dont il avait jusqu'à présent nié l'existence. Le 7, la Commission d'approbation des nominations (*Vetting Committee*) refusait la nomination de Telar Ring Deng comme ministre de la Justice [13] (alors que toutes les autres nominations étaient approuvées presque sans examen). Le 23, James Wani Igga, président du Parlement, était nommé vice-président de la République en remplacement de Riak Machar.

Comment décrypter tout cela ? Le cabinet d'abord : la presque totalité des ministres éliminés et non repris dans le nouveau cabinet – Deng Alor, John Kong, Nhial Deng Nhial, John Luk Jok, Makuei Lueth, Kosti Manibe, Peter Adwok Nyaba, Cirino Hiteng – étaient au nombre des grandes figures de la rébellion. D'un trait de plume, Salva Kiir effaçait trente années d'histoire sud-soudanaise. Cette tendance au «nettoyage» des figures historiques fut confirmée par la proclamation du nouveau gouvernement, entièrement composé de personnages secondaires [14], voire d'anciens ennemis du SPLM liés au régime de Khartoum. Parmi eux, Riak Gok, député d'Akobo, toujours membre du NCP (parti du Congrès national,

11. La région d'Abiey, peuplée de Sudistes, avait été occupée illégalement par le Nord.

12. Le Front révolutionnaire soudanais (FRS) tentait de fédérer les différents mouvements d'opposition au gouvernement islamo-militaire.

13. Telar Ring était un allié étroit du président Salva et un ami personnel du président Béchir.

14. À l'exception du ministre de la Défense Kuol Manyang. Mais son image personnelle n'était pas uniquement celle d'un «héros de la guerre», c'était aussi celle d'une brute capable de faire fusiller sans états d'âme un soldat «insolent» ou de battre au point de l'envoyer à l'hôpital un vieillard de 74 ans comme Mgr Paride Taban à qui il avait dérobé 100 000 Deutsche mark (± 51 000 € en 2020) donnés par une organisation charitable allemande à l'évêque pour les victimes de guerre. Il est certain qu'il a été nommé à son poste pour que l'on puisse éventuellement utiliser sa «vigueur».

Hérodote, n° 179, La Découverte, 4e trimestre 2020.

en anglais National Congress Party), qui devenait ministre de la Santé publique, Abdallah Nhial Deng, un Dinka musulman lui aussi, membre du parti islamiste et ennemi acharné du SPLM pendant la guerre, et Telar Ring Deng qui, bien que membre du SPLM, était connu pour ses accointances nordistes. Le rejet de ce dernier par la Commission des nominations correspondait au franchissement d'une limite. C'était Telar qui avait mis sur pied le nouveau cabinet et qui était une sorte d'« agent de liaison » avec les services secrets nordistes. En tant que ministre de la Justice, il s'apprêtait à rejeter les éventuelles plaintes de certains fonctionnaires mis à pied et qui n'accepteraient pas leur éloignement forcé. Cependant, comme ses diplômes étaient insuffisants, la Commission en avait pris motif pour le rejeter. Salva laissa passer la bourrasque avant de réagir plus tard lorsqu'il eut de nouvelles cartes en main. En attendant, pendant toute la deuxième quinzaine d'août, une série de réunions conjointes eurent lieu à Khartoum entre le NISS (service de renseignement soudanais) et les Services spéciaux de Juba pour mettre sur pied le démantèlement des réseaux de soutien au SPLM-Nord et au FRS installés au Sud. Pour Khartoum une très grosse partie se jouait et il fallait absolument, si les Sudistes voulaient pouvoir exporter leur pétrole, qu'ils arrêtent de mener les Nordistes en bateau et qu'ils procèdent à un démantèlement total et effectif de tous les systèmes d'appui aux réfugiés. En ayant donc un nouveau gouvernement d'où tous les appuis des réseaux FRS avaient été éliminés, et en ayant installé dans les couloirs du pouvoir des hommes soit sans envergure, soit inféodés à Khartoum, le Président avait « préparé le terrain » pour que l'offre d'un accord sécuritaire paraisse cette fois crédible pour le NCP. C'est pourquoi le dernier carré des *awlad Garang* (les enfants de Garang, c'est-à-dire ses anciens compagnons) était parvenu à faire rejeter – temporairement – la nomination de Telar Ring à son poste clef.

En attendant, dès le nouveau programme mis en place, Salva s'était envolé pour Khartoum où, le 3 septembre, il signait un nouvel accord qui, bien que se contentant essentiellement de reprendre les termes de l'accord du 27 septembre 2012, était enfin l'accord « sérieux » que le régime nordiste demandait. Le coup était tellement magnifique que, dès le 6 septembre, le ministre des Affaires étrangères Ali Karti s'était rendu à New York pour brandir le nouveau papier et demander l'abrogation immédiate des sanctions internationales contre Khartoum. Et lors de son séjour aux États-Unis, il s'empressait de préciser (8 septembre) qu'« en aucun cas il n'y aurait le moindre dialogue avec le SPLM-Nord ». Désormais, une fois les réseaux de soutien sudistes démantelés, c'était place aux armes et à la solution militaire. Dans la foulée, Béchir décida (15 septembre) d'aller lui-même à New York pour conduire la délégation soudanaise à la prochaine Assemblée générale des Nations unies. Comme les États-Unis ne sont pas signataires du traité de Rome et qu'il allait rendre visite à l'extraterritorialité onusienne, il était sûr de

Hérodote, n° 179, La Découverte, 4e trimestre 2020.

son affaire, et bien décidé à frapper fort pour utiliser l'accord du 3 septembre et obtenir la levée des sanctions, tout en humiliant les juges de la CPI[15].

À Juba, c'était un succès total pour la « nouvelle donne politique » que venait d'instaurer Salva Kiir[16]. Le 11 septembre, le directeur du Bureau des statistiques, Isaiah Chuol Aruai, déclarait que tant qu'il n'y aurait pas de recensement (et que son Bureau n'avait pas l'argent lui permettant d'en organiser un), il ne pourrait pas y avoir d'élections en 2015. Deux jours plus tard, Salva Kiir restaurait par décret Telar Ring à son poste de ministre de la Justice, menaçait de dissoudre le Parlement et d'« envoyer les députés qui ne seraient pas contents traîner dans les rues au moins jusqu'en 2015 ».

Le mois d'octobre marqua une sorte de pause dans la suite des événements. Le « coup d'État interne » tenté par Salva Kiir semblait commencer à marcher. Le Sud avait coupé son aide militaire aux guérillas du Nord, le nouveau gouvernement SPLM inféodé à Khartoum était en place et le pétrole coulait. Il y avait quand même un problème. Béchir se rendit en visite à Juba en novembre, soi-disant pour « relancer la coopération Nord-Sud ». En fait, il s'agissait pour lui non seulement d'entériner la mise en marche finale de l'accord du 27 septembre 2012 « revu et corrigé » par ses clauses secrètes sur le démantèlement de l'aide sudiste aux rebelles nordistes, mais même de demander encore plus. En effet, outre les 10,40 dollars de droits de transit pour le baril GNOPC et 8,50 dollars pour le baril Petrodar, il y avait aussi le paiement en bloc d'une somme de 3 028 000 000 de dollars, supposée être un dédommagement pour les dépenses encourues par Khartoum dans la mise en œuvre de l'exploitation pétrolière entre 1997 et 2005. Les articles 5 et 6 traitaient de l'arbitrage en cas de non-paiement des droits par Juba. Mais Béchir, confiant dans le fait que l'accord « revu et corrigé » tiendrait quoi qu'il arrive avec un nouveau gouvernement à ses ordres à Juba, était venu demander le paiement *immédiat* des trois milliards dont il avait un besoin pressant, vu l'état de délabrement des finances nordistes. Bon prince, il accepta le paiement échelonné qui allait devoir être payé en amenant le montant des droits de transit à près de 30 dollars le baril[17] ! On en était revenu au

15. Il dut y renoncer lorsque les émeutes de septembre lui firent craindre une révolution ou un coup d'État en son absence.

16. Et que Pagan Amum venait de qualifier de « mise en place de la dictature » dans une conversation téléphonique que nous avions eue le 9 septembre. Pagan étant interdit de sortie du territoire sud-soudanais et interdit de contact avec les médias, je dus lui promettre de ne pas répéter publiquement ses paroles, ni de les écrire.

17. Le montant exact est resté secret. Mais pour pleinement saisir le côté exorbitant de ce droit de transit, il suffit de le comparer aux tarifs pratiqués pour des oléoducs comparables ailleurs dans le monde : la moyenne était à l'époque d'environ $2 le baril.

chiffre que Pagan Amum avait totalement refusé dans les négociations de 2011 et qui avait finalement abouti à l'arrêt de la production en janvier 2012. Quant aux articles 5 et 6 de l'accord du 27 septembre 2012 traitant d'un éventuel arbitrage, ils étaient passés à la poubelle.

En fait, la tranquillité apparente ne correspondait à aucune accalmie réelle mais seulement au calme précédant la tempête. Celle-ci survint le 25 novembre lorsque Salva Kiir annonça la dissolution des organes directeurs du SPLM, bureau politique et Conseil de libération (respectivement exécutif et parlement internes du Mouvement). La raison en était que face à la désagrégation de la situation politique, il savait être désormais en minorité au sein des instances du parti et condamné à démissionner si jamais celles-ci parvenaient à se réunir. La levée de boucliers fut telle qu'il fut forcé de revenir sur cette dissolution vingt-quatre heures plus tard. Mais, désormais, le bras de fer était engagé. Le 6 décembre, la brochette complète de l'opposition se réunit pour annoncer publiquement lors d'une conférence de presse commune qu'elle exigeait une réunion d'urgence du Comité de libération pour examiner la totalité de la situation politique nationale et qu'elle tiendrait un grand meeting unitaire le 14 décembre pour appuyer sa demande. Le 13 décembre, l'opposition annonça le report de son meeting de protestation d'une semaine (nouvelle date prévue : 20 décembre) pour avoir le temps d'ouvrir des pourparlers avec Salva Kiir et d'empêcher les choses de déraper. Dans la nuit du 15 au 16 décembre, vers 22 h 30, les forces de la Garde républicaine tentèrent de sortir de leur caserne pour aller arrêter les membres de l'opposition. Mais le plan avait été fuité et les forces de la Garde présidentielle, prévenues, attaquèrent les gardes républicains[18]. Ceux-ci durent s'enfuir dans un premier temps et les combats s'arrêtèrent vers deux heures du matin. Il s'ensuivit une accalmie pendant laquelle les forces fidèles à Kiir allèrent chercher des renforts et le combat reprit vers six heures du matin et dura jusque vers neuf heures. Les forces pro-Kiir remportèrent cette première manche et les soldats Nuer qui s'étaient rendus maîtres de la grande caserne du centre-ville s'y retrouvèrent ensuite assiégés[19]. Cela permit aux forces pro-Kiir d'aller arrêter la plupart des hommes de l'opposition. Les arrestations (Gier Chuan, Cirino Hiteng, Deng Alor, Alfred Lado Gore, le général Deng Oyai Ajak) furent effectuées sur une base politique et sans présupposés

18. La Garde présidentielle est, comme son nom l'indique, la force de protection de la présidence. Elle est multiethnique, avec cependant une majorité de Nuer et de Dinka. Elle avait été créée en 2011, au moment de l'indépendance. La Garde républicaine était très récente et datait quant à elle de novembre 2013. Elle était entièrement composée de Dinka de Warrap et de Gogrial et son but était de servir de garde prétorienne à Kiir pour éventuellement se battre contre d'autres unités qui voudraient le renverser.

19. Lundi matin, le bilan temporaire s'établissait à 12 morts et 156 blessés.

Hérodote, n° 179, La Découverte, 4e trimestre 2020.

ethniques. Riak Machar, premier visé, parvint à prendre la fuite. Pagan Amum et Mme Garang furent placés en résidence surveillée. Le seul « leader historique » à s'être rallié à Salva Kiir fut Nhial Deng Nhial qui semblait jouer un jeu ambigu, soutenant Salva tout en espérant sa chute, dans l'espoir que les Dinka de l'Ouest le choisiraient lui pour remplacer le Président déchu[20]. L'annonce par Salva Kiir d'une prétendue tentative de coup d'État de la part de Riak Machar fut une fabrication à laquelle personne ne crut, pas même les alliés Dinka du Président. C'était une fable visant avant tout la communauté internationale, cherchant implicitement à obtenir un soutien international pour « le président légitime »[21]. Mais ce qui est plus étrange, ce sont les conditions improvisées, presque bricolées pourrait-on dire, de ce coup d'État interne du Président. Les prisonniers furent détenus dans diverses maisons privées en gardant leurs téléphones portables. Il y avait un souci de rester dans une sorte de farce théâtrale pour pouvoir terroriser l'opposition mais au départ sans faire couler le sang délibérément. Salva Kiir s'attela à purger le Conseil national de libération (CNL) et à le reconstituer avec des membres désignés dociles. Il convoqua une réunion plénière du CNL et se fit nommer secrétaire général du SPLM, ce qui lui permettrait ensuite de faire deux choses : convoquer une conférence nationale dont il aurait au préalable trié les représentants et, fort de cet appui, « préparer » les élections de 2015 en fabriquant une Commission électorale sur mesure.

Pour cela il disposait d'un atout important, les gouverneurs provinciaux qu'il avait nommés récemment étaient tous ses obligés politiques. Autre atout : le soutien de Khartoum, le sort de Béchir et celui de Kiir étant désormais étroitement liés. Demi-atout : la personnalité du chef d'état-major James Oth, un Nuer prudent qui voulait avant tout garder la cohésion de l'armée.

Ce plan d'établissement d'une « dictature légale » avait-il des chances de succès ? Oui, sans doute, mais limitées. Pour réussir il aurait fallu cocher toutes les cases du parcours de trucage organisationnel énumérées ci-dessus, et en outre : réussir à capturer Riak en à peu près bon état – le tuer aurait pu amener un basculement total conduisant la majorité des Nuer à la révolte ; parvenir à empêcher les concurrents issus de son propre camp tels que Lam Akol ou Nhial Deng Nhial de

20. Il est très récemment revenu sur le devant de la scène (été 2020) avec le même but, qui a aujourd'hui plus de chances de se réaliser étant donné les divisions croissantes des fractions Dinka.

21. Légitime certes, mais par défaut. En effet, Salva Kiir n'avait jamais été élu à aucun poste. À la mort de Garang en juillet 2005, il était chef de l'armée du SPLA. Il fut nommé par Béchir vice-président de la République du Soudan (uni) et devint automatiquement président du Sud-Soudan, sans élection, par « héritage administratif », lors du référendum d'indépendance en 2011.

Hérodote, n° 179, La Découverte, 4e trimestre 2020.

bénéficier de ses efforts pour ensuite présenter leur candidature pour 2015 sans pouvoir les en empêcher ; et éviter une censure internationale trop directe, particulièrement en ce qui concerne les États-Unis, seul pays dont Salva Kiir craignait les réactions.

Le danger principal était évidemment de voir la contestation politique virer à la guerre tribale et c'est ce qui allait finir par se produire lorsque l'ethnisme en vint, dans le courant de 2014, à définir les deux camps en termes grossièrement tribaux.

La guerre civile tente de s'institutionnaliser

Deux événements – la convention du mouvement rebelle à Pagak du 6 au 12 décembre 2014 et l'annonce le 3 janvier 2015 d'élections « nationales » par le gouvernement de Juba – tentèrent d'institutionnaliser les structures d'une guerre civile qui, en dépit des génuflexions diplomatiques rituelles à Addis Abeba, n'avait plus aucune perspective de solution négociée, surtout après l'intervention militaire de l'Ouganda aux côtés du gouvernement « légitime » mais croupion de Salva Kiir. Riak Machar présenta un plan de restructuration politique et territorial de l'ensemble du pays fondé sur une approche de fédéralisme ethnique. Après avoir réorganisé l'armée insurgée[22], le chef des rebelles supprima les dix États créés lors de l'indépendance en 2011 pour les remplacer par 21 nouveaux États. Différence essentielle : les nouveaux États, aux frontières héritées des comtés créés dans les années 1910-1920 par les Britanniques, étaient fondés sur un découpage ethnique minutieux. Et les 21 gouverneurs nommés par les rebelles étaient *tous* de l'ethnie majoritaire dans chaque État. Les nominations et la carte produites par la conférence de Pagak visaient donc à être déjà des esquisses du Soudan du Sud fédéral ethnique de l'après-guerre. Mais les ajustements étaient souvent délicats : le général Dau Aturjong, pourtant bien nécessaire à la rébellion qui avait bien besoin de Dinka, n'était pas content d'avoir vu son rôle diminué ; le gouverneur (gouvernemental) Martin Kenyi qui venait de rejoindre la rébellion dut d'abord s'imposer face à son rival Alfred Lado Gore comme représentant des Bari ; au sud du Bahr-el-Ghazal les rivalités entre Kresh, Belanda et groupes pan-Fertit étaient loin d'être résolues et cela n'est qu'une esquisse des problèmes que posait cette restructuration rebelle. C'était pire du côté gouvernemental.

Les principaux organes constitutifs du gouvernement de Juba (Bureau politique du SPLM, Conseil national de libération) avaient été dissous le 30 novembre 2014 et jamais réinstitués. Il n'y avait pas eu de recensement et les

22. Rebaptisée SPLM/IO (In Opposition)

Hérodote, n° 179, La Découverte, 4e trimestre 2020.

listes électorales, datant de 2010, étaient périmées. Il n'y avait pas de Commission électorale.

Quatre des États n'avaient que des gouverneurs intérimaires, Jonglei, Unity et le Haut-Nil parce qu'ils étaient occupés par les rebelles et l'État des Lacs parce qu'il est en pleine « guerre-civile-dans-la-guerre-civile », la population se battant contre le gouverneur Matur Chut Dhuol, qui venait de dissoudre la totalité de son gouvernement. Les morts se comptaient par milliers et les combats s'aggravaient sans que les « rebelles locaux », tous Dinka, rejoignent pour autant la rébellion « globale » de Riak Machar.

La communauté internationale, choquée par le naufrage que présentait une « libération nationale » qu'elle avait parrainée, se tourna vers l'IGAD[23] pour obtenir une sorte de « sous-traitance africaine » qui lui permettait de se défausser de ses responsabilités.

« L'accord de paix » du 17 août 2015 et ses interminables suites

Le plan de paix de l'IGAD comportait plusieurs points inacceptables pour la coalition tribale *Jieng* (nom que les Dinka se donnent à eux-mêmes) qui soutient (conditionnellement) Kiir. D'une part, l'IGAD proposait un contrôle militaire des provinces du Nord-Est où se déroulaient 90 % des combats. D'autre part, les arbitrages tribaux, proposés par des Africains qui étaient tout aussi ignorants des réalités de terrain que des non-Africains, n'aboutissaient pas à des mécanismes concrètement applicables.

Au niveau fédéral la mesure de démilitarisation de Juba et son passage sous le contrôle d'une force internationale étaient très problématiques. Les forces de l'armée « nationale » étaient en fait devenues une milice Dinka. Et la police, dont l'accord ne disait rien, était à 100 % Dinka.

Par ailleurs, il y avait le problème des gouvernorats et des assemblées provinciales. Du fait de l'immensité du pays, de la faible population et des mauvaises routes, les pouvoirs locaux sont de véritables puissances et là aussi les choix ethniques étaient souvent irréalistes.

Et, enfin, au niveau central, il y avait la position de Riak lui-même comme premier vice-président avec des pouvoirs étendus et une armée propre qui ne devait pas être incluse dans le SPLA pendant 30 mois. Kiir avait peur de lui et le

23. L'autorité intergouvernementale pour le développement (en anglais : Intergovernmental Authority on Development, IGAD) est un groupement régional créé le 21 mars 1996 et associant sept pays est-africains : Djibouti, Éthiopie, Kenya, Somalie, Soudan, Soudan du Sud et Ouganda.

Hérodote, n° 179, La Découverte, 4e trimestre 2020.

noyau ethniste des Dinka durs (Paul Malong, chef d'état-major, et le *Jieng Council of Elders*) aussi.

Après de longues hésitations ayant trait à sa sécurité, Riak finit par venir à Juba en avril 2016. Mal lui en prit. Tombé dans une embuscade, il fut obligé de se battre et de s'enfuir à pied avec quelques fidèles (dont son épouse et partenaire politique Angelina). Pourchassés par les milices Dinka et attaqués par des avions ougandais et de la compagnie de mercenaires Blackwater, les « rebelles[24] » mirent plusieurs semaines pour marcher jusqu'au Congo. Évacué par la MONUSCO vers le Soudan, Riak se vit refuser l'asile politique et se retrouva transféré en Afrique du Sud[25] où il devait rester près de deux ans. Pendant cette longue absence, la guerre civile continua avec une violence extrême qui alla peu à peu en décroissant étant donné le déclin d'intérêt des forces extérieures, l'absence d'aide étrangère aux rebelles et l'utilisation de sa position « étatique » par Salva Kiir pour acheter des armes en Chine et dans l'ancien bloc soviétique. Les flots de réfugiés vers les pays limitrophes furent énormes, avec un total approximatif de presque deux millions[26]. Les Nuer, victimes de massacres soutenus, abandonnèrent peu à peu la rébellion sans pour autant se rallier au gouvernement et le flambeau de la révolte armée passa peu à peu aux tribus de l'Equatoria (Bari, Madi, Kakwa, Pojulu) ralliées (avec de multiples dissidences et conflits) au général Thomas Cirillo qui avait déserté l'armée gouvernementale au début de 2017. Poussés par la misère, la faim et l'absence de salaires, les miliciens Dinka « Mathiang Anoor » eux-mêmes ont commencé à déserter, alors que leur chef d'état-major Paul Malong, lui-même Dinka, se rebellait mais sans rejoindre le SPLM/IO, toujours vu comme un bastion Nuer. Le gouvernement lui-même était devenu une faction parmi les autres mais sa reconnaissance internationale, ses « facilités bancaires »[27] et surtout ses contacts avec les marchands d'armes lui assurent une primauté vacillante. L'accord du 5 août 2018 a largement répété celui de 2015 sans ajouter autre chose que des rapetassages parfois difficiles à croire : cabinet pléthorique [28], armée « privatisée » par les Dinka, ministères où le « ministre » n'a pas même un bureau, quatre « seconds vice-présidents » ajoutés au Premier (Riak Machar), administration provinciale inexistante, services publics fantômes.

24. Le terme est ambigu, Riak ayant été officiellement installé à son poste de vice-président le 26 avril 2016.

25. Le président Zuma accepta d'« héberger » le vice-président sud-soudanais, sans lui accorder un statut officiel et en le plaçant en fait en résidence surveillée.

26. Il y eut le double de personnes déplacées à l'intérieur du pays.

27. Les finances du pays sont aujourd'hui considérées comme « délinquantes » (voir « Rapport annuel des Nations unies sur le Sud-Soudan » pour 2016).

28. Un « gouvernement » existe en théorie depuis février 2020.

Hérodote, n° 179, La Découverte, 4e trimestre 2020.

Il y a eu sans cesse des « prolongations », des « extensions », « de nouveaux délais »[29]. Un cabinet d'« Union nationale » a fini par être bricolé en février 2020 après le « règlement » d'un retour à l'organisation territoriale en dix États qui était celle de l'indépendance[30]. Le désir d'en finir vite amena le « nouveau gouvernement » à enterrer à la hâte le terrible rapport des Nations unies sur l'impact de la pollution pétrolière dans les zones d'extraction[31]. Il en alla de même pour le *UN War Crimes Report*, de la Commission des Nations unies sur les droits de l'Homme (20 février 2020) qui recensait les cas de violations graves des droits humains. Mis en place ce même mois de février, l'IGAD annulait la décision (illégale) de placement de Riak Mchar en résidence surveillée et, après deux ans de prolongations qui ne tenaient qu'aux appétits des politiciens, toujours insatisfaits de la répartition des postes et qui relançaient des hostilités pour améliorer leurs positions de négociations, la communauté internationale exaspérée finit par un chantage officieux aux sanctions. Il n'y avait toujours pas de schéma clair pour assurer la sécurité du nouveau gouvernement et, comme devait le dire un militaire de l'opposition, « les éventuels arrangements de sécurité qui manquent ne concernent pas la sécurité de M. Riak Machar lui-même[32] mais bien plus la sécurité globale du pays, la démilitarisation de Juba, des grandes villes, des espaces publics, le désarmement et l'unification des forces armées »[33]. Il y avait un « gouvernement d'unité nationale » mais les plaies d'une guerre civile qui avait fait 383 000 morts[34] étaient loin d'être refermées. Elles n'étaient même pas en voie de cicatrisation et la haine des Dinka était devenue générale. C'est cette ethnie

29. Officiellement en septembre 2018, en mai et novembre 2019, officieusement d'autres fois encore.

30. Nous avons vu que Riak avait tenté de lui substituer une organisation à 21 États qui tentait de refléter au plus près les structures ethniques sous-régionales. Kiir avait contré cette mesure qui aboutissait à diluer l'hégémonie Dinka en créant 32 micro-États assurant une administration régionale qui aurait été à sa main. Avec le « découpage Kiir », c'était l'hégémonie Dinka qui se serait imposée. Le refus de cette parcellisation orientée fut universel et le Président finit par déposer les armes à propos de la parcellarisation pour en revenir au *statu quo*.

31. Le rapport des Nations unies du 13 février 2020 mettait au jour une pollution massive aboutissant à une contamination de la nappe phréatique entraînant des malformations chez les nouveau-nés. L'exploitation était due au Consortium Greater Pioneer Operating Company (GPOC) appartenant à la Chine, à l'Inde et à la Malaisie, associé au « gouvernement » du Sud-Soudan, quel qu'il fût.

32. Même si c'est en fait leur absence qui avait entraîné la reprise de la guerre en 2016 !

33. Capitaine Mabior de Garang, 19 février 2020 (mémo).

34. Évaluation de la London School of Hygiene and Tropical Medecine (rapport du 25 septembre 2018). La continuation de combats sporadiques en Equatoria et autour de Jongleï depuis cette date a certainement amené à franchir le cap des 400 000 morts.

Hérodote, n° 179, La Découverte, 4e trimestre 2020.

même, qui formait l'ossature du SPLM gouvernemental, qui était maintenant en train de se fragmenter. La construction ethnique des « secondes vice-présidences » était en elle-même le reflet d'un échafaudage surréaliste. James Wani Igga est un Bari, c'est-à-dire la plus grosse ethnie de l'Equatoria Central. Le seul problème c'est que la rébellion antigouvernementale est aujourd'hui passée des Nuer aux Équatoriens[35] et que ceux-ci ne se reconnaissent pas en James Wani. Six de ses gardes du corps viennent d'être tués (août 2020) près de Juba dans les embuscades qui continuent de manière sporadique autour de la capitale. À ses côtés, se trouvait Rebecca Nyandeng de Mabior, veuve de John Garang, Dinka elle-même mais opposante résolue de l'actuel « président ». Suivit en numéro trois Taban Deng Gaï, métis Nuer-Arabe, ancien second de Riak Machar avant de le trahir et en qui absolument personne n'a la moindre confiance. Récemment nommé, Hussein Abd-el-Bagi Akol, un Dinka du Bahr-el-Ghazal appartenant à la minorité musulmane, a été mis à ce poste pour attirer – sans succès – des loyautés locales car il est de la région de Tonj où les Dinka eux-mêmes sont en dissidence contre « leur » gouvernement.

Cette pyramide branlante ne tient plus guère que par l'argent volé. Le 4 août, les 400 membres du Parlement viennent de recevoir 25 000 dollars par tête pour « assurances et frais médicaux », alors même que les réfugiés refusaient de rentrer d'exil car ils n'avaient aucune garantie d'avoir à manger s'ils acceptaient les offres de rapatriement des Nations unies. Trois semaines plus tard, la Banque centrale du Sud-Soudan se déclarait en état de cessation de paiement et annonçait ne plus avoir assez de devises pour régler ses factures sur l'étranger. Entre-temps, les divers clans Dinka de la région de Tonj/Warrap s'étaient mis à s'affronter après l'arrestation par le Président d'Akol Koor Cuc, chef des Services de sécurité de l'armée, originaire de la région. Salva Kiir est sérieusement malade et il aurait besoin d'une transplantation hépatique mais il craignait qu'Akol Koor ne profite de son absence pour faire un coup d'État. Koor est en détention et Salva Kiir attend. L'un de ses principaux ministres, Nhial Deng Nhial, Dinka comme lui et également de la région Tonj/Warrap, vient d'émettre une « lettre de loyauté » envers le Président où, en gros, il lui promet de ne pas organiser un coup d'État. Cela montre que même le tribalisme organisé, sur lequel « l'État » s'était appuyé, est aujourd'hui menacé par les dissensions interrégionales entre clans, pourtant le seul ciment politique qui restait encore. Comme l'était autrefois l'hostilité envers les Arabes. Mais les Arabes ont disparu et leur colonialisme intérieur a disparu

35. L'ethnie Nuer a soutenu le plus gros du choc dans la lutte du gouvernement contre la société. Presque hors jeu, elle a laissé le plus gros de ce qui reste de rébellion armée aux ethnies de l'Equatoria Central, rassemblée autour de la NAS (Front national du salut) du général Thomas Cirillo.

Hérodote, n° 179, La Découverte, 4e trimestre 2020.

avec eux. Il n'y a plus d'ennemi « évident », à part le voisin. Et les Dinka, un moment bénéficiaires de la guerre civile, sont des *indigènes*. Leur fragmentation, si elle a facilité une diminution presque mécanique des violences, n'a rien résolu sur le plus long terme. Le vieux modèle ottoman archaïque du *Hukum* est toujours implicitement là. Le pillage de la périphérie par le centre est toujours présent sans qu'aucun contre-modèle ne s'y oppose et le seul contre-pouvoir est toujours et encore constitué par la fragmentation des périphéries qui affaiblissent l'emprise centrale sans parvenir à construire une alternative. La société civile et particulièrement les femmes font les frais de ce blocage politico-culturel : plus de la moitié des victimes de la guerre sont des femmes, des enfants et des gens âgés, tous civils bien évidemment. La vie – la survie vaut-il mieux dire – continue de passer par le contrôle des armes.

29 août 2020

Hérodote, n° 179, La Découverte, 4e trimestre 2020.

Quand le Sahel central rencontre l'Afrique centrale, réflexions sur le conflit centrafricain

Thierry Vircoulon[1]

L'analyse des conflits souffre souvent d'un effet de loupe. Les conflits sont généralement analysés dans leur immédiateté contemporaine et leur proximité géographique. Ils sont donc mis en rapport avec des phénomènes proches dans le temps et l'espace. Mais en prenant un peu de distance et en recontextualisant un conflit dans son environnement, on lui redonne sa dimension géopolitique et on fait apparaître des tendances de fond qui le dépassent. Cet article se livre à cet exercice en prenant l'exemple du conflit centrafricain qui a débuté à la fin de l'année 2012 et qui se poursuit sous la forme d'un conflit de basse intensité. En inversant l'effet de loupe, le conflit centrafricain met en lumière des évolutions régionales jusqu'à présent passées inaperçues. Longtemps méconnues, ces dernières ont désormais révélé leurs conséquences déstabilisatrices et vont définir l'avenir de la région. De ce fait, le conflit centrafricain ne met pas à nu seulement les causes structurelles de l'effondrement de ce « pays qui n'existait pas » [Tuquoi, 2017] mais aussi des évolutions qui réorganisent discrètement mais profondément cette région d'Afrique. Ces évolutions qui transparaissent dans la géopolitique du conflit centrafricain sont l'effritement progressif de certains États, une nouvelle dynamique de peuplement nord-sud et la rencontre conflictogène entre le Sahel et l'Afrique centrale.

Pour décrypter ces évolutions, il importe d'avoir en mémoire la trajectoire du conflit centrafricain qui est, après huit ans, bien enraciné dans la réalité régionale. Ce conflit a débuté à la fin de l'année 2012 quand a émergé la Seleka, une

1. Coordinateur de l'Observatoire de l'Afrique australe et centrale de l'Institut français des relations internationales.

Hérodote, n° 179, La Découverte, 4e trimestre 2020.

coalition de groupes armés venus du nord-est du pays. Ce consortium des mécontents du régime de Bozizé (*seleka* signifie « alliance » en sango) est parvenu près de Bangui à la fin décembre 2012, puis a signé l'accord de Libreville qui instaurait un partage du pouvoir avec le général Bozizé et a finalement rompu cet accord et pris Bangui le 24 mars 2013. Depuis lors, le conflit a eu quatre phases : l'anarchie du règne de la Seleka (2013), la contre-réaction populaire violente antimusulmane et le déploiement de forces de maintien de la paix sous l'égide d'un gouvernement de transition (2014-2016), la stabilisation des rapports de force (2016-2019) et la stagnation du conflit depuis la signature de l'accord de paix de Khartoum entre le gouvernement et les groupes armés le 6 février 2019.

L'effritement progressif de certains États voisins

Dès son commencement, le conflit centrafricain a été interprété à l'aune de l'histoire nationale et il a été perçu comme l'aboutissement du long processus d'effondrement interne de l'État centrafricain. Avant même que le conflit éclate à la fin de l'année 2012, la Centrafrique était décrite comme un « État fantôme »[2] et un État sans nation [Tuquoi, 2017]. Après une démocratisation ratée dans les années 1990, la République centrafricaine (RCA) a vu se succéder des tentatives de putschs à un rythme régulier, des mutineries de l'armée en 1996 et 1997 et des régimes (Patassé de 1993 à 2003 puis Bozizé de 2003 à 2013) qui étaient prédateurs au lieu d'être développeurs. Une des conséquences a été l'évidement progressif de l'État centrafricain pendant deux décennies (de 1990 à 2010). Après les mutineries de 1996 et 1997, une première vague de départs d'investisseurs a eu lieu. Or, dans un pays où personne ne paie l'impôt, la fiscalité sur les entreprises et les flux de marchandises représente la principale ressource de l'État. La mauvaise gouvernance du régime de Bozizé a continué l'œuvre du régime précédent en réduisant encore davantage le nombre d'entreprises et d'investisseurs et la base fiscale de l'État. Ainsi, à l'inverse de nombreux pays africains, le gouvernement n'a même pas su profiter de la période des cours élevés des minerais (2000-2008) pour développer un embryon de secteur minier industriel. Du fait de l'amoindrissement de ses revenus, l'État centrafricain a évolué comme une peau de chagrin en laissant péricliter les outils de sa souveraineté. La désadministration silencieuse d'une grande partie du territoire national a été la conséquence d'un budget de plus

2. International Crisis Group, « République centrafricaine : anatomie d'un État fantôme », 13 décembre 2007.

Hérodote, n° 179, La Découverte, 4e trimestre 2020.

en plus contraint, d'une mauvaise gestion des fonctionnaires[3] et de l'absence de transferts financiers aux municipalités dans un système administratif qui est resté centralisé jusqu'à présent – ce qui n'est pas le moindre de ses archaïsmes. La perte du contrôle sécuritaire du territoire national a été concomitante de cette évolution, les services de sécurité centrafricains entrant eux aussi en déclin à l'instar des autres administrations. Depuis les premières infiltrations de braconniers soudanais dans les années 1980[4], le contrôle sécuritaire du territoire n'a cessé de se dégrader. À partir de la fin du XXe et du début du XXIe siècle, les préfectures du Nord et du Sud-Est ont sombré dans un état d'insécurité permanent. Bien que le Tchad et la RCA partagent près de 1 200 km de frontière et une longue histoire caractérisée par l'interpénétration des populations et un commerce transfrontalier prospère, il n'y a que deux postes frontières – Goré et Sido – situés dans la partie ouest de la zone frontalière. Il n'y a aucun poste frontière dans la partie qui met en contact les provinces du Salamat et du Ouaddaï côté tchadien et de la Vakaga et du Bamingui-Bangoran côté centrafricain. La longue frontière entre le Soudan et la RCA n'a qu'un seul poste frontière à Am-Dafok.

Des rébellions armées et des *zaraguinas* (bandits de grand chemin) se sont implantés aisément et durablement dans ces périphéries tandis que des expéditions de braconnage pour l'ivoire traversaient tout le pays et étaient régulièrement et soigneusement organisées durant la saison sèche depuis Nyala, la capitale du Sud-Darfour. Durant la présidence de Bozizé, le Nord-Ouest et le Nord-Est sont devenus des foyers de rébellion ; l'Armée de résistance du Seigneur de Joseph Kony (LRA) a trouvé refuge dans le Sud-Est en provenance de la République démocratique du Congo (RDC) ; et un groupe armé peul, le Front populaire pour le redressement (FPR), se livrait au banditisme dans le centre du pays. Cette véritable épidémie de brigandage caractéristique des États faillis et d'une profonde crise socio-économique [Hobsbawm, 2018] faisait d'une grande partie de la Centrafrique un réceptacle du banditisme régional. Face à la multiplication des menaces, le président Bozizé, qui avait eu une longue carrière de putschiste avant de s'emparer du pouvoir en 2003, a préféré affaiblir son armée plutôt que de la rendre efficace. De ce fait, il a recouru à des soutiens sécuritaires extérieurs pour parer aux menaces les plus pressantes (intervention de l'armée française en 2007 à Birao, déploiement d'un contingent de formateurs de l'armée sud-africaine à partir de 2007, appui de l'armée tchadienne contre le FPR, déploiement d'une mission ougando-américaine pour traquer la LRA à partir de 2011).

3. La majorité des fonctionnaires est concentrée à Bangui.

4. À ce propos, lire Daniel Henriot, *Au bout des pistes, le Chinko*, Montbel, 2014.

Hérodote, n° 179, La Découverte, 4e trimestre 2020.

Tchad et Soudan : les périphéries du désordre

Si les vingt ans de mauvaise gouvernance ont évidé l'État centrafricain au point d'en faire un territoire de non-droit, cette évolution traduit aussi l'effritement de deux États voisins : le Soudan et le Tchad. En RCA, les menaces extérieures les plus préjudiciables sont venues de ces deux pays où le contrôle sécuritaire des périphéries par le gouvernement n'a cessé de s'affaiblir depuis au moins deux décennies. Ce phénomène a été particulièrement exacerbé au Soudan puisque le Soudan du Sud a fait sécession et obtenu son indépendance en 2011. Outre ce long conflit au sud du Soudan, le gouvernement de Khartoum a été (et est toujours) confronté à d'autres défis périphériques : les conflits du Darfour, à sa frontière occidentale, et du Nil Bleu et du Sud-Kordofan, à sa frontière méridionale. Tous ces conflits périphériques se sont enlisés : celui du Darfour a débuté en 2003 et, pour y faire face, une force de maintien de la paix (la mission conjointe des Nations unies et de l'Union africaine au Darfour, MINUAD) a été déployée depuis 2007. Depuis le début du siècle, le Tchad n'a pas non plus été épargné par de très nombreuses rébellions périphériques. Il serait trop fastidieux de les énumérer[5], mais il convient de rappeler que, de 2005 à 2010, le régime tchadien a affronté une coalition de groupes rebelles aux noms mouvants issus d'ethnies du nord et de l'est du pays (FUC, RFC, etc.), soutenus par le Soudan et qui ont presque failli prendre la capitale en 2008. À cette époque, la contagion du conflit du Darfour avait fait de l'Est tchadien une zone rebelle bénéficiant du soutien de Khartoum. Bien qu'un accord de réconciliation entre le Tchad et le Soudan ait été signé le 15 janvier 2010 et ait permis de stabiliser le Darfour, les groupes armés n'ont pas disparu pour autant. Ces dernières années, plusieurs épisodes de violence localisés au nord, à l'ouest et à l'est ont remis en évidence le faible contrôle du gouvernement tchadien sur ses périphéries : les affrontements dans les zones aurifères du Tibesti entre l'armée, les orpailleurs et la population teda[6], les attaques ponctuelles de Boko Haram aux abords du lac Tchad, et les violences intercommunautaires qui ont opposé les communautés majoritaires des régions du Ouaddaï et du Sila aux populations arabes en 2019[7]. Les factions rebelles qui s'activent de nouveau aux frontières septentrionales et orientales du pays sont pour la plupart issues de la coalition de l'Union des forces de la résistance (UFR) qui

5. Qui se souvient, par exemple, du Front populaire pour la renaissance nationale créé en 2001 et qui opérait dans la région de Tissi, à la frontière entre le Tchad, le Soudan et la Centrafrique ?

6. International Crisis Group, « Tchad : sortir de la confrontation à Miski », 17 mai 2019.

7. International Crisis Group, « Éviter la reprise des violences communautaires à l'est du Tchad », 30 décembre 2019.

Hérodote, n° 179, La Découverte, 4e trimestre 2020.

a été stoppée dans le Nord-Est en 2019 par l'aviation française[8]. Le dernier avatar de ces rébellions frontalières semble être le Conseil de commandement militaire pour le salut de la république (CCMSR) qui est apparu à la frontière du Tchad et de la Libye[9].

Les conflits périphériques durables au Soudan et au Tchad ont conduit à la création d'un archipel de zones grises périphériques, un espace régional du banditisme où circulent avec une grande liberté les entrepreneurs de violence et où prospèrent les trafics, notamment celui des armes. Dans ces périphéries rebelles, la réalité du pouvoir appartient à des acteurs non étatiques, y compris des seigneurs de guerre qui exploitent ces territoires et leurs populations grâce à un racket plus ou moins organisé et participent au marché régional du mercenariat[10]. Incapables d'éradiquer ces contestations armées, les gouvernements soudanais et tchadien ont composé avec elles : ils les ont cooptées (plus ou moins formellement et plus ou moins durablement) tout en leur laissant une importante liberté d'action et de nuisance. En effet, les pouvoirs tchadien et soudanais « gouvernent » leurs périphéries rebelles par la manipulation des rapports de force, le clientélisme et l'attribution d'un droit de prédation économique dans des espaces spécifiques. Pour N'Djamena et Khartoum, la Centrafrique fait partie de ces espaces et est utilisée comme une soupape de sécurité pour faire baisser la tension dans leurs propres périphéries rebelles. La capacité de nuisance des groupes armés de ces périphéries a donc parfois été employée, voire dirigée vers le territoire centrafricain.

Abandonné par les régimes qui se sont succédé à Bangui depuis 1993, le Nord centrafricain est devenu le déversoir des « hommes en armes » venus du Soudan et du Tchad : rebelles/bandits darfouris/soldats soudanais (systématiquement désignés comme des Janjawid par les populations centrafricaines) et bandits/rebelles/soldats tchadiens (la fluidité de ces catégories a été récemment étudiée) [Debos, 2013]. Dans l'histoire récente de la région, trois crises ont illustré cette contagion de l'insécurité due à la libre circulation des acteurs de l'insécurité tchadiens et soudanais en RCA.

8. Fréjus Quenum, « Au Tchad malgré les raids français, l'UFR toujours menaçante », *DW.com*, 7 février 2019.

9. Mathieu Olivier, « Tchad : le CCMSR, nouvelle rébellion dans le nord du pays », *Jeune Afrique*, 11 novembre 2018.

10. Ces derniers s'exportent parfois en tant que forces mercenaires : des combattants tchadiens et soudanais se sont reconvertis sur les champs de bataille du Yémen et de la Libye.

Hérodote, n° 179, La Découverte, 4e trimestre 2020.

Les épisodes récents de la régionalisation de la conflictualité

Le premier est la crise sécuritaire des zaraguinas qui a atteint son paroxysme entre 2005 et 2007 [Seignobos, 2011]. Composés de soldats tchadiens démobilisés, d'éleveurs ouda désargentés et d'autres groupes ethniques transfrontaliers entre Tchad, Centrafrique et Cameroun, les zaraguinas opéraient dans la zone grise du Nord-Ouest entre ces trois pays et le long de la frontière centrafricano-tchadienne. Ils se livraient au banditisme (attaques des camions et des taxis reliant les villes et marchés), au vol de bétail et au kidnapping des enfants des éleveurs pour obtenir des rançons. Ce brigandage rural était l'œuvre de bandes aux origines hétérogènes (cadets des familles Mbororo sans héritage, soldats de fortune, orphelins en errance, enfants en rupture avec leur famille, etc.) parmi lesquels se trouvaient des laissés-pour-compte de la société tchadienne. Ce banditisme prit une telle ampleur qu'il donna lieu à une véritable crise d'insécurité pour la communauté des éleveurs Mbororo et déborda de la Centrafrique au nord du Cameroun. Entre 2005 et 2007, l'insécurité des zaraguinas a poussé des milliers d'éleveurs Mbororo à fuir au Cameroun et au Tchad. Environ 20000 trouvèrent refuge dans la région de Goré au Tchad et environ 70000 entre Bertoua et Touboro dans l'est du Cameroun. Les autorités camerounaises et centrafricaines déployèrent l'armée pour réduire ce brigandage – ce qui fut efficace au nord du Cameroun mais pas au nord de la Centrafrique où les zaraguinas continuèrent de sévir. Certains d'entre eux se sont ensuite reconvertis dans la Seleka et les groupes armés auxquels elle a donné naissance en se fragmentant à partir de 2014.

La darfourisation de la préfecture de la Vakaga est le second exemple. Darfourisée aux plans démographique, ethnique, linguistique, économique et social, la Vakaga l'a été aussi au plan sécuritaire au début de ce siècle. À la recherche d'une base arrière contre le régime d'Idriss Déby, la rébellion tchadienne du Front uni pour le changement (FUC) de Mahamat Nour y a fait souche dès 2006 avec l'appui de Khartoum[11]. Des combattants darfouris de nationalité soudanaise ou tchadienne ont alors utilisé la Vakaga comme une zone refuge, noué des contacts et prêté main-forte aux insurgés locaux de l'Union des forces démocratiques pour le rassemblement (UFDR). En 2006-2007, la Vakaga est devenue le point de jonction des rebelles du Darfour mobilisés contre le régime d'Idriss Déby et des rebelles centrafricains mobilisés contre le régime de Bozizé, et la prolifération des groupes armés dans le nord-est de la RCA a été étroitement

11. International Crisis Group, « République centrafricaine : anatomie d'un État fantôme », *loc. cit.*

Hérodote, n° 179, La Découverte, 4e trimestre 2020.

liée à l'évolution du conflit du Darfour[12]. Conscient de ce risque stratégique, le gouvernement français a organisé en 2007 une opération militaire pour reprendre Birao, chef-lieu de la Vakaga, à l'UFDR. Après le retrait militaire français, les autorités centrafricaines, tchadiennes et soudanaises ont surmonté leurs inimitiés et fait un effort de coopération sécuritaire en créant en 2011 une force tripartite pour protéger leurs frontières communes et combattre les activités criminelles transfrontalières. Outre le risque de rébellion, le nord de la RCA est doublement stratégique pour les intérêts tchadiens : il est proche du gisement pétrolier tchadien de Doba [Tulipe, 2004], et une partie du cheptel tchadien effectue une transhumance annuelle en RCA. Sachant que les gouvernements centrafricains successifs n'ont jamais eu la capacité de réguler cet espace proche et que de nombreux éléments armés tchadiens y évoluent (éleveurs, voleurs de bétail, soldats démobilisés, zaraguinas, rebelles, etc.), l'Armée nationale du Tchad et les services de renseignement surveillent la partie septentrionale de la RCA et n'hésitent pas à y faire des incursions punitives avec ou sans l'aval des autorités centrafricaines[13]. En outre, malgré la fermeture officielle de la frontière tchado-centrafricaine, elles entretiennent des contacts avec les bandes armées qui maraudent dans cette zone, voire font des affaires avec elles.

Le dernier déversement de miliciens tchadiens et soudanais en RCA est à l'origine du conflit actuel. Ces derniers sont venus renforcer la Seleka lors de sa formation dans le Nord-Est en 2012. En effet, cette coalition de groupes armés du Nord-Est centrafricain comptait aussi dans ses rangs des combattants tchadiens et soudanais qui ont obtenu une sorte de « droit de razzia » sur la Centrafrique en échange de leur appui au coup d'État de 2013. Ainsi, Moussa Assimeh, un chef janjawid, était à la tête d'un contingent de miliciens soudanais et a participé à la prise de Bangui en mars 2013. Ces descentes dans les quartiers de Bangui se finissaient généralement en pillages et tueries[14]. C'est probablement à l'instigation des autorités soudanaises qu'il a quitté la Centrafrique en octobre 2013 pour y revenir à partir de 2018. De même des ex-libérateurs, c'est-à-dire des miliciens tchadiens qui ont aidé François Bozizé à faire son coup d'État en 2003, étaient dans les

12. Small Arms Survey, « Document d'information sur le Soudan », janvier 2007.

13. L'arrestation du rebelle peul Baba Laddé en 2012 en RCA avait été coordonnée entre les forces tchadiennes et centrafricaines mais l'ANT effectue de nombreuses incursions armées de sa propre initiative. La question de la gestion de la frontière entre les deux pays est donc devenue sensible et alimente la méfiance entre N'Djamena et Bangui. Voir : OIM ; RFI, « Des forces armées tchadiennes auteurs d'attaques sur des civils en RCA », 23 décembre 2015 ; et Centrafrique-presse.com, « L'armée tchadienne a mené plusieurs "incursions meurtrières" en RCA, selon HRW », 20 mars 2008.

14. *Jeune Afrique*, « Centrafrique : le Soudan a-t-il armé les ex-Séléka ? », 17 décembre 2013.

Hérodote, n° 179, La Découverte, 4e trimestre 2020.

rangs de la Seleka dix ans plus tard[15]. L'intégration de combattants soudanais et tchadiens dans la Seleka n'a pas pu échapper aux autorités tchadiennes et soudanaises qui ont, au mieux, laissé faire et, au pire, encouragé cette association.

La circulation des « hommes en armes » entre le Soudan, le Tchad et le Nord centrafricain continue. L'ONU a récemment documenté des recrutements par des groupes armés centrafricains de combattants tchadiens et soudanais dans le cadre des luttes intestines qu'ils se livrent dans le Nord-Est ainsi que des approvisionnements en armes en provenance du Soudan[16]. Exemples de cette libre circulation, deux seigneurs de guerre soudanais ont pénétré en RCA : le tristement célèbre seigneur de guerre Moussa Assimeh a été localisé en RCA à plusieurs reprises depuis 2018 et Ali Kushayb, un chef janjawid qui était recherché par la Cour pénale internationale, a résidé en RCA de février à juin 2020 avant de se rendre aux autorités centrafricaines et d'être transféré à La Haye.

Pastoralisme et nouvelle dynamique migratoire

Le pastoralisme est l'un des enjeux majeurs du conflit centrafricain. Grâce aux recherches du think tank International Crisis Group, cette dimension du conflit centrafricain a été mise en lumière dès 2014[17]. L'antagonisme entre éleveurs et agriculteurs constitue un conflit dans le conflit qui préexistait à ce dernier, l'a exacerbé et l'entretient. Mais cet antagonisme est aussi révélateur d'une nouvelle dynamique migratoire dans la région.

Le pastoralisme, enjeu du conflit

Avant le déclenchement de la crise centrafricaine à la fin de l'année 2012, le pastoralisme était déjà depuis plusieurs années une source de violence en zone rurale, particulièrement entre éleveurs et agriculteurs. Au-delà du champ de vision du gouvernement et des donateurs, une conflictualité de brousse se développait dans les provinces centrafricaines les plus concernées par la transhumance annuelle durant la saison sèche et opposait agriculteurs et éleveurs mais aussi des éleveurs entre eux (notamment due aux vols de bétail) et les éleveurs transhumants et les « zaraguinas ». Ces violences étaient saisonnières et inscrites dans les mémoires

15. En 2003, le putsch de Bozizé a été organisé au Tchad et a bénéficié du soutien d'Idriss Déby. François Bozizé est parti de N'Djamena avec une force de combattants tchadiens et est entré en Centrafrique par l'Ouham.

16. Rapport du panel d'experts de l'ONU sur la République centrafricaine, 8 juillet 2020.

17. International Crisis Group, « La face cachée du conflit centrafricain », 12 décembre 2014.

Hérodote, n° 179, La Découverte, 4e trimestre 2020.

rurales. Elles correspondaient à la grande transhumance qui voit des milliers de têtes de bétail venir pâturer en RCA en provenance de l'Adamaoua au Cameroun, du Tchad et du Soudan[18]. Ces violences rurales ont détruit le système des échanges solidaires entre les communautés d'éleveurs et d'agriculteurs et ont défini une géographie de l'insécurité couvrant tout le nord de la RCA et les itinéraires traditionnels de transhumance. En libérant les ressentiments entre les communautés d'éleveurs et d'agriculteurs, en associant les éleveurs à l'ex-Seleka et en faisant basculer les jeunes ruraux dans les groupes armés, la crise a amplifié ces violences de manière exponentielle tandis que le bétail, « richesse des pauvres »[19], est devenu l'objet de la convoitise des miliciens anti-balaka et de l'ex-Seleka.

L'année 2014 a été la grande année du vol de bétail pour les anti-balaka qui ont forcé tous les éleveurs à quitter les pâturages de l'Ouest centrafricain et à se réfugier avec le cheptel qu'ils avaient pu sauver au Cameroun (pour la plupart) et au Tchad. En réaction, dès 2015, dans trois préfectures frontalières de l'Ouest centrafricain (Ouham-Pendé, Nana-Mambéré et Mambéré-Kadei), une véritable guérilla du bétail a mis face à face les milices peules et les anti-balaka issus des communautés se disant autochtones, notamment les Gbaya. Cette guérilla résultait de la pression des éleveurs centrafricains et camerounais pour se réapproprier les pâturages en RCA dont ils ont été chassés fin 2013-début 2014. En effet, dans leur exil, les éleveurs Mbororo ont vite été confrontés au manque de pâturages. La forte concentration du bétail dans les espaces déjà convoités de l'Est camerounais et du sud du Tchad accentuait les tensions sur les ressources foncières et le risque épidémique. Dès l'année suivant cet exode forcé et massif, des milices communautaires peules ont commencé à apparaître en 2015 dans les communes d'élevage à la frontière centrafricano-camerounaise (Besson, Niem, Yelewa et De Gaulle) et dans les sous-préfectures frontalières d'Amada-Gaza et de Gamboula qui étaient des zones traditionnelles de pâture. À partir de 2015, les éleveurs peuls se sont efforcés de reconquérir leurs pâturages, y compris par la force. Ainsi en 2015, le groupe armé peul appelé les « 3 R » est apparu dans l'Ouest centrafricain et a implanté son quartier général dans la commune d'élevage de De Gaulle, à la frontière entre la RCA et le Cameroun. Le nom programmatique de cette milice (les 3 R font référence à Retour, Réclamation et Réhabilitation) indiquait d'emblée ses objectifs que son leader, Sidiki Abass, soutenu

18. Il y a deux types de transhumance en RCA : la petite transhumance qui désigne le mouvement des éleveurs centrafricains à l'intérieur du pays pendant la saison sèche et la grande transhumance qui désigne la transhumance transfrontalière des éleveurs tchadiens, soudanais et camerounais.

19. Expression empruntée au livre de Guillaume Duteurtre et Bernard Faye (2009), *L'Élevage, richesse des pauvres. Stratégies d'éleveurs et organisations sociales face aux risques dans les pays du Sud*, éd. Quae.

Hérodote, n° 179, La Découverte, 4e trimestre 2020.

par de grands éleveurs centrafricains et camerounais, n'a jamais cachés : la réouverture de l'accès aux zones pastorales à la frontière centrafricano-camerounaise, la lutte contre les voleurs de bétail et le retour en RCA des Peuls réfugiés au Cameroun[20]. De 2015 à 2019, la stratégie des 3 R a consisté à reprendre méthodiquement le contrôle des communes d'élevage situées à la frontière centrafricano-camerounaise et à sécuriser la transhumance annuelle, c'est-à-dire à repousser les groupes anti-balaka voleurs de bétail et punir de manière expéditive les villageois soupçonnés de ce « crime ». L'Ouest centrafricain connaît depuis 2017-2018 un net mouvement de retour des Mbororo et la transhumance traditionnelle a repris dans cette zone. Alors qu'ils se limitaient à faire paître leur bétail dans les communes frontalières les années précédentes, les éleveurs transhumants s'aventurent désormais jusque dans l'Ombella-Mpoko et la Sangha-Mbaere comme avant le conflit. Dans l'Ouest, les espaces qui leur sont interdits se limitent désormais au sud de l'Ouham et de l'Ouham-Pendé qui est le foyer historique des anti-balaka et reste leur bastion.

Au centre de la RCA, un autre groupe armé peul (l'UPC d'Ali Darassa) prétend défendre les éleveurs mais sa raison sociale est moins directement liée à la reconquête des pâturages que les 3 R. Dès sa création en 2014, l'UPC s'est installée dans la zone de Bambari/Ippy/Alindao qui correspond plus ou moins à la commune d'élevage d'Ouro-Djafoun. Ce groupe a protégé les communautés d'éleveurs du centre de la RCA et est impliqué dans l'approvisionnement en viande de Bangui mais il n'hésite pas aussi à taxer lourdement les éleveurs et ses intérêts économiques ne se limitent pas au business de l'élevage.

En tout état de cause, le retour des éleveurs peuls les armes à la main est particulièrement mal vécu et alimente une haine anti-peule virulente et très populaire. L'UPC et surtout les 3 R – qui ont permis la reconquête du droit d'accès aux pâtures dans une partie du pays – sont unanimement haïs par la population centrafricaine qui confond groupes armés peuls et éleveurs peuls armés. Huit ans après son commencement, le pastoralisme reste donc une dimension essentielle du conflit centrafricain et plusieurs initiatives ont été lancées afin de réguler de nouveau cette activité et diminuer son degré de conflictualité.

Une nouvelle dynamique migratoire rurale

Ce conflit a mis en évidence une évolution méconnue avant son éclatement en 2012 : la transformation de la Centrafrique en un vaste pâturage pour le cheptel bovin des pays voisins. Cependant, à travers la transhumance annuelle des zones

20. RFI, « RCA : rencontre exclusive avec Sidiki Abass, chef du groupe armé 3R », 28 avril 2014.

Hérodote, n° 179, La Découverte, 4e trimestre 2020.

arides du Sahel vers la savane herbeuse et arborée de Centrafrique s'ébauchent une nouvelle dynamique migratoire et de nouvelles tensions.

Durant les 30 dernières années du XXe siècle, la Centrafrique a connu un double mouvement d'extension du pastoralisme de l'ouest vers l'est et du nord au sud qui a été largement ignoré et complètement incontrôlé[21]. Ce double mouvement s'est effectué dans un contexte d'effondrement progressif des capacités régulatrices de l'État, de désadministration du territoire centrafricain et de politiques de soutien au développement de l'élevage bovin en Centrafrique mais aussi chez les voisins du Nord (Cameroun, Tchad et Soudan). Cette extension de l'élevage a transformé la Centrafrique en un immense paradis pastoral « où l'herbe ne finit jamais », une grande partie du pays étant couverte par la forêt tropicale et la savane herbeuse. Depuis le début du XXIe siècle, cette extension du pastoralisme se prolonge dans le nord-est de la République démocratique du Congo dans une ambiance très conflictuelle.

En un siècle, l'expansion des Peuls Mbororo qui sont les éleveurs historiques en RCA les a conduits à traverser tout le pays [Boutrais, 1990]. Entrés par le nord-ouest au début du XXe siècle, ils ont atteint l'extrémité sud-est (le Haut-Mbomou) au début du XXIe siècle, d'où ils sont passés en RDC. Ils ont créé un marché à bétail dans la ville frontalière de Mboki et les premiers groupes ont franchi la frontière congolo-centrafricaine pour faire paître leur bétail dans les provinces du Bas et du Haut-Uélé au début du XXIe siècle. Leur présence dans ces provinces s'est intensifiée depuis le début du conflit centrafricain et suscite, à son tour, des heurts avec les autorités et communautés congolaises qui considèrent être face à une « invasion »[22]. Mais s'ils ont été les pionniers de l'élevage bovin transhumant en RCA, depuis la fin du XXe siècle, les Peuls Mbororo ne sont plus les seuls chevaucheurs de frontières en quête de pâturages. À la saison sèche, des éleveurs nomades arabes en provenance du Tchad et du Soudan sont de plus en plus nombreux à franchir la frontière pour faire paître leur bétail au nord et à l'est de la RCA. De ce fait, alors que la Centrafrique a été pendant longtemps un « Mbororoland », le monde pastoral centrafricain s'est diversifié et est devenu hétérogène.

En 30 ans, l'est de la Centrafrique, qui était vide d'hommes et avait été consacré à la chasse par le pouvoir colonial[23], est devenu un nouvel horizon

21. Guy-Florent Ankogui-Mpoko et Thierry Vircoulon, « La transhumance en Centrafrique : une analyse multidimensionnelle », Union européenne, mars 2018.

22. International Crisis Group, « Afrique centrale : les défis sécuritaires du pastoralisme », 1er avril 2014.

23. Le pouvoir colonial avait déclaré comme réserves cynégétiques une bonne partie de l'Est centrafricain et cette politique avait été poursuivie après l'indépendance. Ces réserves étaient alors exploitées pour des safaris dont Valéry Giscard d'Estaing fut un adepte.

Hérodote, n° 179, La Découverte, 4e trimestre 2020.

pastoral pour des éleveurs tchadiens et soudanais. Ces derniers ont intégré la partie orientale de la RCA dans leur espace de transhumance. La Vakaga, qui ne connaissait qu'une transhumance de saison sèche par des troupeaux venant du Soudan voisin, est ainsi progressivement devenue une zone d'installation permanente des éleveurs à partir des années 1970. Ce mouvement des troupeaux sahéliens vers le sud, qui a d'abord eu lieu dans le cadre national avant de le déborder[24], n'a cessé de s'accentuer, notamment en raison des grandes sécheresses de 1973 et 1984 et des guerres civiles du Tchad et du Darfour. Dans l'Est centrafricain, après la Vakaga, la transhumance des Tchadiens et des Soudanais s'est étendue à la Haute-Kotto puis au Haut-Mbomou. Cette préfecture, vide de vaches et peuplée par les Zandés qui sont des agriculteurs, a été rattrapée par la transhumance depuis le début du XXIe siècle, ce qui n'est pas sans susciter des tensions croissantes entre les éleveurs transhumants et les Zandés. Le conflit centrafricain a accéléré l'extension du pastoralisme dans la partie orientale du pays en forçant certains éleveurs de l'ouest et du centre à se relocaliser. Du fait de l'extension de la mobilité pastorale des éleveurs venus des pays sahéliens voisins, la composition des communautés d'éleveurs présentes en Centrafrique est devenue de plus en plus hétérogène : de nouveaux clans peuls (par exemple, les Ouda en provenance du Niger et du Nigeria, les Fellata en provenance du Soudan, les Hanagamba, les Hontorbe, etc.) sont apparus et côtoient les pasteurs arabes avec lesquels ils entretiennent parfois des relations tendues[25].

Sur fond d'intensification de la transhumance transfrontalière en provenance du Tchad et du Soudan, certains éleveurs de ces pays se sont installés en RCA, modifiant graduellement mais profondément l'espace pastoral et le peuplement de la partie septentrionale de la Centrafrique. De zone refuge pour les pasteurs soudanais et tchadiens lors des nombreux épisodes de violence depuis les années 1970 et des sécheresses exceptionnelles au Sahel, le nord de la RCA est maintenant pleinement intégré au système pastoral sous-régional que forment le sud du Darfour et le Sud tchadien. Les éleveurs du Tchad et du Darfour considèrent cet espace comme étant vital face à la détérioration de leurs conditions de vie dans leurs pays respectifs et les évolutions agropastorales dans le nord de la RCA sont étroitement connectées à ce qui se passe de l'autre côté de la frontière. L'afflux massif des transhumants arrivant du Tchad et du Soudan reflète la crise des communautés pastorales dans

24. Selon les fonctionnaires du ministère de l'Élevage et des autorités locales, les dromadaires arrivent désormais jusqu'à Sarh (ville du sud du Tchad) en saison sèche alors qu'au début des années 1990 ils ne dépassaient pas N'Djamena.

25. Dans la préfecture de l'Ouham à la frontière de la RCA et du Tchad, les éleveurs nomades peuls et arabes s'évitent soigneusement, chacun ayant ses itinéraires de transhumance. Entretiens avec des éleveurs et des autorités locales, Batangafo, 2019.

Hérodote, n° 179, La Découverte, 4e trimestre 2020.

ces pays, crise dont les causes sont multiples mais dont la principale est sans conteste la dégradation des écosystèmes sous l'effet combiné du réchauffement climatique et de la hausse de la population animale et humaine[26]. Les conditions écologiques ont joué un rôle important dans le conflit du Darfour [Mazo, 2009] et continuent à tendre le rapport entre population et ressources au Sahel, comme l'a montré la série de conflits intercommunautaires au Tchad en 2019[27].

Passée largement inaperçue, la descente des populations sahéliennes vers les savanes d'Afrique centrale est d'autant plus aisée que, faute d'administration locale, le territoire centrafricain est un vaste pâturage gratuit et libre d'accès[28]. Avant le conflit, il n'y avait déjà pas d'obstruction ou de restriction d'accès par les autorités centrafricaines locales : les pasteurs devaient juste s'acquitter d'un paiement modeste aux maires et chefs de village dans les zones de pâture. Situation qui contraste par exemple avec la transhumance au Cameroun où les éleveurs nomades tchadiens doivent s'acquitter de taxes significatives à des autorités locales et des forces de sécurité dont le contrôle territorial est bien plus effectif. La dynamique migratoire des populations sahéliennes vers les savanes herbeuses du Sud n'a pas été quantifiée mais localement elle est perçue comme très importante. Ainsi, selon des pasteurs interrogés dans le département de la Grande Sido au sud du Tchad, il y aurait maintenant « plus de gens du Salamat au nord de la RCA qu'au Tchad »[29]. Inconnus au siècle précédent dans cette zone, les Peuls viennent de faire leur entrée dans le territoire des Zandés qui chevauche la RCA et la RDC et ils ouvrent, ce faisant, un nouveau front pastoral déjà violemment contesté en RDC[30].

Compte tenu de la très faible densité dans la partie septentrionale et orientale de la Centrafrique, ce flux migratoire rural ne devrait pas poser de problème mais, en réalité, la cohabitation entre étrangers et Centrafricains, entre différentes ethnies à l'histoire mouvementée et entre paysans sédentaires et pasteurs nomades est conflictogène dans un contexte de ressources précaires, d'absence d'État régulateur et de communautés habituées à défendre leurs intérêts les armes à la main. Loin dans la profondeur de la brousse, les guerres de terroirs se multiplient en

26. Hakim Abdi, « Chad is the country most vulnerable to climate change – here's why », *The Conversation*, 8 juin 2017 et Hiba Morgan, « Sudan : One of 10 countries most vulnerable to climate change », Al Jazeera, 21 novembre 2019.

27. International Crisis Group, « Éviter la reprise des violences communautaires à l'est du Tchad », 30 décembre 2019.

28. Entretiens de l'auteur avec des pasteurs, Maro, Tchad, 2019.

29. Le Salamat est une région du Sud tchadien qui borde la Centrafrique. Entretiens de l'auteur avec des pasteurs, Maro, Tchad, 2019.

30. Marie-France Cros, « RDCongo/Centrafrique : Haut-Uélé : la révolte contre les Mbororos », *La Libre Afrique*, 26 novembre 2019.

Hérodote, n° 179, La Découverte, 4e trimestre 2020.

CARTE. – GLISSEMENT DU PASTORALISME ET ESPACE D'INSÉCURITÉ

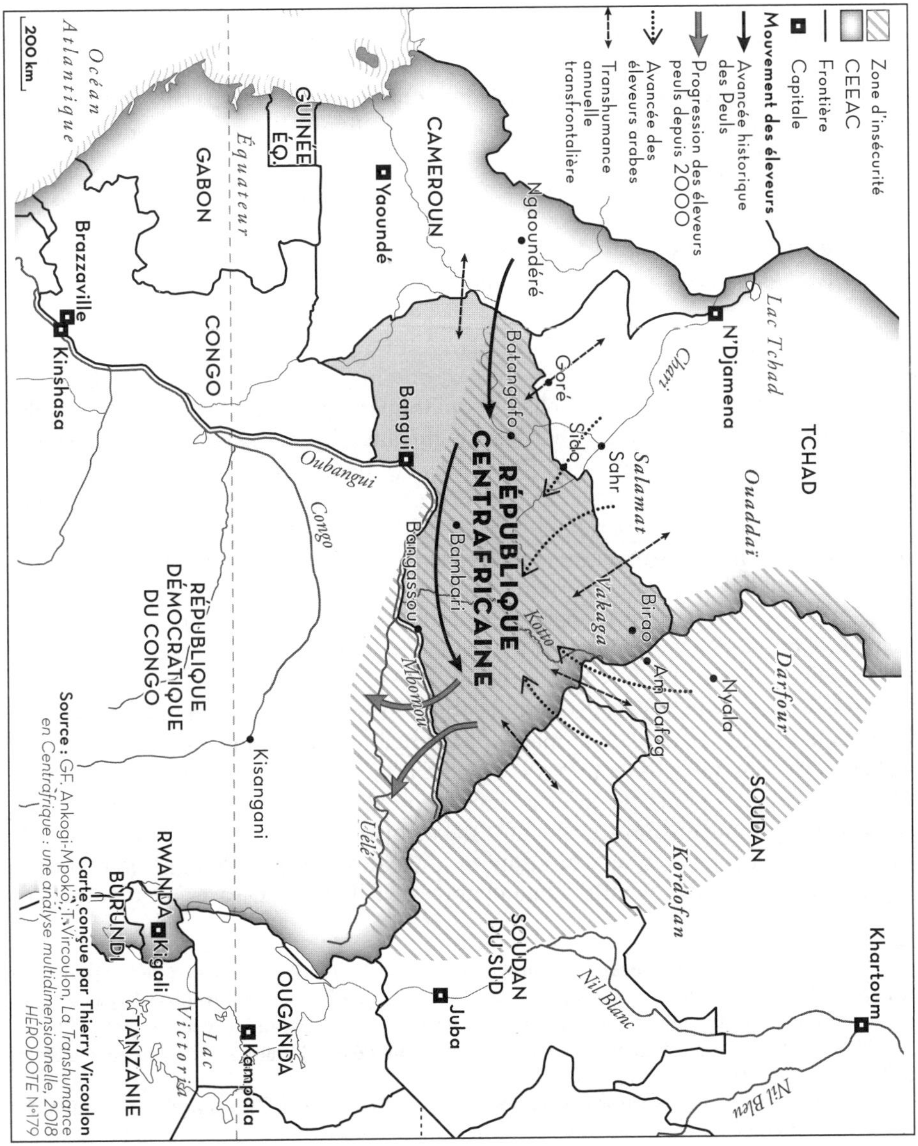

Hérodote, n° 179, La Découverte, 4e trimestre 2020.

raison de la concurrence entre communautés migrantes (les vols de bétail sont fréquents entre groupes nomades) et de la concurrence entre elles et les communautés autochtones en l'absence d'un pouvoir régulateur. À ce titre, l'ouverture d'un nouveau front pastoral dans le Haut et Bas-Uélé en RDC est en train de donner naissance à un nouveau conflit : l'antagonisme entre les chevaucheurs de frontières peuls et les communautés autochtones se traduit par un lobbying des autorités locales auprès du gouvernement pour obtenir l'expulsion *manu militari* des éleveurs[31].

Conclusion : Afrique centrale et Sahel : la remise en cause de la frontière invisible

La crise en cours depuis 2012 dans cet espace intermédiaire qu'est la Centrafrique met en évidence son intégration dans le système régional de conflit et dans le système pastoral du Tchad et du Soudan au point de modifier le peuplement de certaines régions. Ce conflit accentue aussi la fragmentation des échanges commerciaux à l'intérieur de la RCA. Les commerçants doivent s'adapter à la nouvelle géographie de l'insécurité créée par le conflit et utiliser les quelques voies d'approvisionnement reliant la RCA au Tchad et au Soudan. Jusqu'au centre de la RCA, les produits manufacturés qui provenaient de Bangui et les récoltes qui y étaient écoulées empruntent maintenant les routes du Tchad et du Soudan[32]. En revanche, les exportations de bétail tchadien sur pied pour le marché à viande de Bangui continuent à emprunter le même corridor commercial mais sous le contrôle de nombreux groupes armés qui en retirent des bénéfices considérables[33].

Sous l'effet de la régionalisation de l'insécurité, du réchauffement climatique et de la hausse de la densité humaine et animale, les communautés pastorales du Tchad et du Soudan glissent vers la savane d'Afrique centrale, poussant devant elles les éleveurs peuls jusqu'à la forêt tropicale en RDC. Ce mouvement, qui bouleverse l'équilibre entre agriculture et élevage, conduit à l'ouverture de nouveaux espaces pastoraux et à une modification du peuplement de certaines régions, était invisible avant l'éclatement du conflit centrafricain. Il est désormais

31. « Bas-Uélé : une plateforme culturelle exige l'expulsion des "mbororo" de la province », Radio Okapi, 10 août 2020, < www.radiookapi.net/2020/08/10/actualite/societe/bas-uele-une-plate-forme-culturelle-exige-lexpulsion-des-mbororo-de-la >, consulté le 8 septembre 2020.

32. « La "route soudanaise" en Centrafrique, où désenclavement rime avec racket et trafics », *Jeune Afrique*, 14 avril 2018.

33. International Peace Information Service, « "Laissez-piller". L'économie politique des barrières routières en République centrafricaine », novembre 2017.

Hérodote, n° 179, La Découverte, 4e trimestre 2020.

visible et violent. Au-delà de l'extension de la mobilité pastorale, la descente des communautés sahéliennes vers le sud en quête de nouvelles terres et de nouvelles opportunités constitue une migration climatique vers l'Afrique centrale. Alors qu'il était un nouveau front pastoral dans les années 1980-1990, le nord de la RCA est maintenant un nouvel espace de peuplement et le nouveau front pastoral est désormais le nord-est de la RDC. Le bétail arrive désormais aux abords de la forêt tropicale et ce fait est loin d'être pertinent seulement pour les observateurs du changement climatique. Il est, en réalité, le révélateur de la mutation de la géopolitique régionale.

La RCA, qui devrait « naturellement » être tournée vers le sud, l'est en fait de plus en plus vers le nord (Tchad, Soudan). L'intégration de la Centrafrique dans les dynamiques du Sahel central a des implications multiples et importantes pour l'avenir de la région.

Alors que la Centrafrique a toujours été rattachée à l'ensemble régional Afrique centrale (Barthélemy Boganda était à l'origine de l'idée d'États-Unis d'Afrique latine correspondant à cet ensemble, idée reprise par le maréchal Mobutu à la fin des années 1960), son appartenance institutionnelle aux communautés économiques de cette région, Communauté économique et monétaire d'Afrique centrale (CEMAC) et Communauté économique des États d'Afrique centrale (CEEAC), n'est plus en phase avec sa réalité économique. Les échanges économiques réels sont sans doute aujourd'hui plus importants avec ses voisins sahéliens qu'avec ses voisins d'Afrique centrale – ce déphasage n'étant qu'une preuve supplémentaire de l'artificialité des communautés économiques régionales.

L'expansion de la mobilité pastorale des Sahéliens jusqu'à la RDC questionne grandement la pertinence des politiques de soutien à l'élevage au Tchad et au Soudan. Menées depuis les années 1970, ces politiques sont victimes de leur réussite : elles ont réussi à accroître le cheptel mais au-delà des ressources disponibles et sans prise en compte des effets conflictogènes de l'augmentation du cheptel. Pire, ces politiques sont menées simultanément à des politiques d'expansion des surfaces cultivées et de création de nouveaux espaces protégés au nom de la préservation de la biodiversité. Elles contribuent donc à accroître les conflits d'usage autour de l'eau et de la terre.

La ligne invisible séparant l'Afrique sahélienne et l'Afrique centrale est une frontière à la fois climatique, écologique, religieuse, sociale, politique et économique. Or, cette frontière redevient mouvante et commence à être repoussée vers la RDC. Tout comme cela s'est passé au début du conflit centrafricain quand François Bozizé traitait la Seleka de « menace djihadiste », la pénétration des éleveurs musulmans dans les communautés chrétiennes/animistes d'Afrique centrale risque fort de donner naissance à des interprétations religieuses belliqueuses et, en

Hérodote, n° 179, La Découverte, 4e trimestre 2020.

s'invitant en RDC, l'UPC du Peul Ali Darassa va être perçue dans les provinces des Uélé comme une « invasion musulmane »[34].

La réorganisation de la région qui se lit à travers le conflit centrafricain est loin d'être terminée et risque d'être encore plus violente.

Bibliographie

BOUTRAIS J. (1990), « Les savanes humides dernier refuge pastoral : l'exemple des Wodaabé, Mbororo de Centrafrique », *Genève Afrique*, 1990, n° 28, vol. 1, p. 65-90.

DEBOS M. (2013), *Le Métier des armes au Tchad. Le gouvernement de l'entre-guerres*, Paris, Karthala.

HENRIOT D. (2014), *Au bout des pistes, le Chinko*, Paris, Montbel.

HOBSBAWN E. J. (2018), *Les Bandits*, Paris, La Découverte, 2018

MAZO J. (2009), « Darfur : The First Modern Climate-Change Conflict », *The Adelphi Papers*, n° 49, vol. 409, p. 73-86.

SEIGNOBOS C. (2011), « Le phénomène zargina dans le nord du Cameroun », Afrique Contemporaine, n° 239, vol. 3, p. 35-59.

TULIPE S. (2004), « Le bassin tchadien à l'épreuve de l'or noir, Réflexions sur la "nouvelle donne pétro-politique" en Afrique centrale », *Politique africaine*, n° 94, vol. 2, p. 59 à 81.

TUQUOI J.-P. (2017), *Oubangui-Chari, le pays qui n'existait pas*, Paris, La Découverte, 2017.

34. « Uele : la société civile alerte sur une "guerre déclarée" par l'UPC-RCA à la RDC », Radio Okapi, 30 octobre 2019, < www.radiookapi.net/2019/10/30/actualite/securite/uele-la-societe-civile-alerte-sur-une-guerre-declaree-par-lupc-rca-la >, consulté le 8 septembre 2020.

Hérodote, n° 179, La Découverte, 4e trimestre 2020.

L’araignée dans la toile. Le Rwanda au cœur des conflits des Grands Lacs

Filip Reyntjens[1]

La déstabilisation aiguë de la région débute le 1er octobre 1990 lorsque le Front patriotique rwandais (FPR), mouvement majoritairement constitué de réfugiés Tutsi[2], attaque le Rwanda à partir de l’Ouganda avec l’appui de ce dernier. Après l’effondrement de l’accord d’Arusha, signé en août 1993 pour mettre fin à la guerre civile, suivi du génocide des Tutsi et d’autres crimes de masse commis par les deux parties au conflit, le FPR gagne la guerre et prend le pouvoir à Kigali en juillet 1994. Entre avril et juillet, plus d’un million de Rwandais trouvent la mort et deux millions fuient le pays, principalement vers la Tanzanie et le Zaïre. C’est le début de l’extension dramatique de conflits voisins, surtout celui du Rwanda mais également ceux de l’Ouganda, du Burundi et de l’Angola [Reyntjens, 1997].

L’implosion progressive depuis les années 1970 de l’État zaïrois, miné par la prédation généralisée, a considérablement contribué à cette extension. Cependant, le Zaïre est également entouré de neuf pays, dont sept sont à l’époque instables de façon aiguë ou endémique. Dans un cycle pervers, l’instabilité des voisins menace le Zaïre, de même que le Zaïre menace ses voisins, d’autant que les frontières sont poreuses. Des alliances de circonstance jouent un rôle crucial dans une situation où les acteurs suivent la logique selon laquelle « l’ennemi de mon ennemi est mon ami », et où la survie des différents régimes est un souci constant. La déliquescence de l’État zaïrois avive les stratégies violentes de divers acteurs locaux et régionaux, publics et privés, tous avec des intérêts contradictoires. Pareil contexte

Hérodote, n° 179, La Découverte, 4e trimestre 2020.

1. Professeur émérite à l’Institut de politique du développement, université d’Anvers.
2. Depuis 1959 de nombreux Tutsi ont fui le Rwanda. Ils étaient environ 600 000 au début des années 1990 et se trouvaient surtout dans les pays voisins.

favorise la privatisation de la violence publique, mettant en cause les espaces territoriaux étatiques.

La déliquescence de l'État zaïrois n'est toutefois pas seule en cause. C'est plutôt une combinaison unique de circonstances qui explique la genèse et le déroulement des guerres. À côté de la faiblesse de l'État zaïrois qui ne remplit pas, ou peu, ses fonctions essentielles de souveraineté (entre autres contrôle territorial, sécurité, fiscalité publique, fourniture de services, monopole de la violence et État de droit), d'autres facteurs entrent en jeu : débordement territorial de guerres civiles des voisins, alliances mouvantes, profitabilité de la guerre et de l'instabilité, dynamiques locales anciennes et plus récentes, en particulier dans la partie orientale du pays, et enfin impunité[3].

Un facteur crucial réside, dès 1990, dans l'histoire du Rwanda. Alors même que ce dernier est le plus petit pays de la région, c'est là que se situe l'épicentre de toutes les crises. Le statut de superpuissance régionale assumé aujourd'hui par ce petit et pauvre pays est réellement étonnant ; il s'est acquis par la force des armes qui a pu prévaloir, en grande partie, grâce à la tolérance inspirée par des sentiments de culpabilité internationale après le génocide des Tutsi rwandais en 1994.

La « guerre de libération »[4]

Quelque 1,5 million de Rwandais fuient au Zaïre en 1994 lorsque le FPR gagne la guerre civile. La plupart des réfugiés sont des Hutu, accompagnés et, dans une certaine mesure, contrôlés par l'ancienne armée gouvernementale, les Forces armées rwandaises (FAR), et par les miliciens *interahamwe* qui avaient joué un grand rôle dans le génocide. Installées dans des immenses camps juste au-delà de la frontière, les FAR veulent reprendre le pouvoir. Depuis 1995, le nouveau régime de Kigali fait face à l'insécurité, surtout dans les préfectures de l'Ouest qui sont le terrain d'opérations de commando menées par des réfugiés-guerriers opérant à partir du territoire zaïrois. Lors d'une visite aux États-Unis en août 1996, un mois avant le début de la rébellion qui sera à l'origine de la guerre, le vice-président et dirigeant effectif du Rwanda Paul Kagame annonce aux Américains qu'il va intervenir au Zaïre[5]. Des documents trouvés plus tard dans les camps montrent en effet

3. On trouvera plus de détails sur ces facteurs dans [Reyntjens, 2017].

4. Nom donné par les Zaïrois/Congolais à la guerre de 1996-1997 parce qu'elle a libéré le pays de la dictature de Mobutu.

5. D'après l'ambassadeur américain à Kigali à l'époque, Kagame lui disait déjà en mars 1996 que « si le Zaïre continue d'appuyer les ex-FAR/*Interahamwe* contre le Rwanda, à son tour le Rwanda pourrait trouver des éléments anti-Mobutu à soutenir », ajoutant que « si la

Hérodote, n° 179, La Découverte, 4e trimestre 2020.

que les FAR préparaient une offensive d'envergure à partir de Goma et Bukavu. Face à l'absence de volonté ou de capacité de la communauté internationale et du Zaïre d'aborder ce problème, la patience de Kigali a atteint ses limites. Au même moment, tant l'Ouganda que le Burundi sont confrontés à des incursions de groupes rebelles opérant principalement à partir de l'est du Zaïre[6]. Les trois pays ont donc des soucis sécuritaires et des intérêts parallèles.

Deux phénomènes liés permettent de lancer la guerre. D'une part, confrontés à la violence de groupes « autochtones », les Tutsi du Sud-Kivu, appelés Banyamulenge, organisent leur autodéfense. De l'autre, le régime rwandais attise le feu en entraînant et équipant les Banyamulenge et, en même temps, en déployant ses propres troupes au Zaïre et en bombardant la zone frontalière. Face à une armée zaïroise désorganisée et démotivée, les Banyamulenge appuyés par l'armée rwandaise (Armée patriotique rwandaise – APR) conquièrent rapidement le Sud-Kivu. Leur avancée provoque la fuite vers l'ouest de centaines de milliers de civils, pour la plupart des réfugiés rwandais Hutu.

Un mouvement rebelle zaïrois, l'Alliance des forces démocratiques pour la libération du Zaïre/Congo (AFDL), ne voit le jour que le 18 octobre 1996, plus d'un mois après le début de la « rébellion des Banyamulenge ». Officiellement fondée à Lemera (Sud-Kivu), l'AFDL a été créée en réalité à Kigali. Son document de fondation est signé par les représentants de quatre petits mouvements politiques. Afin de parer la critique, formulée par le gouvernement zaïrois dès le début des combats, qu'il s'agit d'une agression externe, l'AFDL doit afficher une direction sans lien avec le Rwanda. L'ancien maquisard Laurent Kabila – qui n'est pas Tutsi mais Katangais d'origine – peut dès lors être présenté comme un leader « national ».

Début novembre, les frontières rwandaise et burundaise sont protégées par une zone tampon qui s'étend d'Uvira à Goma. Dans les semaines qui suivent, Masisi et Butembo tombent plus au nord. L'armée ougandaise (Uganda People's Defence Force – UPDF) prend Kasindi et ouvre la voie vers Beni. Lorsque Bunia est pris avec l'aide de l'UPDF le 25 décembre, la zone sous contrôle « rebelle » s'étend sur 800 km de longueur et 100 km de profondeur le long des frontières ougandaise, rwandaise et burundaise. Ceci met fin à la première phase de la guerre.

communauté internationale n'aidait pas à améliorer la sécurité dans la région, l'armée rwandaise pourrait se voir obligée d'agir seule » [Gribbin, 2005, p. 144-145].

6. Il s'agissait surtout des Allied Democratic Forces (ADF) pour l'Ouganda et du Conseil national pour la défense de la démocratie-Forces pour la défense de la démocratie (CNDD-FDD) pour le Burundi.

Hérodote, n° 179, La Découverte, 4e trimestre 2020.

CARTE 1. – PREMIÈRE PHASE DE LA PREMIÈRE GUERRE

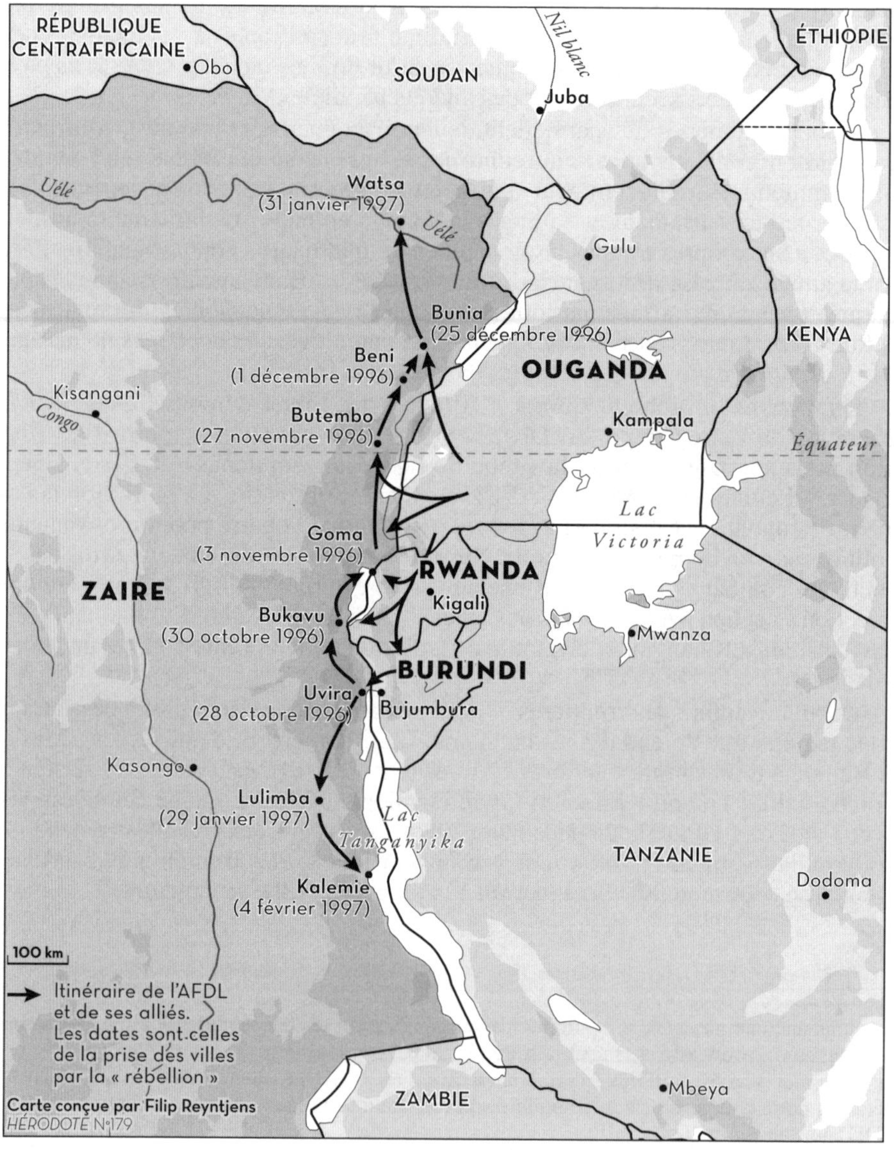

Hérodote, n° 179, La Découverte, 4e trimestre 2020.

Le Rwanda a joué un rôle central au cours de cette phase. En effet, la « rébellion » au Kivu est en grande partie une extension de la guerre civile rwandaise. Kigali a beau nier avoir des troupes sur le sol zaïrois, l'armée rwandaise est très présente. À l'issue de la guerre, Kagame en personne dévoile le secret de Polichinelle dans une interview du *Washington Post*[7]. Il affirme que « le gouvernement rwandais a planifié et dirigé la rébellion », que « l'armée rwandaise a participé à la prise d'au moins quatre villes » et que « le Rwanda a fourni entraînement et armes aux forces (rebelles) même avant que la campagne pour renverser le maréchal Mobutu ait commencé en octobre dernier ». Il ajoute que « c'aurait été plus approprié si les rebelles congolais avaient mené la plupart des combats », mais qu'ils n'étaient pas « pleinement préparés pour le faire seuls ».

Jusqu'au début 1997, l'avancée de la « rébellion » resta limitée. Durant les premiers quatre mois de la guerre, environ 80 000 km^2 (moins de 5 % du territoire zaïrois) sont occupés. L'avancée s'arrête un moment après la chute de Bunia, parce que, lorsque la zone tampon est en place pour sécuriser les voisins à l'est, il y a une hésitation et même une controverse au sein de l'AFDL et de ses sponsors régionaux. L'Ouganda en particulier était très réticent à s'engager dans le conflit au-delà de ses intérêts sécuritaires immédiats[8].

Tout comme le Rwanda, l'Ouganda et le Burundi, le voisin méridional du Zaïre, l'Angola, faisait face à une rébellion, celle de l'UNITA qui opérait en partie au départ du Zaïre et bénéficiait d'appuis de la part de différents milieux au sein du régime de Mobutu. Fin 1996, le gouvernement angolais, se rendant compte que ses soucis sécuritaires n'étaient pas allégés par la rébellion à l'est du Zaïre, décide d'entrer dans le jeu. Sa position d'étendre les ambitions de la rébellion à l'ensemble du Zaïre finit par convaincre Kagame et le président ougandais Museveni[9]. Pendant deux semaines en février 1997, plusieurs bataillons angolais sont ainsi transférés par air à Kigali, d'où ils se rendent à Goma et Bukavu par route. L'entrée de l'armée angolaise donne un nouveau souffle à la « rébellion ». Alors qu'il lui a fallu quatre mois (octobre 1996-janvier 1997) pour occuper moins d'un vingtième du pays, le reste du territoire est pris dans les trois mois qui suivent l'arrivée des Angolais (mi-février à mi-mai 1997). Kinshasa tombe le 17 mai et Laurent Kabila se proclame président le 29 mai. Très gravement malade, Mobutu

7. J. Pomfret, « Defence Minister Says Arms, Troops Supplied for Anti-Mobutu Drive », *The Washington Post*, 9 juillet 1997.

8. Kagame confirme que « l'objection principale à un engagement direct dans la rébellion anti-Mobutu est venue de l'Ouganda » (*Weekly Mail and Guardian*, 8 août 1997).

9. Ainsi, l'hebdomadaire angolais *Espresso* du 3 mai 1997 affirme que le président Dos Santos insiste pour que Kabila poursuive son offensive jusqu'au bout, c'est-à-dire le renversement de Mobutu.

Hérodote, n° 179, La Découverte, 4e trimestre 2020.

CARTE 2. – DEUXIÈME PHASE DE LA PREMIÈRE GUERRE

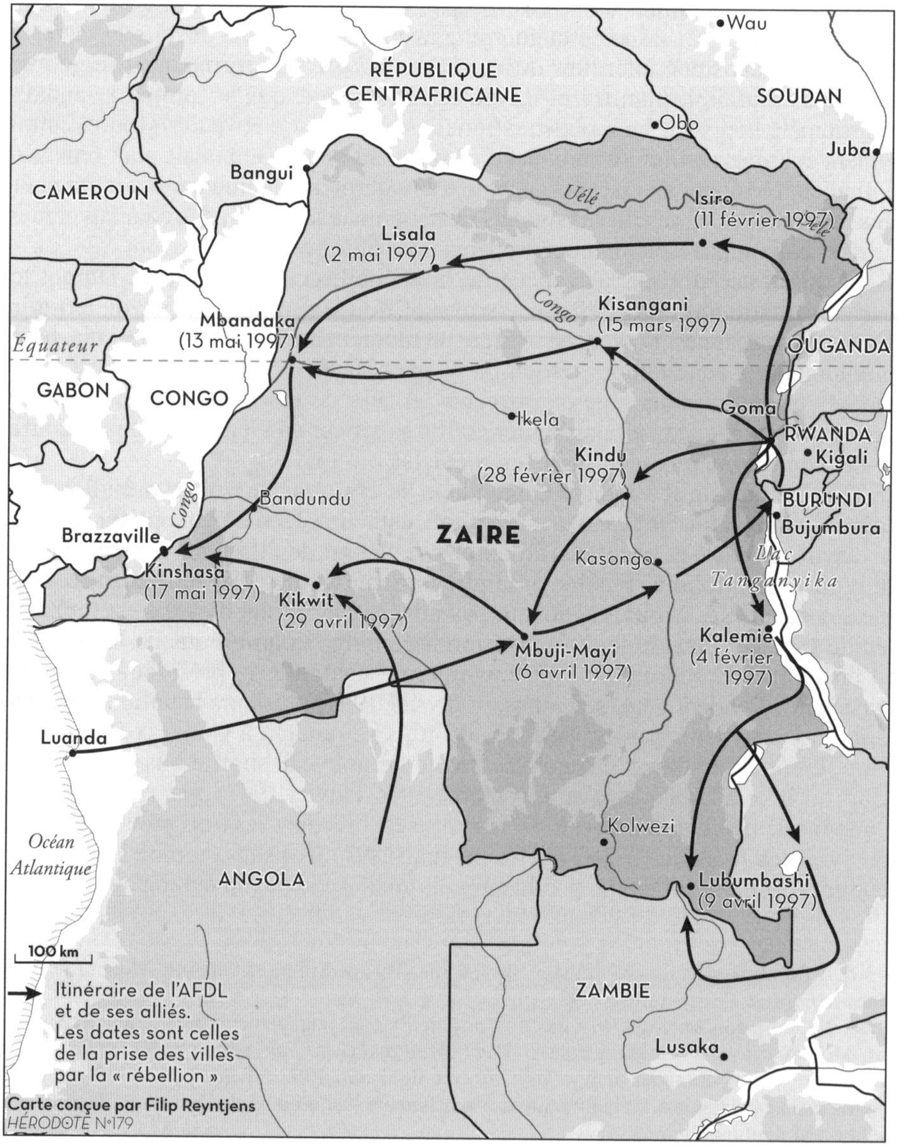

Hérodote, n° 179, La Découverte, 4e trimestre 2020.

a déjà quitté le pays pour le Maroc, où il meurt en septembre. Le Zaïre redevient la République démocratique du Congo.

Les retombées humanitaires sont énormes. Dès le début de la guerre, l'APR commet des massacres de grande envergure, en particulier contre les réfugiés hutu. Elle bombarde systématiquement les camps au Sud et au Nord-Kivu, où des massacres sont également commis avec des armes légères. Ces attaques continuent et s'intensifient même lorsque les réfugiés fuient vers l'ouest.

Les massacres les plus importants ont lieu entre Shabunda et Kingulube, à Shanji, Walikale, Tingi-Tingi, Kasese et Biaro. Des unités de « recherche et destruction » de l'APR atterrissent à Kisangani, d'où elles sont déployées sur l'axe Kisangani-Ubundu où des dizaines de milliers de réfugiés sont massacrés. Entre Boende et Mbandaka, les réfugiés font l'objet d'une opération systématique d'extermination. Un exercice « Mapping » conduit pour le compte du Haut-Commissariat des Nations unies pour les droits de l'homme confirme et décrit en détail une longue liste d'atrocités déjà documentées auparavant par des enquêtes de l'ONU, d'ONG nationales et internationales et de journalistes d'investigation. Le rapport conclut que la grande majorité des 617 « incidents » décrits doivent être qualifiés de crimes de guerre et crimes contre l'humanité. Sur la qualification de génocide, il note : « Plusieurs incidents répertoriés dans ce rapport, s'ils sont enquêtés et prouvés devant un tribunal compétent, révèlent des circonstances et des faits à partir desquels un tribunal pourrait tirer des inférences de l'intention de détruire en partie le groupe ethnique hutu en RDC, s'ils sont établis hors de tout doute raisonnable », référence explicite à la convention sur la prévention et la répression du crime de génocide [Haut-Commissariat des Nations unies pour les droits de l'homme, 2010, p. 14].

La « guerre d'occupation »[10]

Contrairement à ce que de nombreux observateurs et acteurs dans la région et au sein de la communauté internationale espéraient, l'accession au pouvoir de Kabila n'annonce ni la reconstruction de l'État congolais ni la fin de l'instabilité régionale. Au contraire, tous les ingrédients pour la reprise de la guerre se manifestent dès les premiers mois de la présidence de Kabila. Les deux problèmes à l'origine immédiate du conflit de 1996-1997 ne sont pas résolus. D'une part, le statut des « populations à nationalité douteuse », expression codée référant aux rwandophones de l'est du Congo, n'est pas clarifié. Le ressentiment des

10. Appelée ainsi par les Congolais en vertu de la présence massive de l'armée rwandaise et du ressentiment qu'elle provoque.

Hérodote, n° 179, La Découverte, 4e trimestre 2020.

« autochtones » envers les *Banyarwanda* est même pire qu'avant. D'autre part, les soucis sécuritaires du Rwanda n'ont pas disparu. Le rapatriement volontaire ou forcé au pays de centaines de milliers de réfugiés hutu à l'automne 1996 a déplacé, du moins en partie, le problème de l'extérieur vers l'intérieur ; de plus, des poches d'anciens FAR et d'*interahamwe* demeurent actives dans les deux Kivu. La persistance de ces problèmes contribue à l'extension régionale de la bipolarisation ethnique qui avait montré son potentiel destructeur au Rwanda et au Burundi. Une ethnogenèse rapide est en marche : de plus en plus de voix au Congo et dans les Kivu en particulier développent le spectre d'un conflit entre « Bantous » d'un côté et « Hamites », « Hima », « Nilotiques » ou « Tutsi » de l'autre.

En outre, en intervenant au Congo en 1996-1997, les États de la région n'ont pas seulement opéré d'une façon clairement contraire au droit international et aux mécanismes de prévention et de gestion des conflits des Nations unies et de l'Organisation de l'unité africaine (OUA, actuelle Union africaine), mais ils ont également ouvert une boîte de Pandore dont le contenu se révèle à partir de la mi-1998. En plus de l'intervention unilatérale de ces États, le phénomène de la privatisation d'espaces publics s'est considérablement accru. Des réseaux mafieux et très spéculatifs sont entrés dans le jeu, accompagnés d'instruments privés ou mercenaires de maintien de l'« ordre », comme Executive Outcomes, Military Professional Resources Inc. et Ronco Consulting, ces deux dernières étant des sociétés privées constituées d'anciens militaires américains. La quasi-absence de l'État congolais donne de plus en plus d'espace à toutes sortes d'intérêts particuliers, sous la forme de seigneurs de guerre, mouvements rebelles et entrepreneurs de l'insécurité opérant dans un contexte de frontières territoriales poreuses. Dans la poursuite de leurs intérêts, ces acteurs étatiques et non étatiques, légaux et illégaux, visibles et moins visibles tissent des alliances à court terme et rapidement mouvantes, créant ainsi un environnement politico-militaire complexe, changeant et imprédictible.

L'impossible équilibre entre des intérêts contraires éclate le 26 juillet 1998, lorsque le directeur de cabinet au ministère congolais de la Défense, portefeuille géré par Kabila lui-même, déclare que « les soldats rwandais et autres étrangers » doivent quitter le Congo. Le 29 juillet, environ 600 militaires rwandais quittent Kinshasa pour Kigali. En gestation depuis plusieurs mois, une nouvelle guerre était devenue inévitable. Le 2 août, le commandant de la 10e brigade des FAC (Forces armées congolaises) lit un message sur radio Goma où il annonce : « Nous, l'armée de la République démocratique du Congo, avons pris la décision de destituer le président Laurent-Désiré Kabila du pouvoir. » La déclaration accuse Kabila « d'abus de pouvoir, de népotisme et de corruption » et appelle la population à poursuivre ses activités normales. Le lendemain, la 12e brigade basée à Bukavu rejoint l'insurrection. Tout comme en 1996, la « rébellion » ne révèle un nom et

Hérodote, n° 179, La Découverte, 4e trimestre 2020.

une direction visible qu'après ses débuts. Le 12 août, dix jours après le début de la guerre qu'elle est censée lancer, le Rassemblement congolais pour la démocratie (RCD) se manifeste. Également comme en 1996, le Rwanda est derrière sa création, justifiant son intervention par l'incapacité ou la mauvaise volonté de la part de Kabila d'assurer la sécurité à sa frontière. Bien que ses soucis soient moins aigus, l'Ouganda entre immédiatement dans le jeu, peut-être en partie parce qu'il ne veut pas que le Rwanda opère seul le long de sa frontière de l'ouest.

Tandis que la rébellion se répand rapidement à l'est, l'armée rwandaise lance le 5 août une opération aéroportée au Bas-Congo, à l'ouest de Kinshasa. Des avions cargos sont saisis à l'aéroport de Goma pour transporter des troupes vers la base militaire de Kitona. Cette action très osée, à 2 000 km de distance des bases de l'armée rwandaise, a un grand potentiel, puisqu'elle menace Kinshasa directement et bloque les FAC à l'ouest alors que la RDC en aurait besoin à l'est. Cependant, dans le contexte des alliances mouvantes dont il sera question plus loin, l'Angola, le Zimbabwe et la Namibie interviennent aux côtes de Kabila contre leurs alliés de jadis, le Rwanda et l'Ouganda. Le 20 août, un premier bataillon zimbabwéen arrive à Kinshasa. Deux jours plus tard, l'entrée de plusieurs bataillons angolais, appuyés par la force aérienne, une artillerie lourde et des blindés, défait rapidement le corps expéditionnaire rwandais au Bas-Congo. L'armée rwandaise se retire, évacuée soit par avion, soit à travers la partie de l'Angola tenue par le mouvement rebelle UNITA. Fin août, le contrôle de la région à l'ouest de Kinshasa est rétabli par la coalition progouvernementale. L'entrée de l'Angola et du Zimbabwe a fait la différence, à l'opposé de la première guerre lorsque le régime Mobutu était totalement isolé face à une alliance régionale unie. C'est lors d'une réunion de la Southern African Development Community (SADC) que fut formellement autorisé le déploiement de troupes angolaises, zimbabwéennes et namibiennes, compensant ainsi la faiblesse des FAC, qui ne valaient pas mieux que les FAZ en 1996-1997.

Malgré le contretemps au Bas-Congo et l'appui de l'alliance SADC à Kabila, la « rébellion » continue son avancée rapide à l'est. Début septembre, neuf bataillons rwandais et cinq ougandais prennent Moba, Kisangani et Watsa. Le 12 octobre, Kindu, la capitale de la province du Maniema, tombe après de violents combats. Cela prive le côté gouvernemental d'un aéroport à portée de frappe du Rwanda et ouvre la voie aux zones diamantifères du Kasaï. À la mi-novembre, un nouveau groupe rebelle occupe en grande partie la province septentrionale de l'Équateur après avoir mis en déroute les FAC et leurs alliés tchadiens, qui souffrent de grosses pertes. Le Mouvement de libération du Congo (MLC), dirigé par Jean-Pierre Bemba, est en réalité une création de l'Ouganda qui dispose maintenant de son propre « agent » au Congo. Le MLC prend bientôt ses distances par rapport au RCD dominé par le Rwanda. L'armée ougandaise occupe alors le territoire pour le compte de Bemba qui initialement n'a pas de troupes propres.

Hérodote, n° 179, La Découverte, 4e trimestre 2020.

La chute de Kindu et la menace qu'elle crée pour les mines de diamant du Kasaï oriental convainquent le Zimbabwe et l'Angola d'étendre considérablement leur intervention. Pour l'Angola, la crainte que les rebelles congolais et leurs sponsors puissent « se nourrir » des revenus des diamants et faire la jonction avec les combattants de l'UNITA est inacceptable. De leur côté, les associés d'affaires du président zimbabwéen Mugabe et des officiers haut-placés de l'armée entendent sauvegarder leurs investissements dans le secteur minier congolais.

Les combats continuent sur plusieurs fronts, mais la tendance est à une stabilisation des positions. En 1999 et 2000, le RCD/APR fait quelques avancées au Kasaï et au Nord-Katanga, mais est incapable de prendre Mbuji-Mayi et Kananga. Dans l'Équateur, le MLC – avec l'appui d'éléments de l'UNITA et de milliers de militaires ougandais – étend son emprise sur la région, mais ne parvient pas à s'emparer de Mbandaka. Au Katanga, Pweto change de mains à diverses reprises avant d'être occupé par l'armée rwandaise en décembre 2000. Cependant, les rebelles du RCD et l'APR sont bloqués à l'ouest de la ville et échouent dans leur tentative de pousser vers Lubumbashi. Même s'il y a encore des batailles occasionnelles, une sorte de ligne de front se stabilise plus ou moins le long de l'axe qui va de Mbandaka à Pweto en passant par Kananga et Mbuji-Mayi. Cette impasse militaire conduit à un scénario de négociations. C'est ici que se situe la différence avec la guerre de 1996-1997 : des dizaines de milliers de militaires de pays qui étaient des alliés pendant la guerre précédente se trouvent engagés dans des camps opposés, équilibrant ainsi l'absence d'un État et d'une armée congolais et l'incapacité des groupes rebelles.

Même si les pays engagés dans la guerre (RDC, Angola, Namibie, Ouganda, Rwanda et Zimbabwe) signent un accord de paix à Lusaka en juillet 1999 (le RCD et le MLC n'y souscrivent qu'en août), il faut encore attendre près de quatre ans de négociations, après l'assassinat de Laurent Kabila en janvier 2001 et sa succession dynastique par son fils Joseph, avant qu'un « Accord global et inclusif » soit signé en Afrique du Sud en avril 2003. Ceci met formellement fin à la guerre, le Rwanda et l'Ouganda retirant graduellement leurs troupes. Ce n'est cependant pas la fin effective des hostilités qui continuent de façon ouverte ou clandestine jusqu'en 2013. Les régions du Kivu et de l'Ituri continuent en outre à être le théâtre de grandes violences jusqu'à ce jour.

La guerre rwandaise par procuration

Le Rwanda a créé des mouvements rebelles de paille derrière lesquels il a caché son intervention en 1996 (AFDL) et 1998 (RCD). La présence rwandaise en RDC a continué bien après le retrait officiel de ses troupes en 2002, comme constaté

Hérodote, n° 179, La Découverte, 4e trimestre 2020.

CARTE 3. – DEUXIÈME GUERRE. SITUATION MILITAIRE AU DÉBUT 2000

Hérodote, n° 179, La Découverte, 4e trimestre 2020.

dans la partie non publiée du rapport d'un panel de l'ONU en octobre 2003[11]. Le « réseau du Rwanda » est considéré par le panel comme « la menace la plus sérieuse pour le gouvernement congolais d'unité nationale. L'acteur principal dans ce réseau est l'appareil rwandais de sécurité, dont l'objectif est de maintenir la présence et le contrôle du Rwanda sur le Kivu et peut-être sur l'Ituri[12] ». Plus tard, un autre groupe d'experts de l'ONU constate lui aussi que « le territoire rwandais continue d'être utilisé à des fins de recrutement, d'infiltration et de déstabilisation[13] ». Un rapport publié à la fin de 2008 documente la fourniture par le Rwanda d'uniformes et de munitions, un appui financier et une aide militaire à un nouveau groupe rebelle congolais à prédominance Tutsi, le Congrès national pour la défense du peuple (CNDP)[14]. Des condamnations internationales suivent et les Pays-Bas et la Suède, considérés comme des « amis du Nouveau Rwanda », suspendent une partie de leur aide budgétaire.

Suite à un coup orchestré par le Rwanda au sein du CNDP le mouvement s'effondre, mais Kigali prend à nouveau le risque de déstabiliser le Nord-Kivu au printemps 2012. Plusieurs rapports montrent que le Rwanda fournit des armes, des munitions et des recrues à un nouveau mouvement rebelle, le M23, né des cendres du CNDP[15]. Ces rapports documentent des interventions directes de l'armée rwandaise au Congo pour renforcer le M23, ainsi qu'un appui à d'autres insurrections et à des politiciens sécessionnistes. Le Rwanda nie tout, mais même ses alliés les plus proches finissent par prendre leurs distances. Les États-Unis, le Royaume-Uni, les Pays-Bas, l'Allemagne et la Suède suspendent leur aide et l'ambassadeur extraordinaire américain en charge des crimes de guerre laisse entendre que les dirigeants rwandais pourraient être poursuivis en droit pénal international pour l'assistance fournie à un groupe coupable de crimes de guerre[16].

---

11. UN Security Council, *Final Report of the Panel of Experts on the Illegal Exploitation of Natural Resources and Other Forms of Wealth of the Democratic Republic of the Congo*, S/2003/1027, 23 octobre 2003.

12. *Idem*, paragraphe 2 de la Section V non publiée.

13. UN Security Council, *Report of the Group of Experts on the Democratic Republic of the Congo*, S/2005/30, 25 janvier 2005, paragraphe 185.

14. UN Security Council, *Final Report of the Group of Experts on the Democratic Republic of the Congo*, S/2008/773, 12 décembre 2008, paragraphes 61 – 68.

15. UN Security Council, *Addendum to the Interim Report of the Group of Experts on the Democratic Republic of the Congo (S/2012/348) Concerning Violations of the Arms Embargo and Sanctions Regime by the Government of Rwanda*, S/2012/348/Add. 1, 27 juin 2012 ; Human Rights Watch, *DR Congo : Rwanda Should Stop Aiding War Crimes Suspect : Congolese Renegade General Bosco Ntaganda Receives Recruits and Weapons from Rwanda*, 4 juin 2012.

16. Chris McGreal, « Rwanda's Paul Kagame Warned He May be Charged with Aiding War Crimes », *The Guardian*, 25 juillet 2012.

En août, un sommet de la SADC note que des groupes rebelles opèrent « avec l'assistance du Rwanda et insiste pour que celui-ci arrête immédiatement son ingérence, qui constitue une menace pour la paix et la stabilité, non seulement de la RDC mais également de la région de la SADC ». Malgré ces forts avertissements, le Rwanda continue d'appuyer activement le M23, comme le montrent plusieurs rapports[17].

La SADC finit par réagir vigoureusement. Une *Force Intervention Brigade* (FIB) internationale, autorisée par le Conseil de sécurité des Nations unies, est mise en place avec des unités sud-africaines, tanzaniennes et malawites sous commandement tanzanien. Environ 3 000 militaires d'élite sont déployés à la fin mai dans l'est de la RDC, ce qui internationalise considérablement le conflit. Forte de son mandat offensif, cette intervention porte rapidement ses fruits. Appuyées par la FIB et renforcées par une amélioration significative de leur capacité tactique et logistique, les FARDC (Forces armées de la République démocratique du Congo, le nouveau nom de l'armée depuis l'accord de 2003) infligent des pertes considérables au M23, qui est également affaibli par une scission, à nouveau orchestrée par le Rwanda. Fin octobre, les FARDC poussent le M23 vers la frontière du Rwanda, où les rebelles sont appuyés par des chars rwandais. Cependant, le sort du M23 est scellé le 1er novembre, lorsque Washington et Londres enjoignent Kagame de sortir du conflit[18]. Le 3 novembre, le président du M23 reconnaît la défaite et ordonne la fin des hostilités.

La facilité avec laquelle le M23 a été défait montre qu'il était une coquille vide du point de vue militaire sans l'appui du Rwanda. Pour Kigali, l'issue de cet épisode est désastreuse. Avec la défaite du M23, le Rwanda perd son dernier bastion en RDC, le privant ainsi d'une présence politique, militaire et économique dans une partie du Congo qu'il considère comme une aire d'influence « naturelle ». Un autre prix qu'il paie est la perte de la sympathie, ou du moins d'une certaine part de compréhension, d'importants alliés internationaux. Enfin, cet épisode augmente également son isolement régional. Non seulement le mouvement rebelle qu'il appuyait est défait avec l'assistance cruciale de la Tanzanie et de l'Afrique du Sud, mais les relations avec la Tanzanie se dégradent un peu plus, après avoir

17. UN Security Council, « Letter Dated 7 August 2012 from the Coordinator of the Group of Experts on the DRC Addressed to the Acting Chair of the Committee », S/AC.43/2012/COMM.32, 8 août 2012 ; Human Rights Watch, *DR Congo : M23 Rebels Committing War Crimes. Rwandan Officials Should Immediately Halt All Support or Face Sanctions*, 11 septembre 2012.

18. Darren Olivier, « How M23 Was Rolled Back », *African Defence Review*, 30 octobre 2013 ; Mike Pflanz, « DR Congo : M23 Rebels Close to Defeat after US and Britain Urge Rwanda to Stay Off », *The Daily Telegraph*, 31 octobre 2013.

déjà pâti lorsque le président Kikwete eut suggéré, lors du sommet de l'UA en mai 2013, que le Rwanda devait engager un dialogue avec le mouvement rebelle des Forces démocratiques pour la libération du Rwanda (FDLR), une suggestion qui avait provoqué des échanges verbaux très hostiles entre les deux pays. Cet isolement régional se creusera encore davantage lorsque les relations avec l'Ouganda se détérioreront.

Alliances mouvantes

Tous les acteurs raisonnent en termes de « l'ennemi de mon ennemi est mon ami ». Le fait que Mobutu ait eu beaucoup d'ennemis en 1996 explique l'émergence d'une formidable coalition régionale qui le défait lors de la première guerre. Mais il apparaît durant la seconde guerre que pareille alliance conjoncturelle est fragile, les amis d'hier devenant les ennemis d'aujourd'hui quasiment du jour au lendemain. Au début de cette guerre, Kabila est sauvé par l'Angola et le Zimbabwe qui se retournent contre leurs anciens alliés rwandais et ougandais. D'autres retournements ont rapidement lieu. Ainsi les milices Maï-Maï, qui ont combattu Kabila avant même qu'il prenne le pouvoir, se joignent à lui dans le cadre d'une coalition « anti-Tutsi ». Dans la même logique, un retournement encore plus spectaculaire amène les ex-FAR et les *interahamwe* dans le camp de Kabila, alors que les réfugiés hutu rwandais avaient perdu beaucoup des leurs pendant et après la rébellion de l'AFDL et de ses alliés rwandais d'antan. La fragilité des alliances s'observe à nouveau lorsqu'un conflit oppose le Rwanda à une faction importante des Banyamulenge, lesquels avaient cherché la protection de Kigali mais avaient en même temps été utilisés comme prétexte pour l'invasion rwandaise en 1996. Déjà, à l'automne 1996, des leaders banyamulenge s'étaient rendu compte qu'ils avaient été instrumentalisés par le Rwanda et que, plutôt que de protéger leur communauté, leur association avec Kigali l'avait davantage marginalisée et menacée.

Le renversement le plus dramatique a lieu entre les anciens alliés centraux, le Rwanda et l'Ouganda. Selon les mots du rédacteur en chef du quotidien ougandais *The Monitor,* Charles Onyango-Obbo, en août 1999 « l'impossible se produit[19] ». Les armées rwandaise et ougandaise mènent une violente bataille pour le contrôle de Kisangani. En mai-juin 2000, elles s'affrontent à nouveau dans et autour de la ville. Des armes lourdes sont utilisées et un millier de civils et 120 soldats trouvent la mort. Plusieurs causes sont à l'origine du conflit entre les anciens alliés. Alors que l'Ouganda veut éviter de répéter l'erreur faite en 1996-1997,

19. *The East African*, 30 août-5 septembre 1999.

Hérodote, n° 179, La Découverte, 4e trimestre 2020.

lorsque Kabila fut propulsé au pouvoir sans beaucoup d'implication congolaise, le Rwanda préfère une solution militaire rapide et l'installation d'un autre homme de paille à Kinshasa. De plus, des « entrepreneurs de l'insécurité » [Perrot, 1999] appartenant aux réseaux d'élites dans les deux pays se trouvent en rivalité pour l'extraction de ressources naturelles congolaises, notamment les diamants dans la région de Kisangani. Enfin, Museveni éprouve du ressentiment envers les ambitions géopolitiques de son petit voisin et le manque de gratitude de la part de Kagame, qui doit son accession au pouvoir à l'appui de l'Ouganda. Tout comme la guerre civile rwandaise s'était déversée au Zaïre/RDC à partir de 1996, le conflit avec l'Ouganda est mené sur le territoire du voisin faible et en partie par procuration. Les deux pays appuient en effet des groupes rebelles et des milices ethniques dans le contexte d'un paysage politico-militaire de plus en plus fragmenté. Ils s'accusent mutuellement de soutenir tel ou tel groupe armé, ce que les deux côtés font effectivement. En mars 2001, le Rwanda est officiellement déclaré une « nation hostile » par le gouvernement ougandais. Les relations empirent dangereusement et des troupes sont déployées de part et d'autre de la frontière commune. En novembre 2001, la ministre britannique de la Coopération internationale Clare Short convoque ses deux protégés à Londres afin de mettre fin à une situation qui risque de devenir un fiasco pour le Royaume-Uni, si deux alliés et grands bénéficiaires de son aide entraient dans une guerre totale. Les relations ne deviennent pas pour autant cordiales, mais le risque d'une guerre directe s'éloigne.

La situation s'aggrave de nouveau au début 2003, lorsque le Rwanda achemine des troupes et du matériel militaire dans la région de l'Ituri en appui aux rebelles de l'Union des patriotes congolais (UPC), jusque-là aidés par l'Ouganda. Cette tentative de la part du RCD-Goma et du Rwanda de faire la jonction entre les territoires en conflit du Nord-Kivu et de l'Ituri est considérée par Kampala comme une menace vitale pour ses frontières, ce qui mène à nouveau les deux pays au bord de la guerre. Les confrontations du début des années 2000 sont suivies par une longue accalmie durant laquelle les relations se normalisent. Elles se détériorent cependant à nouveau au début de 2017 et demeurent hostiles jusqu'en 2020, mais cette situation est liée à des contentieux bilatéraux sans rapport direct avec le Congo.

Le Rwanda, l'araignée dans la toile

À un moment ou à un autre, le Rwanda a été ou est en conflit avec chacun de ses quatre voisins, principalement le Zaïre/RDC et l'Ouganda. Les rapports avec ce dernier redeviennent hostiles en 2017. Le Rwanda accuse l'Ouganda d'appuyer des groupes armés qui veulent le déstabiliser, et d'arrêter et torturer des Rwandais sur son territoire. De son côté, l'Ouganda accuse le Rwanda d'infiltrer ses services

Hérodote, n° 179, La Découverte, 4e trimestre 2020.

de sécurité et d'être engagé dans des activités d'espionnage. En mars 2019, Kagame affirme que « l'Ouganda a tenté de miner le Rwanda depuis 1998 », ajoutant que, face à ces menaces, « personne ne peut me forcer à me mettre à genoux ». Le même jour, Museveni réagit avec un avertissement martial : « Ceux qui veulent déstabiliser notre pays ne connaissent pas nos capacités. Dès que nous mobilisons, vous ne pouvez survivre. » Une semaine plus tard, le Rwanda ferme la frontière avec l'Ouganda. Une guerre verbale éclate et la presse des deux pays évoque la possibilité d'une guerre réelle qui a pu être évitée jusqu'à présent, mais les relations bilatérales restent empoisonnées.

Les relations entre le Rwanda et le Burundi ont été hostiles ces vingt dernières années. Le Rwanda qui pratique une politique de désethnicisation depuis que le FPR est au pouvoir déteste en particulier le choix burundais de l'institutionnalisation de l'ethnicité qu'il considère comme un « anti-modèle ». La situation s'est détériorée gravement lorsque le président burundais Pierre Nkurunziza a été élu pour un troisième mandat. Déjà auparavant, le Rwanda soupçonnait Bujumbura d'appuyer le groupe rebelle rwandais des FDLR. De son côté, le Burundi accuse Kigali de soutenir des rebelles burundais. Ces accusations ont été confirmées par des rapports indépendants montrant le recrutement, l'entraînement et l'armement de réfugiés burundais par l'armée rwandaise [20]. L'état détestable des relations bilatérales est encore illustré lorsque, en décembre 2018, Nkurunziza demande à Museveni d'organiser un sommet régional afin de discuter de ce qu'il présente comme un « conflit ouvert » avec le Rwanda qu'il désigne comme un « ennemi ». Un incident très grave a lieu en novembre 2019, lorsqu'une position de l'armée burundaise est attaquée près de la frontière avec le Rwanda. Cette attaque surprise fait plus de dix morts et de nombreux blessés parmi les militaires burundais. Le Burundi accuse le Rwanda d'avoir commis un acte d'agression constituant « une menace pour la paix et la sécurité de la région entière des Grands Lacs » et se réserve « le droit à la défense légitime ».

Quant à la Tanzanie, les frictions se sont concrétisées autour de l'épisode du M23. En juin 2013, juste après le déploiement de la FIB sous commandement tanzanien, Kagame déclara au sujet du président tanzanien Kikwete qu'il « l'attendra au bon endroit et le frappera », n'ayant pas supporté la suggestion d'entamer des pourparlers avec les rebelles des FDLR. Étant donné que le Rwanda

20. Refugees International, *Asylum Betrayed : Recruitment of Burundian Refugees in Rwanda*, 14 décembre 2015 ; United Nations, Security Council, « Letter dated 15 January 2016 from the Coordinator of the Group of Experts on the DRC addressed to the Chair of the Committee », S/AC.43/2016/COMM.2, 15 janvier 2016 ; Human Rights Watch, *Burundi : Abductions, Killings Spread Fear. UN Security Council Should Press for Deployment of International Police Presence*, 25 février 2016.

Hérodote, n° 179, La Découverte, 4e trimestre 2020.

appuie le M23 qui a été défait avec l'aide de la FIB, c'est en quelque sorte une guerre par procuration que se sont livrées le Rwanda et la Tanzanie en RDC. Les relations s'améliorent cependant depuis qu'en 2015 John Magufuli a succédé à Kikwete.

Malgré l'implication de nombreux autres acteurs, le Rwanda est clairement l'araignée dans la toile, puisqu'il participe à tous les conflits et y joue à chaque fois un rôle central. Cela peut paraître paradoxal, venant du plus petit pays de la région. Sans la direction prise par le Rwanda, la « rébellion ADFL » n'aurait pas eu lieu et Kabila n'aurait pas remplacé Mobutu. L'Ouganda, le Burundi et l'Angola avaient des soucis sécuritaires similaires à ceux du Rwanda, mais ils étaient moins vitaux, et ces pays auraient probablement limité leurs actions militaires à des frappes transfrontalières. Une nouvelle fois en 1998, alors que l'Ouganda était également irrité par l'évolution en RDC, c'est le Rwanda qui prit l'initiative de lancer une nouvelle « rébellion », une action ensuite suivie par l'Ouganda.

Une des explications de cette prédominance rwandaise peut être trouvée dans l'histoire du FPR. Depuis que ses dirigeants (ou les parents de ces dirigeants) ont vécu en Ouganda en tant que réfugiés, ils ont été confrontés à la violence comme auteurs, victimes ou témoins. Le fusil les a bien servis par le passé et ils se sont rendu compte que les négociations, le compromis et les accords n'offrent pas les mêmes avantages que la victoire militaire. Le FPR a maintenu cette gestion armée après sa prise du pouvoir. L'étroit contrôle physique du pays et l'approche sécuritaire des dynamiques régionales sont une question de survie pour un régime qui se sent constamment menacé, tant à l'intérieur qu'à l'extérieur du pays.

Cependant, cette approche militarisée ne se base pas seulement sur des expériences récentes. Un dicton attribué au roi Rujugira (fin du XVIIIe siècle) proclame : « le Rwanda attaque, il ne peut être attaqué » (*Urwanda ruratera ntiruterwa*) [Kagame, 1972, p. 137]. Le Rwanda précolonial était en effet une société profondément militarisée, dont l'effet le plus profond « fut d'instituer la glorification du militarisme et de la violence militaire qui finira par pénétrer toute la culture du Rwanda au fur et à mesure que les armées deviendront le fondement de toute l'organisation administrative du pays » [Vansina, 2001, p. 83]. Le FPR se réfère régulièrement à ce passé et il y a en effet une indéniable continuité entre le Rwanda précolonial et celui d'après 1994 [Reyntjens, 2018]. Normes et valeurs militaires sont présentes dans toute la société rwandaise [Purdeková, Reyntjens et Wilén 2018], montrant la continuité d'un « nationalisme belligérant » de la diaspora au Rwanda contemporain [Riot, Bancel et Rutaysire, 2017]. Une continuité de longue durée s'étendant sur deux siècles aide ainsi à comprendre les conflits transfrontaliers qui ont marqué la région des Grands Lacs ces trente dernières années, et le rôle central que le Rwanda y a joué.

Hérodote, n° 179, La Découverte, 4e trimestre 2020.

Bibliographie

GRIBBIN R.E. (2005), *In the Aftermath of Genocide. The U.S. Role in Rwanda*, New York, iUniverse.

HAUT-COMMISSARIAT DES NATIONS UNIES POUR LES DROITS DE L'HOMME (2010), *République démocratique du Congo, 1993-2003. Rapport du Projet Mapping concernant les violations les plus graves des droits de l'homme et du droit international humanitaire entre mars 1993 et juin 2003 sur le territoire de la République démocratique du Congo, août.*

KAGAME A. (1972), *Un abrégé de l'ethno-histoire du Rwanda*, Butare, Éditions universitaires du Rwanda.

PERROT S. (1999), « Entrepreneurs de l'insécurité. La face cachée de l'armée ougandaise », *Politique africaine*, n° 75, p. 60-71.

PURDEKOVA A., REYNTJENS F. et WILÉN N. (2018), « Militarisation of governance after conflict : beyond the rebel-to-ruler frame – the case of Rwanda », *Third World Quarterly*, vol. 39, n° 1, p. 158-174.

REYNTJENS F. (1997), « La rébellion au Congo-Zaïre : une affaire de voisins », *Hérodote*, n° 86-87, Paris, La Découverte, p. 57-77.

REYNTJENS F. (2017), « Instability in the Great Lakes Region », *in* HARBESON J.W. et ROTHCHILD D. (dir.), *Africa in World Politics. Constructing Political and Economic Order*, Boulder, Westview Press, p. 176-201.

REYNTJENS F. (2018), « Understanding Rwandan politics through the longue durée : from the precolonial to the post-genocide era », *Journal of Eastern African Studies*, vol. 11, n° 3, p. 514-532.

RIOT T., BANCEL N. et RUTAYISIRE P. (2017), « Un art guerrier aux frontières des Grands Lacs. Aux racines dansées du Front patriotique rwandais », *Politique africaine,* n° 147, p. 109-134.

VANSINA J. (2001), *Le Rwanda ancien. Le royaume nyiginya*, Paris, Karthala.

Hérodote, n° 179, La Découverte, 4e trimestre 2020.

L'Afrique centrale : le nouveau « Grand Jeu »

Jean-Pierre Bat[1]

Alors que les imaginaires restent profondément marqués par le génocide des Tutsi du Rwanda de 1994 et par les guerres du Congo jusqu'en 2003, le paysage géopolitique de l'Afrique centrale a été profondément remanié depuis deux décennies. Certes, les grands acteurs sont toujours présents, à l'image de Paul Kagame, président du Rwanda depuis 2000 ; mais des changements symboliques sont intervenus à l'ouest avec l'élection à Luanda de João Lourenço à la présidence de la République en 2017, suivie en 2019 par l'accession au pouvoir de Félix Tshisekedi à Kinshasa. Comprendre ces événements, qui cristallisent en fait des tendances en cours de recomposition depuis les années 2000-2010, nécessite de repenser les canons du jeu diplomatique en Afrique centrale. Il se caractérise par trois grandes mutations : la parfaite conscience de la recomposition de l'ordre diplomatique du XXIe siècle par les chefs d'État d'Afrique centrale ; le rôle accru de Pékin autour de la question des ressources extractives et ses conséquences internationales notamment au miroir du multilatéralisme traditionnel ; enfin, l'épuisement du répertoire américain *soft power/hard power* et l'émergence de nouvelles pratiques d'influence stratégique liées aux enjeux économiques. Cette nouvelle économie géopolitique crée des « chaînes de valeur » qui scellent des approches diplomatiques renouvelées des enjeux, tant du point de vue des puissances étrangères que des pouvoirs d'Afrique centrale. Toutes ces tendances concourent à penser l'Afrique centrale comme le nouvel épicentre du « Grand Jeu » géopolitique du premier XXIe siècle à la charnière entre les décennies 2010 et 2020.

Hérodote, n° 179, La Découverte, 4e trimestre 2020.

1. Chercheur affilié au CNRS-Institut des mondes africains.

La recomposition des « concordances des temps » diplomatiques en Afrique centrale

Trois grandes générations dominent au sein de la classe diplomatique en Afrique centrale en ce début de XXIe siècle : les « aînés », héritiers de la Françafrique survivant aux turbulences des années 1990 et promoteurs des médiations interpersonnelles (Omar Bongo en a été le chef de file) [Bat, 2012] ; les « modernes », refusant les règles du jeu de l'Occident et de la « communauté internationale » avec lesquels ils sont en conflit au lendemain des guerres du Congo, cherchant une alternative géoéconomique avec l'Asie (ces pouvoirs se sont consolidés dans les années 2000) ; et enfin les « nouveaux venus », qui cherchent suivant leurs intérêts à mettre en concurrence et/ou en harmonisation toutes les opportunités internationales du XXIe siècle. Naturellement, ces trois descriptions présentent des tendances et non des catégories figées, et chaque régime est traversé par ces polarités. Ainsi, Yaoundé, Brazzaville ou Libreville ont-ils su précocement ouvrir leurs stratégies à la Chine, alors que ces régimes sont présentés comme les archétypes de la Françafrique. Mais sans doute est-ce l'Angolais Dos Santos qui présente l'exemple le plus éloquent [Messiant, 2009]. Dès les années 2000, il construit un « numéro d'équilibriste » [Maussion, 2019, p. 99] fondé sur une géopolitique économique entre Washington (qui reconnaît Luanda comme un partenaire stratégique avec la fin de la guerre froide et l'élimination de Savimbi en 2002) et Pékin (dès 2004 il obtient des prêts à l'Exim Bank – Export-Import Bank of China – qui permettent aux finances angolaises d'échapper aux fourches caudines du système FMI, Fonds monétaire international). Le mois de mai 2014 illustre cette diplomatie : Dos Santos accueille en visite officielle le 5 mai John Kerry, secrétaire d'État américain, et le 9 mai Li Keqiang, Premier ministre chinois. Les deux hommes déclarent haut et fort que leur pays est le partenaire stratégique de l'Angola.

La troisième tendance générationnelle se distingue cependant des deux générations qui l'ont précédée en s'efforçant de jouer, avec succès, de toute la palette des outils diplomatiques à sa disposition. Contrairement à la génération de leurs aînés, ces nouveaux acteurs africains ont conscience qu'ils doivent être autant crédibles auprès de leurs pairs que du système international (prioritairement ONU et FMI). Les raisons sont multiples ; trois d'entre elles méritent d'être soulignées. Premièrement, en cette fin des années 2010 les premières désillusions africaines sur le recours à la Chine comme soutien financier alternatif au FMI surviennent. Deuxièmement, l'héritage des économies rentières pèse sur ces nouvelles élites qui se projettent dans l'Afrique de la décennie 2020 et cherchent à éviter toute dépendance à un partenaire unique, dans quelque domaine que ce soit. Troisièmement, le système capitaliste mondial ne peut faire l'économie de l'hégémonie géopolitique

Hérodote, n° 179, La Découverte, 4e trimestre 2020.

du dollar dans les relations économiques, financières et bancaires mondiales – sous peine de « plafonner » ses stratégies économiques[2]. Jouer avec les règles et les acteurs de la diplomatie multilatérale ne signifie pas s'y résigner ; cela signifie au contraire reprendre en main des leviers que leurs prédécesseurs avaient écartés dans un contexte géopolitique différent et lourd de séquelles.

Pour comprendre les mutations géopolitiques survenues en Afrique centrale, il convient de les mettre en perspective avec l'amorce de la fin du cycle des « maquisards », c'est-à-dire des présidents forgés par les guerres de libération nationale et/ou les guerres civiles, entre les années 1970 et les années 1990, de l'Angola aux guerres du Congo [Stearns, 2011][3]. De leur accession au pouvoir (le plus souvent les armes à la main) et de leur exercice autoritaire du gouvernement ont dépendu la nature de leurs relations diplomatiques et leur place dans le concert multilatéral et onusien – qui constitue un des canaux privilégiés des nations occidentales en direction de l'Afrique centrale. Joseph Kabila illustre mieux que quiconque ces enjeux : il refuse haut et fort le système de prêt et de dette du FMI tout au long de son régime et conserve du *Mzee*[4] une méfiance accrue envers tous les acteurs, tant régionaux que hors d'Afrique (après avoir su toutefois, à son accession au pouvoir, se positionner envers Paris et Washington). Cette tension est matérialisée avec l'Union européenne et les États-Unis par la prise de sanctions internationales à l'encontre de caciques du régime kabiliste avec la crise politique de fin du deuxième mandat, officiellement terminé en 2016. Kabila se méfie profondément des diplomaties occidentales, au premier rang desquelles Washington qui, en retour, ne cache ni son hostilité envers lui ni sa détermination à le voir quitter le pouvoir après 2016. Depuis cette date, une crise politico-institutionnelle est ouverte. Elle va durer deux ans. Elle est émaillée par des crises avec l'ONU (dont la mort de ses deux experts[5]) et la répression des opposants (dont l'épisode le plus notable est celui de la marche de la Saint-Sylvestre 2017 qui a été marqué par la mort de plusieurs manifestants par les forces de sécurité, ce qui

2. À titre d'exemple, la référence bancaire SWIFT (qui désigne la norme ISO 9362 définissant un code universel d'identification des banques – BIC) permet une traçabilité des mouvements bancaires, internationalement indexés sur le dollar.

3. Jason Stearns est depuis un des principaux contributeurs du Groupe d'études sur le Congo (GEC), et le porteur du projet « Usalama » du Rift Valley Institute.

4. « *Mzee* » (vieux ou père en swahili) est le surnom donné à Laurent-Désiré Kabila (1939-2001). Son fils, Joseph Kabila, lui succède à la tête de l'État au lendemain de son assassinat le 16 janvier 2001, en pleine deuxième guerre du Congo.

5. Les « Congo Files » sont une enquête menée par plusieurs médias internationaux (RFI, *Le Monde, Foreign Policy, Süddeutsche Zeitung* et la télévision suédoise) autour de la mort de Michael Sharp et Zaida Catalan. Voir notamment les articles de Sonia Rolley (RFI) et Joan Tilouine (*Le Monde*) sur les « Congo Files ».

Hérodote, n° 179, La Découverte, 4e trimestre 2020.

a suscité l'indignation congolaise et internationale). Les pressions onusiennes et occidentales (notamment incarnées par Nikki Haley, ambassadrice américaine auprès de l'ONU) ne parviennent que péniblement à dessiner un chronogramme pour imposer la tenue des élections présidentielles avant fin décembre 2018. Finalement, la vision surplombante américaine et onusienne n'a pu briser à elle seule la résistance kabiliste à la tenue des élections, Kabila lui-même ne reconnaissant ni le droit de regard de l'Organisation des Nations unies (ONU), de l'Organisation internationale de la francophonie (OIF) et de l'Union européenne (UE) dans « son » processus électoral. La tenue des élections est largement due à la médiation du nouveau président angolais João Lourenço, principal interlocuteur crédible aux oreilles de Kabila au sein de la Conférence internationale sur la région des Grands Lacs (CIRGL) présidée par Denis Sassou N'Guesso. En somme, dans l'affaire congolaise, si l'action internationale traditionnelle a tracé un cadre sous injonction du couple ONU-États-Unis, c'est bien la médiation angolaise qui a donné son sens au message politique pour rendre ce calendrier réalisable. Les élections sont tenues *in extremis* le 30 décembre 2018 et leur dénouement porte au pouvoir Félix Tshisekedi contre Martin Fayulu (qui revendique de son côté la victoire) et Emmanuel Shadary (dauphin officiel de Kabila) : Kabila quitte la présidence – non sans avoir tressé un jeu d'alliances complexes et avoir laissé derrière lui tout un réseau de soutiens politiques[6].

« West Side Story » ? La nouvelle donne diplomatique à Luanda et Kinshasa

João Lourenço, quoique ancien maquisard et général des FAPLA (The People's Armed Forces of Liberation of Angola), n'appartient pas à la première génération de cadres du MPLA (Mouvement populaire de libération de l'Angola). Sa génération a terminé sa formation après l'indépendance de 1975, a été promue à partir des années 1980 et est parvenue au cœur du pouvoir dans la décennie suivante. Lourenço est secrétaire général du MPLA (1998-2003) et gravit tous les échelons politiques : vice-président de l'Assemblée nationale (2003-2014), ministre de la Défense (2014-2017) et vice-président du MPLA à compter de 2016. Il s'empare de l'État quand José Eduardo Dos Santos, qui l'avait précédemment écarté au cœur du système, renonce à être candidat à l'élection présidentielle de 2017. Mais, sitôt président, Lourenço entreprend une purge du « système Dos Santos »

6. Tout au long du processus, et tout particulièrement dans la dernière ligne droite en 2018, la CENCO (Conférence épiscopale nationale du Congo) a maintenu un lien avec la communauté internationale, proposant une voix divergente de la CENI (Commission électorale nationale indépendante) congolaise.

Hérodote, n° 179, La Découverte, 4e trimestre 2020.

[Schubert, 2017]. La famille Dos Santos et ses proches sont particulièrement ciblés (l'affaire culmine avec les « Luanda Leaks[7] » qui visent principalement Isabel Dos Santos, considérée comme la femme la plus riche d'Afrique) tandis que José Edouardo Dos Santos lui-même est contraint à renoncer en 2018 à sa charge de président du MPLA pour la céder à Lourenço. En parallèle de ce remaniement en profondeur, qui s'attaque au cœur du parti-État MPLA, Lourenço opère un retour sur la scène internationale : en 2018, il s'efforce de positionner l'Angola comme la grande puissance diplomatique en Afrique centrale, à la croisée entre ses pairs et la communauté internationale (et prioritairement les partenaires états-uniens et français) à la faveur de la crise politique congolaise. C'est, pour Luanda, une révolution diplomatique : depuis son intervention politico-militaire dans les deux Congo en 1997, l'Angola avait mesuré le coût politique et financier d'un tel rôle et y a renoncé.

En creux, cet intérêt pour la diplomatie angolaise montre l'épuisement des autres acteurs traditionnels de la zone, à commencer par le régime de Brazzaville qui avait espéré prendre le relais de l'influence d'Omar Bongo décédé en 2009 : la crise centrafricaine de 2013 a toutefois montré les limites de cette ambition. Un conflit indirect y a opposé les thèses tchadiennes et congolaises au lendemain du renversement du général Bozizé par la Séléka[8] et, malgré son statut de médiateur pour la Centrafrique, Denis Sassou N'Guesso n'est pas parvenu à imposer ses vues face à l'hégémonie du Tchad devenu un pivot sécuritaire central en Afrique francophone, à l'heure de la crise sahélienne [Chauvin, 2018 ; Pérouse de Montclos, 2019]. Pour comprendre le changement de registre diplomatique survenu avec Lourenço, il convient de souligner l'affermissement des pouvoirs qui se caractérise par une parfaite compréhension entre les contraintes de l'économie globale néolibérale et le besoin de consolider leur système tout en respectant certaines formes (notamment les cycles électoraux, puissant sujet de débat en Afrique centrale). Ils sont portés soit par des *warlord democrats*, c'est-à-dire d'anciens chefs politico-militaires rebelles qui ont institutionnalisé leur pouvoir après l'avoir conquis par les armes ; soit par de nouvelles générations qui ont grandi au sein du

7. Le consortium international de journalistes d'investigation (ICIJ) a coordonné une enquête sur les « Luanda Leaks » qui se penche sur ce qu'ICIJ qualifie de « deux décennies de corruption » (l'oléocratie angolaise) autour de la famille et du clan Dos Santos ; Isabel constitue la principale cible de ces révélations. < https://www.icij.org/investigations/luanda-leaks/> (consulté le 11 juin 2020).

8. Séléka (coalition en sango) est un front de plusieurs organisations rebelles qui se réunissent en août 2012 contre le général Bozizé, président de Centrafrique, qu'elle renverse en mars 2013. Elle éclate ensuite en plusieurs tendances qui contrôlent des segments du territoire centrafricain.

Hérodote, n° 179, La Découverte, 4e trimestre 2020.

parti-État et appris à construire leur trajectoire politico-personnelle de manière mieux globalisée que leurs aînés [Themner, 2017] [9]. Cette posture rouvre ainsi le jeu diplomatique et leur permet de trouver dans les relations internationales un nouveau levier de pouvoir régional autant que de rayonnement national. Symbole de ce nouvel écosystème politique en Afrique centrale, l'Angola accueille le premier voyage officiel de Tshisekedi au mois de février 2019 : les présidents congolais et angolais discutent de l'avenir de la sous-région, de la côte Atlantique aux Grands Lacs.

L'alternance politique en RDC a trois conséquences diplomatiques. Premièrement, en conduisant Tshisekedi au pouvoir, les élections ont provoqué un changement de doctrine diplomatique à Kinshasa : alors que Kabila refusait l'ouverture vers l'Occident et le système FMI, son successeur effectue très rapidement des gestes tant symboliques que concrets en direction de Washington. Il se rend en visite officielle aux États-Unis dès le mois d'avril 2019 (où il s'avance en dénonçant « le système dictatorial qui était en place » en RDC, en écho aux positions de l'administration américaine). Tout le système congolais se rouvre officiellement à ses partenaires occidentaux. Tshisekedi effectue pas moins de quatre voyages entre avril 2019 et mars 2020, ressuscitant l'alliance Atlantique entre Kinshasa et Washington nouée par Mobutu au nom de l'anticommunisme de la guerre froide, et que l'administration Clinton avait rompue dans les années 1990 pour se défaire de ce même Mobutu. Kinshasa renoue des coopérations avec Washington, Tel-Aviv et Paris, dans différents domaines (y compris sécuritaires avec l'émergence de la question terroriste à l'est avec la question des groupes ADF ougandais – Allied Democratic Forces – et les revendications politico-terroristes d'Al Qaeda en Afrique centrale).

La deuxième conséquence est la consécration de montages diplomatiques internationaux et régionaux plus subtils qu'auparavant : aucun acteur n'est suffisant et l'équilibre géopolitique dépend plus que jamais d'approches multiscalaires. Dès lors, l'action des diplomaties occidentales ne repose plus sur leur propre capacité de dialogue bilatéral mais dans leur capacité à créer un ballet diplomatique à plusieurs maillons pour installer une dynamique politique : les postures idéologiques y valent moins que la gestion du tempo politique. Les capitales occidentales ne sont plus en quête d'un allié-*proxy* comme du temps de Mobutu ; elles recherchent des mécanismes d'équilibre global dans un environnement où les

9. Cette génération entretient un nouveau rapport au pouvoir et à son image : elle s'efforce d'incarner une certaine modernité en miroir à ses aînés. Elle nourrit une plus grande distance envers le discours national – et nationaliste – de libération. Elle n'hésite pas à mettre en scène la mise à l'écart des aînés et à présenter son accession au pouvoir comme celle d'une « nouvelle génération » plus ouverte et à qui la communauté internationale mérite de laisser sa chance.

Hérodote, n° 179, La Découverte, 4e trimestre 2020.

tensions de voisinage dans les Grands Lacs sont en recrudescence. Conséquence supplémentaire, des acteurs congolais renforcent leur position d'interlocuteurs régionaux à la croisée des chemins entre le mandat de Kabila et celui de Tshisekedi (à l'image de François Beya, professionnel du renseignement depuis Mobutu devenu chef de la DGM – direction générale de la migration – sous Kabila et promu conseiller présidentiel à la sécurité sous Tshisekedi). De manière plus globale, cette nouvelle donne politique représente pour la France un enjeu tout particulier, tant sa diplomatie dans les Grands Lacs reste marquée par le poids de l'histoire de sa relation avec Paul Kagame après 1994 et par la chute de Mobutu en 1997 [Mamdani, 2001]. Sous la présidence d'Emmanuel Macron, Paris s'est engagé à ouvrir son jeu en direction de Kigali. Dans ce mouvement, toute une série de gestes symboliques et concrets sont entrepris autour de la mémoire du génocide et de la reprise du dialogue diplomatique[10].

Troisièmement, les élections congolaises ont engagé une mutation diplomatique régionale : la reprise efficiente des relations de voisinage dans les Grands Lacs (République démocratique du Congo, RDC, Ouganda, Rwanda). Le départ du pouvoir de Kabila a constitué un élément majeur dans la décontraction des relations entre Kinshasa et Kigali, permettant un meilleur fonctionnement des outils de diplomatie régionale. C'est ainsi que les instances congolaises du Mécanisme national de suivi (dit MNS, né de l'accord-cadre pour la paix, la sécurité et la coopération pour la RDC et la région de 2013 [Gérold, 2014]) ont ranimé un dialogue trilatéral, au moment où les relations se tendent ouvertement entre Kigali et Kampala [Reid, 2017]. Cet accord régional fonctionne en résonance avec les institutions de l'ONU qui disposent d'un envoyé spécial pour les Grands Lacs.

Vu de l'extérieur, force est de constater que les acteurs étrangers sont en quête de redéfinition de leur répertoire diplomatique en Afrique centrale, face à des acteurs politiques qui maîtrisent de mieux en mieux les registres multilatéraux et savent les utiliser à leur profit. C'est dans ce contexte que la Russie a opéré un retour en fanfare dans la sous-région.

10. Cette politique est marquée notamment par la visite en France de Paul Kagame en mai 2018 ; l'établissement d'une commission d'enquête sur la politique de la France au Rwanda entre 1990 et 1994 ; l'élection de Louise Mushikiwabo comme secrétaire générale de l'Organisation internationale de la francophonie (dont le siège est à Paris) ; et le processus de « normalisation » des relations diplomatiques avec Kigali. Paul Kagame, à la faveur de sa visite en France, déclare ainsi à la presse : « Reste que la France de 1994 n'est pas la même que celle d'aujourd'hui. Ceux qui dirigent désormais le pays ne sont pas impliqués dans ce qui s'est passé hier. Et c'est vrai qu'Emmanuel Macron appartient à une autre génération, avec une mentalité différente, une nouvelle approche » (*Libération*, 12 novembre 2018).

Hérodote, n° 179, La Découverte, 4e trimestre 2020.

La Centrafrique : faux *remake* de guerre froide

La suite de la crise centrafricaine qui a conduit à la chute du général Bozizé en 2013 a formellement respecté le cadre de restauration constitutionnelle entre 2013 et 2016, avec un pouvoir intérimaire, une consultation électorale et l'élection du président Touadéra. Toutefois, la réalité sécuritaire du pays est tout autre : la Centrafrique reste fragmentée entre les différents groupes armés, plus ou moins liés à des personnalités politiques, plus ou moins autonomes et vivant de leurs trafics. Ces groupes (issus des écosystèmes de l'ex-Séléka, des anti-Balaka[11] ou de groupes antérieurs à 2013 comme la LRA[12]) sont animés par leur « scissiparité dynamique » [Vircoulon, 2020] qui rend le pays difficilement gouvernable par-delà la capitale Bangui, malgré la présence de la MINUSCA (Mission multidimensionnelle intégrée des Nations unies pour la stabilisation en Centrafrique). Le problème sécuritaire est un enjeu prioritaire pour Bangui : déçu par ce qu'il considère être la lenteur et les contraintes de l'UE et de l'ONU, Touadéra se tourne vers Moscou à l'occasion du sommet de Sotchi en septembre 2017. Ce choix du président centrafricain remet en cause la place de la France, considérée comme le premier acteur diplomatique depuis l'opération « Sangaris » (2013-2016)[13]. Élu en 2016, Touadéra envoie un message clair en substituant le partenariat stratégique sécuritaire de la France au bénéfice de la Russie l'année qui suit son élection. Pourtant, selon Thierry Vircoulon, les termes de l'accord entre Bangui et Moscou correspondent à une vieille recette : « sécurité du président et sécurité du régime *versus* ressources naturelles » [Vircoulon, 2020, p. 26-27]. Moscou propose ainsi tout un écosystème digne de l'encadrement postcolonial des chefs d'État en Afrique ; toutefois la formule russe recouvre une certaine caractéristique de la société des oligarques post-soviétiques, entre position diplomatique et acteurs semi-officiels.

---

11. Les anti-Balaka sont des milices d'autodéfense. Initialement fondées vers 2009 contre les zarginas (ou coupeurs de route) ; elles s'arment contre la Séléka en 2013. Rapidement, les mouvements se teintent de revendications identitaires et religieuses (musulmans pour la Séléka et chrétiens pour les anti-Balaka).

12. Lord's Resistance Army (Armée de résistance du Seigneur) est un mouvement rebelle ougandais créé en 1988 et dirigé par Joseph Kony qui se fixe pour objectif déclaré de renverser Museweni à Kampala, la LRA est un groupe armé qui évolue entre le Sud-Soudan, l'est de la Centrafrique et le nord-est de la RDC.

13. Pour Paris, le maintien de deux théâtres d'opérations extérieures est quasiment impossible en termes de moyens, l'amenant à privilégier le Sahel et sa lutte antiterroriste avec l'opération « Barkhane », créant un appel d'air sécuritaire avec son départ de Centrafrique pour d'autres partenariats, aux dépens de la France mais aussi et surtout de la MINUSCA, chargée de prendre le relais de « Sangaris ».

Hérodote, n° 179, La Découverte, 4e trimestre 2020.

Depuis l'affaire du Donbass, la diplomatie russe a dégagé des logiques de cercles d'influence et d'action : le premier cercle aux frontières de l'ancienne URSS (dont le Donbass [Dullin, 2014]), le deuxième cercle touche les mondes arabo-musulmans (notamment la Syrie et la Libye [Delanoë, 2017]) puis le troisième cercle va au-delà (dans lequel l'Afrique trouve toute sa place). Ces deux derniers espaces sont traités par le vice-ministre Mikhaïl Bogdanov en charge du Moyen-Orient et de l'Afrique, aux côtés du ministre Sergueï Lavrov. Mais l'articulation des moyens russes en Centrafrique est avant tout l'œuvre d'agents de terrain liés, de près ou de loin, au monde sécurocrate dont Evgueni Prigozhin est l'architecte. Les acteurs russes en Centrafrique incarnent tous les maillons variés mais complémentaires de cette chaîne : l'ambassadeur Sergueï Lobanov en poste à Bangui de 2011 à 2019 ; le placement de Valery Zakharov, ancien policier russe, comme « conseiller à la sécurité » du président Touadéra[14] ; l'engagement de la société de mercenaires Wagner en Centrafrique (réputé être proche du GRU, le renseignement militaire russe [Marten, 2019][15]) ; ou encore la fourniture d'armes et de munitions sorties des arsenaux russes. En contrepoids de ce volet sécuritaire est développée une politique minière, à travers la création de la Lobaye Invest SARL dirigée par Evgueni Kodhotov, ancien policier russe reconverti dans l'or et les diamants (les pierres précieuses sont ensuite revendues depuis Saint-Pétersbourg). Zakharov et Kodhotov, proches de Prigozhin, apparaissent comme les deux véritables chevilles ouvrières de la politique russe sur le terrain. Cependant, si la présence russe a inquiété les diplomaties étrangères traditionnelles de la zone, à commencer par la France, la réalité s'avère plus complexe qu'il n'y paraît : Moscou a en effet placé ses hommes et construit ses dispositifs entre 2017 et 2018, mais le modèle « société de sécurité/société minière » a vocation à trouver son propre équilibre économique... ce qui n'est finalement pas si évident au regard du problème de contrôle des groupes armés à travers le territoire. De plus, le modèle russe n'est pas suffisant et ne rétablit pas un quelconque équilibre sécuritaire dans le pays : il ne fait que s'ajouter comme une couche supplémentaire dans le dispositif actions extérieures (dont la MINUSCA et l'EUTM RCA – mission de formation de l'Union européenne en République centrafricaine – sont les deux missions les plus notoires) pour en tirer son propre bénéfice. Il ne s'agit donc pas d'un tête-à-tête russo-centrafricain, contrairement aux affiches qui ont pavoisé Bangui, mais bien d'une politique d'intérêts russes à l'intérieur d'une crise centrafricaine plus globale.

---

14. Les conseillers sécuritaires russes à la présidence de la République ont parrainé, entre autres initiatives, la création du Bureau d'information et de communication (BIC).

15. Wagner est engagé dans différentes missions, de la protection du président centrafricain jusqu'à celle des concessions de la Lobaye Invest.

Hérodote, n° 179, La Découverte, 4e trimestre 2020.

Pour comprendre la politique russe en Centrafrique, il convient de la mettre en perspective dans l'environnement d'Afrique centrale : l'intervention russe à Bangui relève d'un effet d'aubaine dans une stratégie plus globale, amorcée en Afrique principalement depuis le Soudan d'Omar el-Béchir [Cockett, 2016]. À la suite de ses avancées dans le deuxième cercle (Proche-Orient), la Russie a cherché à faire fructifier son influence au-delà en direction de l'Afrique. Wagner a été un outil tactique privilégié de cette géopolitique (qui s'est déployée à Madagascar, en Libye, au Mozambique et au Soudan). Moscou, comme avant lui d'autres partenaires à commencer par la Chine, a profité de la mise à l'écart du Soudan du système FMI-Banque mondiale et de la mise à l'index d'Omar el-Béchir par la CPI (Cour pénale internationale) pour proposer des formats bilatéraux de coopération à Khartoum qui échappent à la visibilité des acteurs occidentaux (Wagner a obtenu des contrats pour la formation des militaires soudanais ainsi que pour la sécurisation de mines d'or, en contournant le régime des sanctions qui frappe Khartoum). De cette expérience, Khartoum s'est rapidement transformé en porte d'entrée russe vers l'intérieur du continent, à commencer par la Centrafrique, par le biais des enjeux de sécurisation de la frontière soudano-centrafricaine voisine des mines de Birao. L'intervention de Moscou en Centrafrique illustre une *realpolitik* agile, capable de s'affranchir des règles internationales onusiennes. L'attitude russe, dans le domaine du *hard power*, ne se situe qu'à l'aboutissement d'un processus amorcé depuis les années 2000 autour du nouveau « Grand Jeu » en Afrique centrale : les ressources naturelles et les terres rares en constituent l'horizon. La frontière entre *hard power* et *soft power,* qui régit la conception occidentale de l'action diplomatique, se brouille un peu plus pour mettre au jour une autre grammaire politique qui se veut explicitement une alternative aux règles multilatérales du système ONU-FMI. À ce jeu-là, ce n'est pas Moscou mais Pékin qui a procédé à une profonde mutation géopolitique en Afrique centrale.

Des forêts et des mines : le nouveau « Grand Jeu » de Pékin ?

Bretton Woods a accouché de tout un système financier international à travers le couple FMI-Banque mondiale qui structure une grande partie des dettes publiques africaines depuis les plans d'ajustements structurels des années 1980-1990. Depuis les années 2000 (et notamment depuis le sommet Chine-Afrique très médiatisé de 2006), Pékin a promu un discours sur la relation « Sud-Sud » ou « gagnant-gagnant », qui s'intègre de mieux en mieux dans le dispositif général de la *Belt and Road Initiative* (BRI). L'aide chinoise aux partenaires africains prend corps dans le Forum on China-Africa Cooperation (FOCAC). L'aide proposée est présentée

Hérodote, n° 179, La Découverte, 4e trimestre 2020.

comme une alternative au FMI. En réalité, la nature des accords de coopération passés entre la Chine et les États africains reste largement inconnue et échappe au dispositif diplomatique international. Un élément s'en dégage : l'Afrique centrale constitue une cible privilégiée pour ses ressources naturelles, à commencer par la forêt équatoriale primaire [Champonnière et Gabas, 2012]. Le marché forestier est directement passé par les opérateurs chinois avec l'État et ses structures ; bien souvent les pouvoirs municipaux reçoivent leurs consignes de la capitale et ne tirent qu'un bénéfice marginal de ces chantiers forestiers, faute d'y être réellement associés alors que l'exploitation de leur environnement forestier constitue souvent la première ressource économico-politique des pouvoirs locaux. Toute une chaîne du marché du bois se réorganise depuis deux décennies : le Cameroun, le Gabon et le Congo-Brazzaville sont trois exemples archétypaux de cette mutation du commerce de l'okoumé [Michel et Beuret, 2011 ; Karsenty, dans ce numéro][16]. Le marché, longtemps dominé par des entreprises forestières héritées de l'économie coloniale et postcoloniale (à l'image du groupe Rougier, en crise au Cameroun et au Gabon), change de main. Des facilités spécifiques sont accordées aux entreprises chinoises, à l'exemple de zones franches commerciales, comme la zone économique à régime privilégié fondée Nkok (Gabon) qui a pour but de faciliter le marché chinois du bois et son exportation[17]. Ce marché devient tellement important et stratégique qu'à la fin de la décennie 2010 des ONG, à l'image de l'importante Environmental Investigation Agency (EIA) ou de l'ONG gabonaise BrainForest, se penchent sur la question et dénoncent les dimensions politico-économiques qui régissent le secteur du bois[18].

Les mines constituent la deuxième ressource stratégique aux yeux de Pékin avec une cible bien précise : les terres rares, très présentes en RDC,

16. Cette première grande enquête en langue française insiste notamment sur cette économie et sur les aménagements d'État accordés à ce marché et aux entreprises forestières chinoises (avec une étude de cas au Congo-Brazzaville).

17. La zone de Nkok est née d'un partenariat public-privé (PPP) entre l'État gabonais et l'entreprise multisectorielle Olam, très investie dans les affaires économiques stratégiques au Gabon.

18. En 2018, l'ONG Environmental Investigation Agency (EIA) publie un rapport intitulé : « Commerce toxique. La criminalité forestière au Gabon et en République du Congo qui contamine le marché des États-Unis » < https://content.eiaglobal.org/posts/documents/000/000/865/original/Commerce_Toxique-web.pdf?1553482789 > (consulté le 20 juin 2020). L'ONG gabonaise BrainForest est dirigée par Marc Ona Essangui, lauréat du prix Goldman pour l'environnement (2009) et opposant affiché à Ali Bongo. Il convient de rappeler également que, depuis le *Rapport Brazza* de 1905-1907, seulement édité en livre en 2014, le trafic du bois de la forêt primaire équatoriale est au cœur des tractations économico-politiques de la zone, bien avant d'autres matières premières stratégiques.

Hérodote, n° 179, La Découverte, 4e trimestre 2020.

composées de métaux aux propriétés électromagnétiques vitales pour l'industrie numérique (scandium, yttrium et toute la gamme des lanthanides). Si les États-Unis ont dominé le monde de la deuxième moitié du XXe siècle avec leur stratégie pétrolière entre ressources nationales et alliances géopolitiques, la Chine opère une révolution stratégique tout aussi importante dès les premières décennies du XXIe siècle avec la révolution numérique qui dépend de l'exploitation minière des terres rares, partagées entre ressources minières nationales et stratégies économico-géopolitiques [Pitron, 2018]. Dans cette perspective, la RDC occupe une place centrale, entre le Katanga (cuivre et cobalt) et l'est du pays (terres rares). L'exploitation de ces complexes miniers constitue la ressource principale pour le régime Kabila, qui dispose d'un outil (la Gécamines, entreprise nationalisée dès 1966 par Mobutu qui contrôle le marché minier en RDC, et qui est dirigée depuis 2010 par Albert Yuma, proche de Kabila maintenu dans ses fonctions après l'élection de Tshisekedi) et d'une vision stratégique (privilégier le partenariat chinois pour s'émanciper des *majors* occidentales). Cela a notamment conduit à la révision du Code minier en 2018, qui raffermit la souveraineté congolaise pour laisser plus de marge de manœuvre aux responsables politiques congolais face aux sociétés minières. Cette décision se double, en coulisses, de règlements de comptes bien ciblés avec les *majors* minières à l'heure de la crise politico-institutionnelle ouverte depuis 2016. Car seules les très grandes entreprises extractives minières et les multinationales du négoce des matières premières sont capables d'investir au Congo : Glencore, China Molybdenum avec toute la galaxie des déclinaisons minières chinoises en RDC[19], ou des acteurs sud-africains. À partir de 2016, des scandales financiers commencent à mettre en lumière des marchés financiers liés aux mines via des structures complexes : en 2016, les « Lumumba Papers[20] », du nom du cadre de la banque BGFI (Banque Gabonaise et Française Internationale), ont jeté une première lumière crue sur les circuits de financement du pouvoir ; en 2017, les « Paradise Papers[21] » ont servi de base aux investigations de presse qui ont révélé la probable corruption d'élites congolaises en faveur de Glencore via l'intermédiaire Dan Gertler ; en 2019, l'ONG The Sentry publie un rapport sur la banque Kwanza Capital qui permet de déconstruire certains circuits de financement de Kabila. Au fil de ces scandales, on est ainsi passé d'une analyse de la

19. < http://congomines.org/reports/1550-inventaire-des-investissements-chinois-dans-le-secteur-minier-en-rdc > (consulté le 20 juin 2020). Cet inventaire établi pour le WWF date de 2014 et ne traite que du Katanga et du Kasaï-Oriental, pas de l'est du pays.

20. < http ://lumumbapapers. info/> (consulté le 20 juin 2020). Jean-Jacques Lumumba, cadre de la BGFI, est considéré comme le premier lanceur d'alerte du Congo et devient une figure de la lutte contre la corruption en RDC.

21. < https://www.theguardian.com/news/paradise-papers > (consulté le 20 juin 2020).

Hérodote, n° 179, La Découverte, 4e trimestre 2020.

corruption minière « traditionnelle » (à travers l'identification des intermédiaires) à une relecture géopolitique de la gestion de la rente minière dans les années 2010. Les entreprises chinoises ont ainsi pu conduire leur politique d'exploitation de terres rares dans l'est de la RDC tandis que les bénéfices ainsi dégagés par l'État congolais lui ont permis de se maintenir émancipé du jeu d'endettement auprès du FMI et de la Banque mondiale. Ceci explique que la question minière, loin de se résumer à une « privatisation » des ressources stratégiques au bénéfice de grands groupes industriels, est avant tout un segment politico-diplomatique de positionnement tant pour Kinshasa que pour Pékin. Tout l'enjeu est de savoir, avec l'accession de Tshisekedi au pouvoir, dans quelles mesures les acquis miniers chinois en RDC feront l'objet de pressions ou de conflits de la part des États-Unis, qui font actuellement la course aux terres rares (élément essentiel de la souveraineté numérique) derrière la Chine.

Cette révolution économique se conjugue avec des schémas traditionnels dans lesquels le pétrole conserve encore toute son importance dans les économies du golfe de Guinée, à l'image des filiales de Total au Cameroun, au Gabon, au Congo-Brazzaville et en Angola. Mais force est de constater que, d'une part, la courbe de la course au pétrole sur le golfe de Guinée est en train de s'inverser et, d'autre part, que les outils de la diplomatie économique ont profondément muté. L'avenir du cours des matières premières stratégiques, notamment du pétrole, pose la question des finances pour plusieurs pays du golfe de Guinée entre l'effondrement du cours des matières premières stratégiques depuis 2014 et la gestion économique post-COVID. Les anciennes puissances coloniales, longtemps regardées comme les « mains invisibles » de ces économies rentières, n'ont plus grand-chose à voir avec l'époque de l'affaire Elf des années 1990 [Bat, 2012][22]. La nouveauté dans les années 2010 est le rapport de bancarisation des transactions liées aux matières premières, pour conserver une marge de manœuvre sur les fluctuations du cours des matières premières... qui se sont effondrées depuis 2014. Dans cette stratégie, alors que les diplomaties occidentales agissent par la gestion de la dette via le système FMI, la Chine développe un autre modèle. Elle a largement supplanté les anciennes puissances postcoloniales dans les partenariats économiques en Afrique centrale. À titre d'illustration, Pékin est le premier partenaire économique du Cameroun depuis 2013, alors que la mémoire collective continue de croire à tort que la France occupe cette place (avec les secteurs du bois, du pétrole et des

22. À titre d'illustration et contrairement à une idée reçue, les activités les plus importantes de Total sur le golfe de Guinée s'effectuent désormais au Nigeria ou en Angola... et non plus au Cameroun, au Gabon ou au Congo-Brazzaville, anciens fiefs de la Françafrique dans les années 1970-1990.

Hérodote, n° 179, La Découverte, 4e trimestre 2020.

ports qu'elle a hérités de logiques économiques postcoloniales désormais dépassées par de nouveaux enjeux[23]). La Chine s'est imposée dans tous les secteurs (le pétrole, le bois, les infrastructures – dont les ports) et importe massivement ses produits d'usine (appareils électroniques, engins mécaniques, produits manufacturés domestiques, etc.). La balance commerciale pèse avantageusement en faveur de Pékin (151 millions de dollars d'exportations vers la Chine contre 1 046 millions $ d'importations chinoises en 2018[24]). Avec 3 282 milliards de francs CFA de financements chinois entre 2007 et 2017 (soit environ 5 milliards d'euros), la Chine est le premier bailleur de fonds mais aussi le premier créancier du Cameroun selon le ministère camerounais de l'Économie, de la Planification et de l'Arrangement du territoire (MINEPAT[25]). La gestion de la dette chinoise devient un puissant métronome des relations géopolitiques entre Yaoundé et Pékin. L'Exim Bank (Export-Import Bank of China) et la CDB (Chinese Development Bank) constituent les deux outils financiers de l'appareil d'investissement chinois en Afrique. En somme, c'est toute une nouvelle relation géopolitique autour de la dette, en marge du FMI, qui se recompose autour de la stratégie économique de Pékin. Malgré ses discours de modèle alternatif au FMI, Pékin s'est tout simplement transformé en bailleur étatique classique dans une série de relations bilatérales au sein desquelles il impose largement ses conditions géopolitiques. En d'autres termes, derrière l'économie et les projets, la Chine fait de la politique – et nombre de ses partenaires étatiques africains en sont conscients. Au Congo-Brazzaville, la Chine a poussé jusqu'à atteindre les limites de ses intérêts : investi de manière multisectorielle dans l'économie congolaise, Pékin est allé jusqu'à ouvrir la Banque sino-congolaise pour l'Afrique (COBAC) à Brazzaville qui s'est rêvé en épicentre financier de la Chine sur le continent. Mais la chute structurelle du cours des matières premières depuis 2014 fragilise la logique, engagée depuis les années 1970, de prêts « gagés » sur les richesses pétrolières du Congo. Dès lors, la question se pose en 2018-2019 de savoir si c'est au FMI de trouver une solution aux dettes contractées massivement auprès de la Chine par le Congo, ou au Congo et à la Chine d'assumer leur relation ? Pour les États-Unis, la réponse est évidemment non : le FMI ne doit pas payer pour l'endettement chinois. De leur

23. Dans cette même logique la Russie devient à la fin des années 2010 l'un des principaux partenaires économiques du Cameroun en matière de gaz naturel liquéfié (notamment via Gazprom et Lukoil).

24. Rapport de la DG Trésor (2018), « La Chine, premier partenaire économique du Cameroun, est également son premier créancier ».

< https://www.tresor.economie.gouv.fr/Articles/2018/10/04/la-chine-premier-partenaire-economique-du-cameroun-est-egalement-son-premier-creancier > (consulté le 20 juin 2020).

25. *Ibid.*

Hérodote, n° 179, La Découverte, 4e trimestre 2020.

côté, le FMI et le Club de Paris entendent faire du dossier congolais un exemple de bonne volonté, pour éviter que ne se sanctuarisent deux logiques de dettes concurrentielles en Afrique centrale : l'une auprès du FMI, l'autre auprès de la Chine[26]. Ainsi, pour la première fois, les limites politiques de l'aide chinoise se font-elles sentir en Afrique centrale, sans qu'aucun acteur ne veuille réellement le souligner publiquement tant cela interroge les soubassements des mutations géopolitiques des années 2010.

Nouvelles dynamiques diplomatiques en Afrique centrale

La fin des années 2010 a vu une recomposition du paysage diplomatique international : la Chine a symboliquement obtenu pour la première fois de son histoire le poste d'envoyé spécial de l'ONU pour les Grands Lacs, avec la nomination de Huang Xia en 2019. Tout l'enjeu dans la recomposition de la grammaire diplomatique internationale est de savoir jusqu'à quel point la concurrence économico-stratégique se traduit en actions politiques. Ce levier réside finalement plus entre les mains des pouvoirs d'Afrique centrale que des systèmes diplomatiques étrangers. Car, en creux, il pose la question des points d'observation que vont retenir en Afrique centrale la « communauté internationale » et/ou les partenaires étrangers dans une relation bilatérale. L'exemple des élections congolaises montrent bien que l'acceptabilité du scrutin n'est pas tant due aux injonctions onusiennes et occidentales qu'à la recomposition d'une modernité diplomatique en Afrique centrale (ce n'est d'ailleurs pas un hasard si cette modernité a incubé en Angola, qui a préalablement renversé les termes de sa relation économique avec son ancienne métropole angolaise). C'est toutefois vers les Grands Lacs, avec la question de l'est de la RDC et des tensions entre Museweni et Kagame, que se tournent les regards ; c'est là que se joue un certain équilibre géopolitique, qui affectera tous les acteurs africains mais également étrangers dans la sous-région. La question de l'arène de dialogue diplomatique (médiations africaines, rôle de l'envoyé spécial de l'ONU, etc.) est au cœur des politiques diplomatiques pour la décennie 2020. Aux tensions politiques s'ajoutent des stratégies d'intégration économique concurrentes, quoique adossées sur les enjeux économico-politiques

26. Le gouvernement congolais, conscient de ses atouts et de ses faiblesses, contacte Dominique Strauss-Kahn et Matthieu Pigasse (Banque Lazard) pour trouver une solution et aboutir à un accord de restructuration de la dette avec le FMI ; tandis que le Cameroun et le Gabon rappellent que si le Congo s'effondre, c'est toute la zone CEMAC (Communauté économique et monétaire de l'Afrique centrale) qui est menacée et les efforts de ses partenaires compromis.

Hérodote, n° 179, La Découverte, 4e trimestre 2020.

de l'est de la RDC : Kampala et Kigali constituent deux centres économiques régionaux concurrentiels[27].

Parmi les frontières du débat diplomatique, la question économico-politique de la dette des pays d'Afrique centrale riche en matières premières stratégiques – à la triple croisée entre les processus de négociation en cours avec le FMI, la stratégie économique chinoise et la gestion post-COVID – constitue un horizon immédiat. Mais loin de se jouer seulement à New York ou à Pékin, la question financière est appropriée par les présidents africains : il ne s'agit pas pour eux, contrairement à une idée reçue, de choisir un modèle contre un autre mais bien de tracer leur voie géopolitique dans une grammaire internationale en cours de recomposition. De ce point de vue, loin de tourner une page, le virage électoral des années 2017-2018 entre Luanda et Kinshasa ne constitue qu'une étape dans l'évolution des pouvoirs africains à l'épreuve des relations internationales, dans lesquelles la frontière entre *soft* et *hard power* se brouille. Ce sont désormais plus des « chaînes de valeur » que les acteurs diplomatiques étrangers peuvent mettre dans la balance des transactions géopolitiques avec les pays d'Afrique centrale, qui recomposent à leur hauteur une importante part des relations. La question est de savoir quelle nature de partenariat permettra de conférer à la transaction (diplomatique, politique, économique, voire culturelle) avec l'extérieur une plus-value, vue des capitales africaines. Loin d'être un choix exclusif malgré les effets de pression des acteurs étatiques ou privés étrangers, cette géopolitique est en cours de recomposition avec une modernité plus grande qu'il n'y paraît, à l'image du potentiel de développement des réseaux bancaires en Afrique centrale dans les décennies à venir... qui sont des indices à l'avant-garde des orientations stratégiques étatiques.

Bibliographie

BAT J.-P. (2012), *Le Syndrome Foccart. La politique française en Afrique de 1959 à nos jours*, Paris, Gallimard.

CHAMPONNIÈRE J.-R. et GABAS J.-J. (dir.) (2012), *Le Temps de la Chine en Afrique*, Paris, Karthala.

CHAUVIN E. (2018), « La Centrafrique, ventre mou de l'Afrique centrale. La recomposition des échanges régionaux par la guerre », *Afrique contemporaine*, n° 267-268, p. 89-111.

27. Ainsi, Kigali fait le pari de s'imposer en « hub » économique régional voire continental en s'inspirant des places fortes financières asiatiques et en globalisant ses outils (partenariats économiques et financiers internationaux, Air Rwanda, nouvelles technologies au service des circuits financiers, « climat des affaires », domiciliation d'entreprises internationales, captation des nouveaux acteurs néolibéraux, etc.).

Hérodote, n° 179, La Découverte, 4e trimestre 2020.

COCKETT R. (2016), *Sudan. The Failure and Division of an African State*, Yale University Press.

DELANOË I. (2017), « La puissance par la coercition. Le *hard power* russe à l'épreuve du Moyen-Orient », *Hérodote*, n° 166-167, p. 243-260.

DULLIN S. (2014), *La Frontière épaisse. Aux origines des politiques soviétiques (1920-1940),* Paris, EHESS.

GÉROLD G. (2014), « Suivi national des engagements souscrits dans l'accord-cadre d'Addis-Abeba du 24 février 2013 : état des lieux », *Les Cahiers d'Afrique de l'Est. The East African Review*, p. 87-105.

MAMDANI M. (2001), *When Victims Become Killers. Colonialism, Nativism and the Genocide in Rwanda*, Princeton University Press.

MARTEN K. (2019), « Russia's use of semi-state security forces : the case of the Wagner Group », *Post-Soviet Affairs*, vol. 35, n° 3, p. 181-204.

MAUSSION E. (2019), *La Dos Santos Company. Mainmise sur l'Angola*, Paris, Karthala.

MESSIANT C. (2009), *L'Angola post-colonial. Sociologie politique d'une oléocratie*, Paris, Karthala.

MICHEL S. et BEURET M. (2011), *La Chinafrique. Pékin à la conquête du continent noir*, Paris, Hachette.

PÉROUSE DE MONTCLOS M.-A. (2019), « La politique de la France au Sahel. Une vision militaire », *Hérodote*, n° 172, Paris, La Découverte, p. 137-152.

PITRON G. (2018), *La Guerre des métaux rares. La face cachée de la transition énergétique et numérique*, Paris, Les liens qui libèrent.

REID R. (2017), *A History of Modern Uganda*, Cambridge University Press.

SCHUBERT J. (2017), *Working the System. A Political Ethnography of the New Angola,* Cornell University Press.

STEARNS J. (2011), *Dancing in the Glory of Monsters. The Collapse of the Congo and the Great War of Africa*, New York, PublicAffairs.

THEMNER A. (dir.) (2017), *Warlord Democrats in Africa. Ex-Military Leaders and Electoral Politics*, ZED.

VIRCOULON T. (2020), *Note de l'IFRI : Écosystème des groupes armés en Centrafrique*, avril 2020 (rédigée en octobre 2018).

Hérodote, n° 179, La Découverte, 4e trimestre 2020.

Géopolitique des forêts d'Afrique centrale

Alain Karsenty[1]

Les six pays forestiers d'Afrique centrale de l'espace COMIFAC (Commission des forêts d'Afrique centrale), appelés parfois improprement pays du Bassin du Congo par de nombreux auteurs anglo-saxons, abritent l'un des plus grands massifs de forêt dense humide de la planète (après le bassin amazonien) et la plus grande zone de tourbière tropicale au monde, sous une vaste forêt marécageuse à cheval entre le Congo Brazzaville et la République démocratique du Congo (RDC). Autour de cette cuvette centrale se déploie une forêt dense humide, plus ou moins fragmentée du fait de dégradations essentiellement d'origine anthropique. Au nord et au sud de cet espace s'étalent des forêts sèches avec des arbres moins hauts. Puis viennent des mosaïques de forêts et de savane, et enfin des savanes arborées qui couvrent de vastes surfaces au nord du Cameroun, au sud de la RDC et en République centrafricaine (RCA).

Une déforestation qui s'accroît

Ces six pays (RDC, Gabon, Cameroun, Congo, RCA et Guinée équatoriale) abritent environ 160 millions d'hectares de forêts denses humides. Les forêts de l'Afrique subsaharienne représenteraient 10 à 20 % du stock de carbone végétal mondial. Longtemps, la sous-région a été caractérisée par un fort couvert forestier et une faible déforestation. Ceci était lié à la faible densité démographique des régions forestières[2] et au manque d'attractivité des pays, tant du point de

1. Chercheur économiste au Cirad (Centre de coopération internationale en recherche agronomique pour le développement).

2. Voir notamment l'analyse de Pourtier [1986] pour le Gabon.

Hérodote, n° 179, La Découverte, 4e trimestre 2020.

CARTE 1. – CARTE DES FORÊTS DENSES D'AFRIQUE CENTRALE

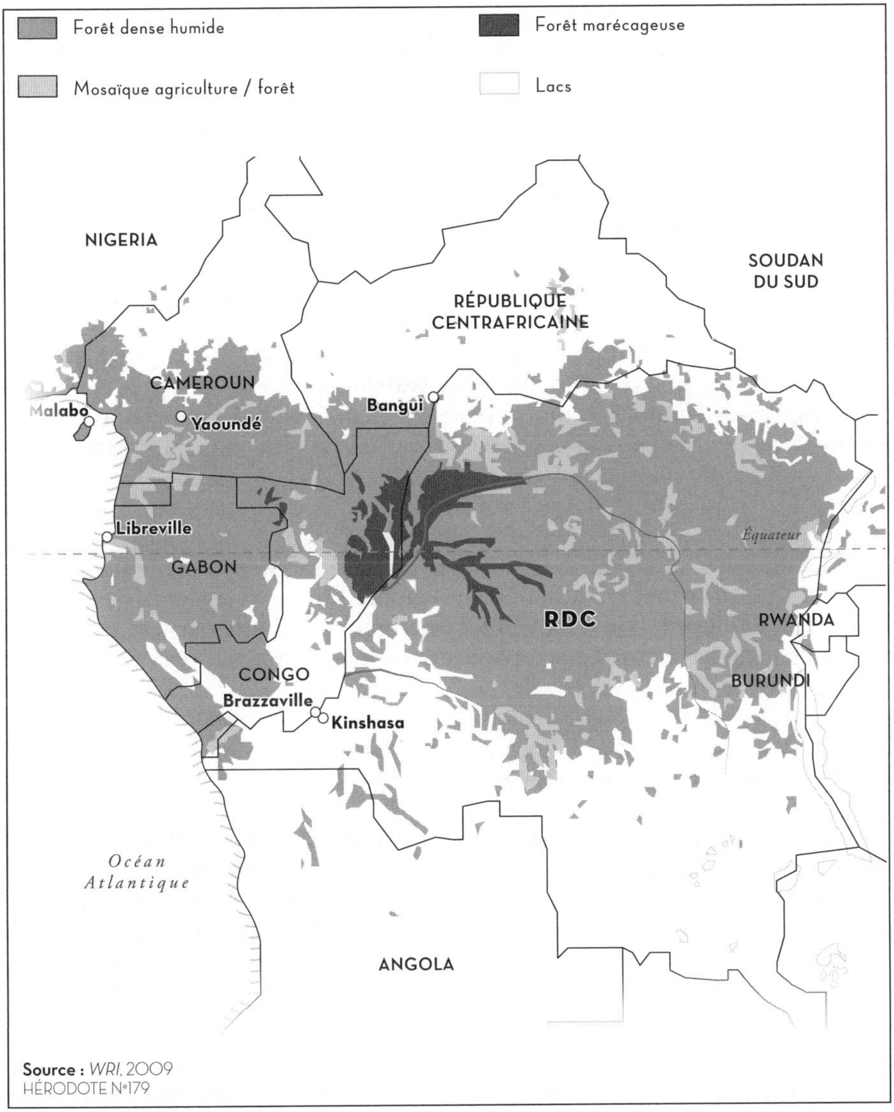

Source : WRI, 2009.

Hérodote, n° 179, La Découverte, 4e trimestre 2020.

vue des infrastructures de transport que des coûts de transaction associés à la conduite des affaires. Cette situation a pris fin dans les années 2010 du fait de l'envolée de la déforestation en RDC, le pays qui avec près de 100 millions ha abrite plus de 60 % des forêts denses de la sous-région. Selon les données de Global Forest Watch[3], alors qu'au début des années 2000 la perte brute de forêts primaires[4] était en moyenne de 150000 ha par an, elle est d'environ 450000 ha par an depuis 2014. La RDC est devancée seulement par le Brésil. Si l'on regarde la perte de couvert arboré, c'est-à-dire en incluant les formations boisées au-delà des seules forêts primaires, la RDC perd bien plus de 1 million ha par an depuis 2014.

Comme l'immense majorité de ces pertes de couvert est liée à l'agriculture itinérante, une bonne partie de ces surfaces déboisées va bénéficier d'un recrû forestier durant la période de jachère. Mais cette période tend à diminuer avec l'augmentation démographique et la contrainte liée à l'occupation des terres par d'autres activités. Cette diminution accélère la transition des forêts vers des écosystèmes à faible diversité et teneur en carbone.

En 2020, la FAO indique que l'Afrique affiche le taux annuel de perte forestière nette[5] le plus élevé sur la période 2010-2020, et que ces pertes s'accroissent depuis 1990, alors que les autres régions du monde connaissent une évolution inverse. L'Afrique devient donc le continent de la déforestation, et l'Afrique centrale avec l'immense RDC, un des emblèmes de cette évolution. L'autre caractéristique de l'Afrique centrale est que la déforestation est essentiellement liée à une petite agriculture, majoritairement vivrière (même si les petits producteurs de palmier à huile sont de plus en plus nombreux au Cameroun), et peu liée au développement de l'agrobusiness pour la production de plantes pérennes (cacao, hévéa, palmier à huile...).

La querelle autour des « moteurs » de la déforestation

Les analyses des facteurs de la déforestation ont été nombreuses ces dernières années, notamment sur la RDC. L'un des enjeux était de faire la part des choses entre les rôles directs et indirects de l'exploitation forestière industrielle et les différentes formes d'agriculture. Plusieurs ONG, souvent anglo-saxonnes comme Rainforest Foundation ou Greenpeace, mettent régulièrement en avant la

3. < www.globalforestwatch.org/>.

4. C'est-à-dire, selon la FAO, de forêts composées d'espèces indigènes dans lesquelles aucune trace d'activité humaine n'est clairement visible et où les processus écologiques ne sont pas sensiblement perturbés.

5. Une fois la reforestation naturelle ou par plantation prise en compte.

Hérodote, n° 179, La Découverte, 4e trimestre 2020.

SCHÉMA 1. – PERTE BRUTE DE COUVERT ARBORÉ EN RDC

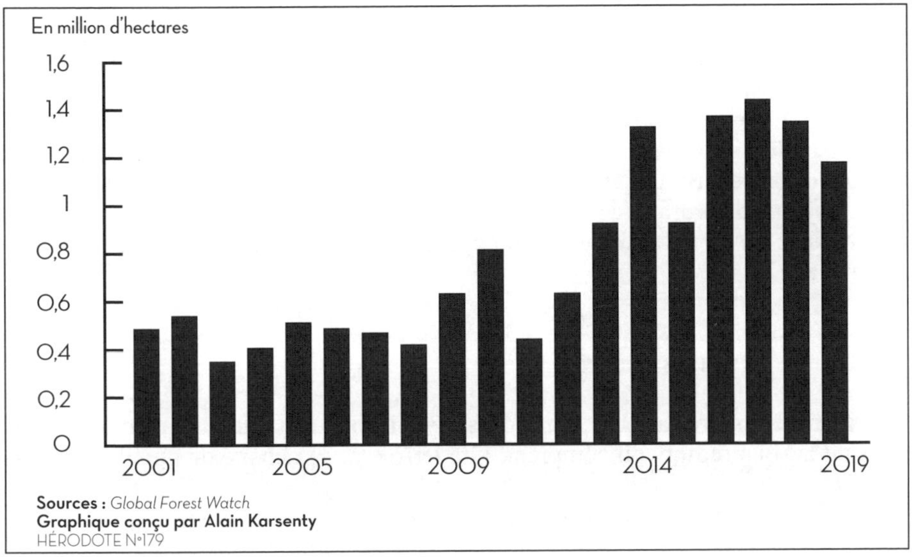

Source : d'après les données de Global Forest Watch.

responsabilité des concessions forestières dans la déforestation et la dégradation. Du fait des prélèvements extrêmement sélectifs liés aux coûts de transport élevés, l'exploitation industrielle prélève rarement plus d'un à trois arbres par hectare et ne joue donc pas de rôle direct dans la déforestation. En revanche, du fait des routes et des pistes forestières qu'elle engendre, ainsi que de l'impact des concentrations de populations associées à l'industrie du bois, le rôle indirect des concessions forestières est souvent mis en cause. Chaque étude sur les causes et les moteurs de la déforestation est donc l'objet d'enjeux d'interprétation. Leurs conclusions sont pourtant largement convergentes.

L'étude la plus complète est sans doute celle de Defourny *et al.* [2011] sur la RDC. Les auteurs identifient des « complexes ruraux » (mosaïque de jachères forestières, jardins de case, cultures vivrières et plantations villageoises) et concluent que l'expansion des activités de subsistance (agriculture itinérante sur brûlis et collecte de bois de feu) a été la principale cause directe de la déforestation et de la dégradation des forêts, activités qui sont en forte corrélation avec la répartition spatiale de la population. On peut y lire notamment que « la présence d'une concession forestière et d'exploitations minières ne semble pas jouer un rôle dans

Hérodote, n° 179, La Découverte, 4e trimestre 2020.

la déforestation/dégradation, du moins aux échelles nationales et sous-nationales étudiées » et que « c'est avant tout l'importance de la population présente qui détermine la quantité de forêts affectées par la déforestation et la dégradation. Ces résultats très clairs contredisent plusieurs études plus locales qui ont souvent mis en avant la distance aux routes et l'importance des flux associés aux routes comme cause première de déforestation ». Des études ultérieures [Molinario *et al.*, 2015] ont mis en lumière ce que les auteurs nomment des « perforations » qui débordent de ces complexes ruraux et s'étendent sur la forêt primaire au rythme de 1 % par an. L'objectif des ruraux est également de se constituer, par le déboisement, des patrimoines fonciers familiaux d'autant plus importants que le nombre d'enfants par ménage est élevé.

La RDC et les autres

Si l'on compare la RDC, au moins 85 millions d'habitants, avec les autres pays de la sous-région, on comprend vite le rôle de la densité de population dans

SCHÉMA 2. – PERTES DE COUVERT ARBORÉ DANS LES 6 PAYS FORESTIERS D'AFRIQUE CENTRALE EN 2019

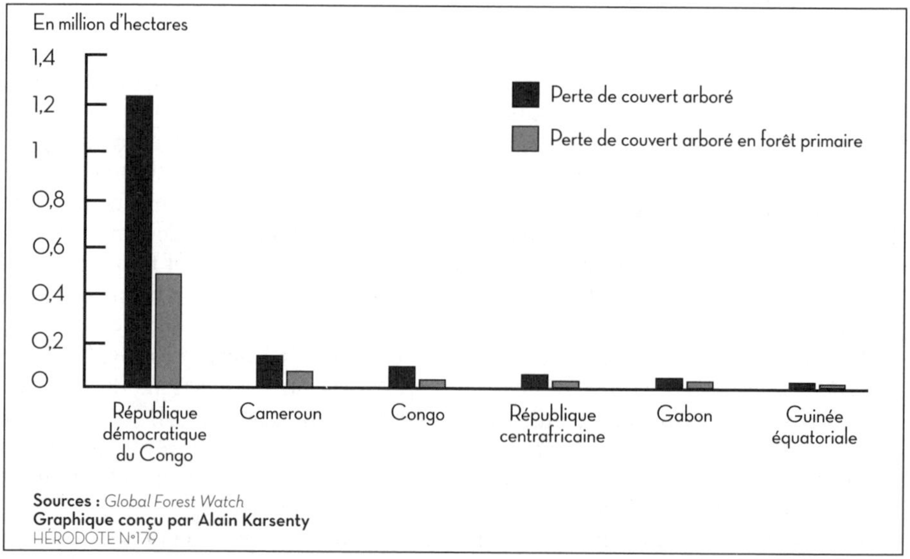

Source : selon les données de Global Forest Watch.

Hérodote, n° 179, La Découverte, 4e trimestre 2020.

les niveaux de déforestation. Derrière le Cameroun et ses 25 millions d'habitants, aucun des autres pays ne dépasse les 5,5 millions d'habitants, avec, en outre, une forte concentration dans les zones urbaines au Gabon et au Congo. Le Gabon est un des rares pays au monde à avoir connu une expansion de son couvert forestier entre 2010 et 2015 du fait des dynamiques naturelles et non des plantations. C'est pourtant aussi le pays où les concessions occupent, en proportion, le plus de surfaces boisées[6] et dans lequel la production industrielle de bois est la plus élevée. On comprend ainsi que le rôle indirect des concessions dans la déforestation (désenclavement des massifs facilitant le déboisement ultérieur par l'agriculture) dépend de la densité et de l'intensité de l'activité agricole des populations.

L'improbable gestion communautaire des forêts

Les ONG environnementales précédemment citées dénoncent régulièrement l'exploitation industrielle du bois et le système des concessions forestière comme des legs de l'époque coloniale, piliers d'une « Françafrique » qui se perpétuerait, aux dépens des populations locales et de l'environnement[7]. L'alternative proposée par ces organisations et différents mouvements de la société civile africaine est celle des « forêts communautaires », certains proposant qu'elles puissent produire du bois d'œuvre, d'autres insistant pour que seule l'exploitation de produits non ligneux soit autorisée.

Des forêts communautaires ont été institutionnalisées au Cameroun depuis le milieu des années 1990, sur les conseils, notamment, de la Banque mondiale. Comme souvent en pareil cas, les schémas proposés pour cette institutionnalisation ne tiennent pas compte des trajectoires historiques propres des formations sociales, en particulier des relations qui se sont tissées entre l'État et les différentes strates de la société autour de la forêt, source séculaire de rentes et objet d'alliances multiples. En Afrique, le discours sur la « communauté villageoise » masque la réalité de l'appropriation des espaces-ressources par des groupes familiaux aux contours plus ou moins larges. Les villages, socle institutionnalisé des « forêts communautaires », sont souvent des créations induites par l'action coloniale, à travers le regroupement de populations le long des routes pour faciliter le contrôle et collecter l'impôt.

6. Environ 70 % de la surface de forêts dense gabonaise est sous concession forestière.

7. Le déclin des réseaux « françafricains » ont cependant été bien analysés, notamment par Glaser [2014]. Dans le secteur forestier, il ne reste en 2020 que trois entreprises françaises d'exploitation forestière de taille significative dans la sous-région, les autres sont notamment suisses, italiennes, africaines et, surtout, asiatiques.

Hérodote, n° 179, La Découverte, 4e trimestre 2020.

Mais le problème vient surtout de ce qui est projeté sur le supposé « esprit communautaire ». Comme le notait Bayart [1989], on a trop souvent assimilé en Afrique logiques communautaires (les activités et l'appropriation des ressources sont individualisées mais l'accès à l'espace, support de ces ressources, est socialisé dans des cadres communautaires) et sociétés « holistes » à comportement collectif[8].

Une « capture par les élites » favorisée par des réglementations absurdes

Les projets environnementaux redécouvrent régulièrement le comportement « individualiste » des populations locales. De fait, l'expérience des forêts communautaires au Cameroun, enlisées dans la « politique du ventre », s'est avérée profondément décevante. La fameuse « capture par les élites » a joué à plein, favorisée par une réglementation absurde qui impose des contraintes techniques et des charges financières qui rendent illusoire toute autonomie des forêts communautaires. Les forêts communautaires ont servi à « blanchir » du bois illégal, avec la complicité active d'agents des Eaux et Forêts qui trafiquaient les résultats d'inventaires avec des volumes fictifs. Au Gabon, des forêts communautaires ont été constituées dans les années 2010. Elles sont pratiquement toujours données en « fermage » à des exploitants forestiers, contre paiement d'une rente. Le statut de forêts communautaires a surtout permis d'éviter des ventes de terres par les chefs coutumiers, lesquels outrepassent fréquemment leur attribution de gestionnaires du patrimoine foncier commun et se comportent en propriétaires n'ayant pas à rendre de comptes [Bassalang et Acworth, 2020].

Alors qu'au Cameroun et au Gabon les forêts communautaires sont limitées à 5 000 ha et que la propriété n'est pas transférée aux communautés, en RDC les chefs coutumiers, aidés par plusieurs ONG, sont parvenus à influencer le législateur. Les Concessions forestières des communautés locales (CFCL) peuvent aller jusqu'à 50 000 ha et sont, selon un décret de 2014, un « bien indivisible de la communauté locale tout entière » et ce de manière définitive. La communauté se caractérise par des « liens de solidarité clanique ou parentale » et « son attachement à un terroir déterminé », et non par son identification à un village

8. Ph. Hugon [1992, p. 59-60] résumait parfaitement, et simplement, la question en ces termes : « La caractéristique des sociétés africaines est à la fois celle de très fortes contraintes sociales limitant les libres arbitres et interdisant une vision utilitariste et également des stratégies économiques fortement individualisées caractérisées par la mobilité, l'"exit option", et la grande flexibilité des pratiques économiques limitant les effets de structure privilégiés par l'anthropologie. »

Hérodote, n° 179, La Découverte, 4e trimestre 2020.

(contrairement à ce que prévoit la législation camerounaise). Cette mise en avant des relations claniques aux dépens du lieu de résidence marque la reconnaissance de l'influence politique et sociale des chefs coutumiers. L'expérience de mise en place de ces CFCL ne fait que commencer en RDC et il est trop tôt pour un bilan.

Une vague d'agrobusiness annoncée mais toujours attendue

À la fin des années 2000, le phénomène d'« accaparement des terres » a capté l'attention des médias internationaux. Si l'achat de terres arables à Madagascar par Daewoo Logistics a conduit à une contestation populaire qui a débouché sur un changement de régime et fait échouer l'opération, les regards se sont rapidement portés sur le reste de l'Afrique et notamment les zones forestières d'Afrique centrale où les conditions climatiques propices au développement du palmier à huile devaient attirer les investisseurs asiatiques.

De grandes entreprises, notamment malaisiennes et chinoises mais aussi sud-africaines et américaines, ont annoncé de nombreux accords avec plusieurs pays d'Afrique centrale. Des millions d'hectares devaient être développés, dont un projet de 2,8 millions ha de palmier à huile en RDC annoncé comme « acquisition » par différents médias au profit de la firme chinoise de télécommunication ZTE. La firme a bien obtenu des terres en RDC et a signé, en 2007, avec le gouvernement de Kinshasa une convention pour une première tranche de 100 000 ha. Rapidement, les managers comprirent que les coûts de transport liés au déficit d'infrastructures ne permettraient pas une exportation rentable d'huile de palme. Le projet resta moribond et, en lieu et place des 100 000 ha prévus, ZTE établit une ferme de 256 ha produisant des poulets et du maïs. Cet exemple est assez emblématique de l'écart entre les intentions, les annonces et les réalisations d'investissements étrangers dans le foncier agricole en Afrique centrale. Certains investissements se sont bien concrétisés, mais à des échelles relativement modestes. C'est le cas des locations de terres agricoles par des fermiers blancs sud-africains dans la région du Niari au Congo. Ces investissements de précaution face aux risques de réforme agraire en Afrique du Sud ont débouché sur l'installation de 28 familles qui devaient cultiver du maïs et d'autres céréales sur 48 000 ha pour approvisionner les marchés locaux. Comprenant qu'ils n'obtiendraient jamais les titres de propriété qu'ils espéraient et ne disposant pas des ressources financières nécessaires à la mise en exploitation des terres qui leur avaient été attribuées, vingt familles ont abandonné leurs parcelles. Les huit restantes ont créé une nouvelle entreprise sur une concession agricole de taille plus modeste [Favrot et Dorier, 2016].

Hérodote, n° 179, La Découverte, 4e trimestre 2020.

Résistances paysannes, réticences gouvernementales

D'autres sociétés, comme Herakles Farms (capitaux étasuniens) au Cameroun ou Atama Plantations (Malaisie) au Congo, toutes deux tournées vers le palmier à huile, ont également vu les surfaces qui leur étaient initialement attribuées très fortement réduites, suite à des oppositions paysannes et d'ONG. Les gouvernements nationaux et locaux sont loin d'être insensibles à de telles oppositions. Les conflits avec les populations ont conduit au quasi-arrêt des activités de ces deux sociétés. Au Cameroun, sans doute plus que dans les pays voisins moins densément peuplés, le foncier rural est un enjeu social majeur. Les grandes sociétés renoncent souvent à l'exploitation en régie (à l'exception d'un cœur de taille limitée autour de l'usine) pour s'approvisionner dans le cadre d'une agriculture contractualisée où la production est sous-traitée à des petites ou moyennes exploitations. Les 144 000 ha de plantations de palmier[9] de la société Olam au Gabon constituent une exception notable dans ce paysage contrasté ; mais cette société joue un rôle économique et politique déterminant auprès du pouvoir gabonais, rôle sur lequel nous reviendrons.

Comme le souligne Bräutigam [Bräutigam et Zhang, 2013], les gouvernements africains et les citoyens ne sont pas passifs vis-à-vis de ces investissements étrangers. Ils facilitent, s'associent ou s'opposent, et les gouvernements veillent à garder la main pour le contrôle du foncier en scrutant les réactions des populations locales. En revanche, la concentration du foncier et son passage d'un régime d'accès communautaire à un accès privatisé sont un phénomène en plein développement, notamment au Cameroun et en RDC. Des fonctionnaires ou des hommes d'affaires font jouer leurs liens familiaux pour obtenir, moyennant finance, des terres de la part des chefs coutumiers ou de certaines familles, et tentent ensuite de régulariser ces acquisitions informelles. L'accaparement des terres est avant tout une affaire domestique.

Les concessions forestières changent de main

Début 2018, la branche Afrique du Groupe Rougier annonce son dépôt de bilan. Entreprise familiale, la société Rougier fondée en 1923 à Niort est une des plus anciennes et des plus importantes sociétés exploitant du bois en Afrique. Ses premières exploitations d'okoumé ayant commencé dans les années 1950 au Gabon, elle est également présente au Cameroun, au Congo et en RCA. La surface totale

9. Plantations en cours de développement.

Hérodote, n° 179, La Découverte, 4e trimestre 2020.

détenue en concession par le groupe Rougier s'élevait à plus de 2,3 millions ha et il employait 3000 salariés, essentiellement en Afrique.

Les raisons indiquées par la direction du groupe pour ce dépôt de bilan renvoient à des problèmes connus et qui sont communs à l'ensemble de la filière exportatrice. À l'engorgement du port de Douala d'où partent les produits bois de la plupart des entreprises du Cameroun (mais aussi du Congo et de la RCA) après un long acheminement en train ou en camion, s'ajoutent les retards croissants de remboursement de la TVA aux exportateurs par les États d'Afrique centrale. D'autres sociétés forestières européennes ont dû céder une partie de leurs actifs. Le Groupe Wijma Cameroun, à capitaux hollandais, a dû céder en 2017 à Vicwood SA, dont le siège est à Hong Kong, quatre de ses cinq concessions forestières au Cameroun et a fini par quitter le pays. La société italienne Cora Wood SA, fabricant réputé de contreplaqué établi au Gabon, a dû céder une de ses concessions à une société chinoise pour éponger ses dettes.

Les concessionnaires européens, jadis incontournables dans l'exploitation et l'industrie du bois africain, cèdent peu à peu leurs actifs aux investisseurs asiatiques. Si les opérateurs malaisiens sont présents en Afrique centrale depuis le milieu des années 1990 [Debroux et Karsenty, 1997], des entreprises chinoises sont entrées en force dans la filière depuis les années 2000. Ces exploitants disposent de capitaux importants et les marchés sur lesquels ils opèrent acceptent des qualités parfois inférieures à celles que demandent les acheteurs européens. Ceci leur permet d'exploiter une gamme plus large d'essences que leurs homologues européens.

La montée en puissance de ces opérateurs asiatiques dans l'industrie forestière fait écho à celle que l'on observe dans les autres secteurs économiques en Afrique. Elle correspond aussi à l'évolution des flux commerciaux, avec des exportations de bois africain qui se destinent de moins en moins à l'Europe et de plus en plus à l'Asie. La Chine vient en tête, mais l'Inde et le Vietnam accroissent rapidement leurs achats. Les opérateurs européens se demandent néanmoins s'ils jouent bien à armes égales avec certains de leurs compétiteurs asiatiques.

La certification de la gestion forestière, dernier recours des entreprises européennes ?

Les grandes entreprises européennes se sont progressivement conformées aux normes légales en élaborant des plans d'aménagement forestiers, devenus obligatoires avec les nouvelles générations de lois forestières apparues dans les années 1990-2000. Une partie d'entre elles est allée plus loin, en adoptant une certification

Hérodote, n° 179, La Découverte, 4e trimestre 2020.

forestière exigeante, le FSC (Forest Stewardship Council). Ce label est important pour gagner ou conserver des parts sur certains marchés occidentaux sensibles aux questions environnementales (en Europe du Nord, notamment) et espérer un prix d'achat plus élevé pour les bois ainsi labellisés.

La certification constitue donc un investissement, et pousse les entreprises à s'autoréguler pour ne pas perdre le label. Or, mis à part la société Olam qui a racheté en 2011 à une société danoise une grande concession déjà certifiée au Nord Congo, aucun opérateur à capitaux asiatiques n'a cherché sérieusement, jusqu'à présent, à obtenir le label FSC. Et nombre d'entre eux n'ont pas préparé ou ne mettent pas en œuvre de plan d'aménagement. Des entreprises asiatiques sont souvent pointées du doigt pour des activités illicites. En 2018-2019 au Gabon l'exploitation et l'exportation illégale du kévazingo, une essence de haute valeur, ont défrayé la chronique. Les sanctions prises par les administrations à l'encontre de ces pratiques illicites, sans être inexistantes, ne sont guère dissuasives: il est rare qu'un contrat de concession soit annulé ou que de très fortes amendes soient prononcées. L'exportation des bois, transformés ou bruts, en containers inspectés de manière aléatoire facilite les trafics. L'application sporadique et parfois aléatoire des lois est en partie à l'origine des différences de profitabilité entre entreprises asiatiques et la plupart des entreprises européennes. Si les bois certifiés sont vendus plus cher sur certains marchés sensibles, une bonne partie des bois labellisés s'écoule à prix courant sur les autres marchés. Et, dans ce cas, l'investissement dans la certification n'est pas rentable.

Le retrait de plusieurs entreprises européennes est aussi associé à un recul de la certification FSC. Rougier et Wijma au Cameroun représentaient 700000 ha de concessions certifiées. Parmi les sociétés chinoises qui, maintenant, dominent la filière en Afrique centrale, on doit distinguer celles à capitaux d'État[10] et les entreprises privées, souvent constituées par d'anciens employés des entreprises d'État chinoises opérant dans l'économie forestière au Gabon. Le gouvernement de Pékin est de plus en plus attentif à l'image renvoyée par les activités d'exploitation des ressources naturelles par des sociétés chinoises, notamment en Afrique. La Chinese State Forestry Administration a publié dès 2007 des directives à destination des entreprises forestières opérant à l'étranger, afin que celles-ci se conforment aux lois et règlements locaux. On pourrait donc penser que les sociétés avec des capitaux d'État chinois se dirigeraient à plus ou moins brève échéance vers des certifications de légalité ou de « bonne gestion forestière » (type FSC),

10. Comme SBL, ex-société familiale française du Gabon rachetée il y quelques années, ou Sunry-Sunly dans ce même pays, filiale de COFCO China National Cereals, Oils and Foodstuffs Corporation, vaste conglomérat.

Hérodote, n° 179, La Découverte, 4e trimestre 2020.

d'autant que ces entreprises réexportent souvent vers l'Europe ou l'Amérique du Nord une partie du bois africain transformé en Chine. Mais cette volonté d'amélioration de la réputation des sociétés sous l'influence de Pékin se heurte à une pratique bien connue dans la foresterie en Asie, celle de la mise en sous-traitance « par appartement » des concessions forestières à des petites entreprises privées (généralement chinoises elles aussi). L'intérêt de ces sous-traitants, rémunérés sur la base des volumes qu'ils livrent au détenteur de la concession (avec des primes pour les volumes livrés en sus du quota minimum), est de couper du bois le plus rapidement possible et au moindre coût. Difficile, dans ces conditions, de respecter un plan d'aménagement ! La certification FSC d'entreprises asiatiques interviendra donc peut-être moins rapidement qu'escompté.

Les conglomérats asiatiques à la manœuvre

Le fait que plusieurs de ces sociétés, comme Olam ou Sunry-Sunly, soient des filiales de puissants conglomérats agricoles laisse aussi entrevoir des scénarios inquiétants pour la forêt d'Afrique centrale. En Asie du Sud-Est, les forêts ont d'abord été surexploitées par des entreprises forestières ne respectant pas les normes légales d'aménagement. Puis, ces espaces boisés dégradés ont été progressivement convertis, par d'autres entreprises mais faisant partie des mêmes conglomérats, en champs de palmiers à huile ou en plantations d'arbres à croissance rapide. Il est probable que certains acteurs économiques ont en tête le même scénario pour l'Afrique centrale. Au Congo, le gouvernement a décidé de constituer une filière cacao dans le nord du pays, et prévoit que ces plantations seront réalisées à l'intérieur des concessions forestières, dans des zones « communautaires » destinées à diverses activités agricoles. L'immense concession de la Congolaise Industrielle du Bois (2 millions ha), filiale du conglomérat agricole Olam, est la première concernée.

Le cas d'Olam au Gabon est suffisamment intéressant pour s'y attarder. Cette multinationale d'agrobusiness dont le siège est à Singapour a été constituée en 1989 par des membres de la diaspora indienne. Elle occupe dorénavant une place déterminante dans l'économie du Gabon et joue un rôle essentiel dans la stratégie d'« émergence » du gouvernement. Olam est entré au Gabon comme concessionnaire forestier ; il a ensuite été l'opérateur de la zone économique spéciale (ZES) de N'Kok, zone franche près de Libreville destinée à accueillir des industries de transformation du bois. Pour convaincre des industriels de venir s'établir dans la ZES, le gouvernement gabonais a chargé Olam de leur procurer des forêts pour approvisionner leurs usines.

Hérodote, n° 179, La Découverte, 4e trimestre 2020.

Olam a ainsi obtenu en concession jusqu'à deux millions d'hectares au Gabon, puis il a directement « rétrocédé » l'ensemble de ces surfaces à différents opérateurs ayant investi dans la ZES. Olam a ensuite recueilli, en gré à gré, de nouvelles surfaces forestières abandonnées par des entreprises n'ayant pas survécu à l'interdiction d'exporter des grumes, décrétée en 2010. Le groupe exploite plus d'un million ha pour approvisionner en grumes les unités de transformation installées dans la ZES. Mais l'objectif ultime de la multinationale était surtout de développer ses plantations de palmier à huile et d'hévéa au Gabon. L'investissement initial dans la forêt et le bois n'aura peut-être constitué qu'un « ticket d'entrée » pour accéder à de vastes concessions agricoles dans ce pays forestier.

Un instrument privé mis au service des politiques publiques

Le Gabon compte une quarantaine de concessions actives, couvrant environ 16 millions ha. À la surprise générale, le président Ali Bongo a annoncé en 2018 que l'ensemble des concessions forestières devront être certifiées FSC à partir de 2022. La certification forestière était jusqu'alors un instrument volontaire, fondé sur la disposition des consommateurs à payer plus cher un bois légal et issu d'une exploitation « durable » de la forêt. Elle suppose que l'entité certifiée (ici un concessionnaire) aille au-delà des normes réglementaires sur les plans environnemental et social, et soit dans une logique d'amélioration continue de ses pratiques. Les résultats doivent être mesurables sur le terrain et, bien sûr, la certification doit être réalisée par des tiers spécialisés et accrédités par le FSC.

Dans les années 1990, la certification FSC a été perçue avec circonspection, sinon avec hostilité par les professionnels du bois et par les gouvernements des pays en développement. Ceux-ci y voyaient un empiétement sur les prérogatives des services forestiers. Progressivement, les entreprises écoulant leur bois sur les marchés écologiquement sensibles (notamment au nord de l'Europe) ont perçu l'intérêt qu'elles avaient à adopter le label FSC, pour conserver ou accroître leurs parts sur ces marchés rémunérateurs. Les gouvernements des pays du Sud, fréquemment attaqués par des ONG pour leur laxisme en matière d'application des lois environnementales, ont mis en avant le développement de la certification dans leur pays comme preuve de leur vertu écologique. Malgré le scepticisme initial de nombre d'observateurs au regard des problèmes de gouvernance, l'Afrique centrale est la sous-région qui abrite les surfaces les plus importantes de forêts tropicales naturelles certifiées (environ 5,5 millions d'ha début 2020).

La décision du président gabonais constitue un pas supplémentaire dans l'utilisation d'instruments privés à des fins de régulation publique. Concrètement, elle

Hérodote, n° 179, La Découverte, 4e trimestre 2020.

signifie que le gouvernement gabonais se « décharge » du contrôle des concessions forestières sur une organisation internationale (le FSC) et des organismes certificateurs. On peut aussi y voir un aveu de l'incapacité de l'administration à réguler le secteur et à faire appliquer les plans d'aménagement.

Un signe de la rivalité sino-indienne en Afrique ?

Mais l'une des finalités de cette mesure est aussi de réduire les surfaces occupées par les concessions forestières au profit d'une extension des aires protégées. La réalisation de cet objectif écologique affiché du gouvernement gabonais conduira également à libérer de l'espace pour le développement de plantations de palmier à huile et d'hévéa par le groupe Olam.

La mesure d'interdiction d'exporter des grumes prise en 2010 a conduit à une baisse importante (mais effacée en quelques années) de la production de bois et à une concentration des entreprises du secteur. L'obligation de certification va, à son tour, conduire une nouvelle phase de concentration au profit d'un nombre restreint de grandes entreprises. Les trois grandes sociétés aujourd'hui certifiées FSC étant européennes, la question est de savoir ce que feront les entreprises chinoises, lesquelles possèdent plus de 60 % des concessions. On peut penser que les sociétés à capitaux publics chinois, sous le contrôle de Pékin, parviendront à être certifiées, moyennant la maîtrise des pratiques de leurs sous-traitants. Mais pour les autres entreprises chinoises, les plus nombreuses, la tâche s'avère ardue, et il est probable que nombre d'entre elles ne voudront ou ne pourront absorber les coûts de la certification. Leur départ est donc pratiquement acquis.

Faut-il voir également dans cette mesure politique inédite le signe d'une concurrence montante entre acteurs indiens et chinois sur le continent africain ? L'Inde, dont les importations de bois croissent plus vite que celles de la Chine, a clairement jeté son dévolu sur le Gabon pour accéder aux ressources forestières de l'Afrique centrale. La zone franche de N'Kok, construite et cogérée par le groupe Olam pour attirer des industries du bois après l'interdiction d'exporter du bois brut, a vu affluer de nombreux investisseurs indiens, bien plus que des industriels chinois, le Gabon étant devenu la destination favorite des investisseurs du bois du nouveau géant asiatique. Ces industries ont besoin de quantités importantes de grumes. La réduction de l'emprise des entreprises chinoises sur les forêts gabonaises pourrait ouvrir des perspectives intéressantes aux industriels indiens désireux d'acquérir des concessions pour sécuriser leur approvisionnement en bois, dans un contexte d'apparition de surcapacités de transformation du bois au Gabon.

Hérodote, n° 179, La Découverte, 4e trimestre 2020.

Le Gabon fait des émules au Congo

Le gouvernement congolais a regardé attentivement le développement de la ZES gabonaise, et en a retenu le succès industriel indéniable, synonyme de création d'emplois manufacturiers. Une nouvelle loi forestière, promulguée en 2020, introduit deux changements majeurs : une quasi-interdiction d'exporter des grumes (quelques exceptions sont prévues pour les bois lourds) et, surtout, un régime de « partage de production ». Cette formule est directement issue de l'univers pétrolier. Elle consiste en ce qu'une société « major » disposant de droits d'exploitation dans le pays doive, une fois ses frais d'exploration-exploitation remboursés par l'État hôte, céder une partie de sa production de brut à une société nationale afin que celle-ci puisse être un acteur du marché international. Ainsi, l'État hôte peut conserver une grande partie de la production. La transposition, inédite, de ce régime dans le monde du bois devrait impliquer une cession obligatoire par les concessionnaires à l'État congolais d'une partie de la production de grumes. Le gouvernement ne cache pas que l'objectif est d'approvisionner en bois brut une ou deux zones franches (l'insuffisant approvisionnement étant le problème principal de la zone franche gabonaise) et d'y attirer des industriels.

Un changement implicite de doctrine sur l'industrialisation

Outre l'incertitude sur les modalités d'application de ce nouveau régime, il s'agit, tout comme au Gabon, d'un revirement dans les politiques forestières. La doctrine jusqu'alors était de favoriser l'intégration verticale des industries, en transformant le bois à proximité des concessions. Ceci devait soutenir le développement d'un arrière-pays enclavé et, secondairement, réduire les volumes transportés vers les marchés et ports d'exportation[11]. Au Congo, les grandes entreprises certifiées sont entrées dans ce schéma et transforment une grande majorité de leur production. L'obligation de distraire une partie de leur production de bois brut dans le cadre du partage de production va engendrer de fortes tensions. Quant aux entreprises asiatiques, majoritairement chinoises, qui opèrent principalement dans le sud du pays[12] et exportent surtout des grumes (en dépit de la réglementation qui fixe des quotas stricts), elles pourraient devoir envisager de quitter le Congo, si toutefois elles ne bénéficient pas de passe-droits, comme c'est depuis longtemps le cas.

11. Pour produire un mètre cube de bois scié il faut près de trois mètres cubes de grumes.
12. Où se trouve l'okoumé, très demandé sur les marchés d'Asie.

Hérodote, n° 179, La Découverte, 4e trimestre 2020.

Du FFBC à CAFI, la succession peu convaincante d'initiatives internationales

Les années 1990-2000 ont été marquées par les velléités réformatrices de la Banque mondiale dans le secteur forestier [Topa *et al.*, 2009 ; Karsenty, 2017]. Ces ambitions se sont brisées net en 2005, quand le Panel d'inspection, composé d'experts nommés par la Banque mais non membres de celle-ci, a condamné l'action du management de la Banque dans le secteur forestier en RDC. Ceci faisait suite à une plainte très argumentée formulée par des communautés autochtones (Pygmées) et rédigée dans un anglais parfait. Les plaignants estimaient que certaines des réformes proposées par la Banque au gouvernement congolais (attribution plus transparente des concessions, réforme de la fiscalité forestière) confortaient le régime des concessions et affectaient ainsi le bien-être de leurs communautés. Les experts du Panel ont donné raison aux plaignants et estimé que l'avenir des forêts tropicales passait désormais par les forêts communautaires et les rémunérations pour le carbone stocké. Depuis, la Banque s'est prudemment retranchée dans un rôle de fournisseur d'analyses économiques pour les gouvernements, tout en investissant dans un type particulier d'initiatives REDD + (voir *infra*).

D'autres institutions, financées par des pays européens, ont pris le relais en termes d'aide publique. En 2008, le Fonds forestier pour le bassin du Congo est créé avec un financement du Royaume-Uni et de la Norvège. Par manque de confiance dans les capacités de gestion des institutions sous-régionales, les fonds ainsi que les procédures de sélection et de suivi des projets ont été confiés à la Banque africaine de développement. Le fonctionnement excessivement bureaucratique de cette institution peu familière des questions forestières s'est révélé handicapant pour la mise en œuvre des activités et l'impact des projets financés est faible.

Les Accords de partenariat volontaires contre le bois illégal : une surestimation du potentiel des incitations ?

L'Union européenne (UE) a mis en place en 2013 un Règlement bois qui pénalise l'importation de bois illégal, ce qui oblige les importateurs à exercer une « diligence raisonnée » pour vérifier la conformité de leurs fournisseurs. Elle a, parallèlement, proposé aux pays producteurs des Accords de partenariat volontaires (APV), visant à les doter d'une capacité à vérifier la légalité de l'ensemble des bois produits et exportés. À l'issue de ce processus de « mise à niveau », les pays devraient pouvoir exporter vers l'UE du bois disposant

Hérodote, n° 179, La Découverte, 4e trimestre 2020.

d'« autorisations FLEGT »[13], donc réputé légal et dispensant ainsi les importateurs des procédures de diligence raisonnée. Les experts européens promoteurs des APV pointent volontiers les limites de la certification, laquelle ne concerne qu'une poignée d'entreprises et n'a pas d'influence sur les politiques nationales. Les APV-FLEGT visent, quant à eux, à transformer la gouvernance du secteur forestier. La prise en compte du marché intérieur du bois dans plusieurs de ces accords témoigne de l'ambition initiale de la démarche.

Le régime d'autorisation FLEGT se base sur la mise en place d'un « système de vérification de la légalité » qui comprend des contrôles de conformité afin de garantir que les bois et produits dérivés destinés à l'exportation vers l'UE ont été légalement récoltés. Or, au Cameroun et au Congo, les deux pays d'Afrique centrale signataires d'un APV, ces systèmes ne parviennent pas à être finalisés, malgré de gros investissements financiers des bailleurs de fonds[14]. Et, malgré les ambitions initiales, le bois vendu sur les marchés intérieurs par de petites entreprises ou des scieurs artisanaux informels n'est toujours pas couvert par les systèmes nationaux de vérification de la légalité, et il est peu probable qu'ils le soient un jour. Or, au Cameroun, en RDC ou en RCA, les marchés intérieurs mobilisent autant ou plus de volume de bois d'œuvre que les exportations.

Ces résultats décevants illustrent la confiance excessive accordée par l'UE dans le potentiel des « incitations » (obtenir un meilleur accès au marché européen) proposées à des États « fragiles » voire défaillants. Les experts ont surestimé tant la volonté que la capacité de réforme de gouvernements en proie à une corruption endémique et flanqués d'administrations mal équipées.

Concurrence pour le leadership autour de REDD +

Le mécanisme REDD + vise à rémunérer des pays pour la réduction des émissions de gaz à effet de serre issus de la déforestation et de la dégradation des forêts. Cette réduction se mesure au regard d'un « scénario de référence » (le *business-as-usual*) censé prédire ce qu'auraient été les émissions (ou le stockage de carbone) sans la mise en œuvre de politiques REDD +. Ce mécanisme, négocié de 2005 à 2015 (et inclus dans l'Accord de Paris sur le climat), n'a pas tenu ses promesses de financement. En cause, l'étroitesse du marché international des permis d'émissions de gaz à effet de serre et les ressources insuffisantes du Fonds vert pour le climat, guichet multilatéral pour les « paiements aux résultats » REDD +.

13. Pour *Forest Law Enforcement, Governance and Trade*.

14. Alors que l'Indonésie exporte depuis 2016 du bois vers l'UE avec des autorisations FLEGT.

Hérodote, n° 179, La Découverte, 4e trimestre 2020.

L'Afrique centrale peut se prévaloir de l'adjonction de la « dégradation » au mécanisme qui, initialement, était dédié à la seule « déforestation évitée » et qui est devenu REDD +. La COMIFAC, appuyée par la diplomatie française, pensait que les plans d'aménagement des concessions pourraient servir à faire valoir une réduction de la dégradation. Ce point reste controversé, et le fait que les plans d'aménagement constituent une obligation légale suggère que les éventuelles réductions ne seraient pas additionnelles par rapport au *business-as-usual*.

Le Gabon, initialement très enthousiaste, a pris ses distances avec les initiatives REDD + quand il est devenu clair que le mécanisme onusien ne rémunérerait pas un pays pour ses stocks de carbone existants (c'est-à-dire pour ses forêts sur pied). Le Gabon a préféré jouer la carte d'un « plan climat » plus global. La RDC, au contraire, a voulu affirmer un leadership régional sur REDD +, en s'appuyant sur un excellent négociateur dans l'enceinte de la Convention Climat et sur une équipe d'assistants techniques produisant un flux continu de documents de qualité. Le Congo est resté un peu en retrait et le Cameroun a été assez largement marginalisé, du fait notamment de la dissociation entre un ministère en charge de l'environnement (et de REDD +) et un autre en charge des forêts, les deux s'ignorant superbement.

Des projets REDD + peu convaincants

En parallèle de ces initiatives REDD + « officielles » visant le niveau national, différentes ONG et des « investisseurs carbone » vont lancer dans les années 2005-2010 des projets reprenant le logo REDD +, notamment en RDC. Ces projets, qui ont souvent bénéficié de subventions publiques mais qui sont des initiatives privées en marge du processus onusien[15], visent à émettre des « crédits carbone » qui seraient écoulés sur les marchés volontaires de la « compensation ». Sur la douzaine de projets qui ont vu le jour dans la sous-région, peu ont survécu au délitement du marché du carbone après 2010. La Banque mondiale, quant à elle, a investi sur des programmes « juridictionnels » (échelle d'une région ou d'un département), dont le principal couvre la nouvelle province de Maï-Ndombe en RDC. Lancé en 2010, avec un ambitieux plan d'achats de réduction d'émissions (crédits carbone), le projet ne semble pas être d'une efficacité tangible puisque, selon les données de GFW, les pertes de couvert arboré dans la province ont *grosso*

15. Dans le processus onusien, seuls les États (ou, à titre temporaire, des « juridictions ») sont autorisés à émettre et commercialiser des « crédits carbone » ou à être rémunérés par le Fonds Vert pour le climat (qui paye 5 dollars la tonne de CO_2 « évitée » ou séquestrée).

Hérodote, n° 179, La Découverte, 4e trimestre 2020.

modo doublé dans la décennie 2010-2019 par rapport à la précédente (mais comme tout dépend du scénario de référence...). L'objectif de la Banque est de vendre ensuite ces crédits carbone à des acteurs qui ont pris des engagements de compensation de leurs émissions, comme les compagnies aériennes

Le rôle clé de la Norvège

En 2015, la Norvège, qui a décidé de financer la lutte contre la déforestation au niveau mondial (pour compenser moralement l'impact climatique associé à ses exportations de gaz et de pétrole), décide de lancer une initiative pour les forêts d'Afrique centrale, CAFI[16], avec la France puis d'autres pays européens. La Norvège, qui a notamment déboursé depuis les années 2000 plus d'un milliard de dollars pour appuyer le Fonds Amazone au Brésil, et qui a également mis sur la table un milliard pour encourager l'Indonésie à lutter contre la déforestation, ne pouvait pas continuer à contourner plus longtemps l'Afrique centrale. Très soucieuse des risques de détournements financiers, la Norvège a confié la gestion du Fonds CAFI (qui devrait être capitalisé à hauteur de 500 millions de dollars) au PNUD. Pour la mise en œuvre des projets, elle décide de s'appuyer sur les agences internationales de développement (l'AFD française, la FAO, le PNUD et la Banque mondiale). La RDC est le principal pays bénéficiaire des fonds, mais le dialogue politique est difficile du fait d'épisodes d'attributions jugées illégales de concessions forestières à des opérateurs chinois.

CAFI finance d'abord des « cadres nationaux d'investissement » soumis par les pays, et qui comportent des programmes et projets qui doivent s'attaquer aux causes de la déforestation et de la dégradation. L'originalité de CAFI est que le périmètre d'intervention ne se réduit pas au secteur forestier mais qu'il y a une volonté d'agir sur les causes de la déforestation aux différentes politiques publiques qui ont un impact sur les forêts (agriculture, foncier, démographie...).

L'habile diplomatie gabonaise

Le Gabon a saisi l'occasion du déploiement de CAFI pour mettre en avant sa diplomatie climatique. L'ancien président Omar Bongo, influencé par des environnementalistes anglo-saxons, avait déjà tenté d'attirer des financements en créant, assez autoritairement, de nombreux parcs nationaux en 2002. Son successeur, Ali Bongo, va continuer cette politique « pro-nature » et confier à un biologiste

16. Pour *Central Africa Forest Initiative*.

Hérodote, n° 179, La Découverte, 4e trimestre 2020.

d'origine britannique, Lee White, la direction d'une Agence des parcs nationaux qui ne cessera de monter en puissance. Il fera de celui-ci son ministre des Forêts et de l'Environnement en 2019, suite au « KevazingoGate », un scandale retentissant de disparition de stocks de bois précieux qui coûtera son poste au vice-président et au précédent ministre. Ce défenseur de la nature et du commerce du « carbone forestier » va vite trouver l'oreille des Norvégiens. Ces derniers sont justement désireux de réaliser des « paiements aux résultats » qui récompenseraient un « bon élève » de la conservation des forêts – et pas seulement payer pour des réductions de la déforestation, qui tardent à venir en RDC. En 2019, la Norvège annonce avoir conclu un accord avec le Gabon pour une promesse de rémunération de 150 millions de dollars pour la préservation des stocks de carbone forestiers. Les justifications sont multiples : faible déforestation, dispositifs de terrain montrant que la forêt gabonaise est un absorbeur net de CO_2, réseau des parcs nationaux, interdiction d'exporter des grumes... Peu importe que le Gabon n'ait jamais connu de déforestation du fait de sa démographie ou que l'interdiction d'exporter des grumes ait eu d'autres motivations que l'écologie, l'idée est que « seul le résultat compte ».

Conclusion : des perspectives peu encourageantes

Les effets du changement climatique sont encore relativement incertains pour les forêts d'Afrique centrale. L'augmentation de la température des eaux de surface océanique pourrait accroître les précipitations (+ 42 mm si + 2 °C et + 80 mm si + 4 °C), avec de fortes disparités régionales et une possible accentuation de la saison sèche, en intensité et en longueur [Gond et Doumenge, 2013], ce qui pourrait conduire à l'apparition de « méga feux » auxquels l'Afrique centrale a échappé jusqu'à présent. Outre une contraction des surfaces, certains modèles prévoient une accélération de la dynamique forestière, causant un effet d'éclaircissement naturel favorisant les espèces pionnières aux dépens des espèces tolérantes à l'ombrage, ce qui peut être favorable, au moins dans un premier temps, à l'exploitation forestière [Claeys, 2018]. Les forêts d'Afrique centrale évoluent de manière différenciée, et ceci devrait s'accentuer à l'avenir. Avec sa forte croissance démographique et son instabilité peu propice à des pratiques de gestion de long terme, la RDC risque de voir son couvert forestier continuer à reculer rapidement, et la dynamique de conversion des terres devrait s'accélérer au Cameroun. Par contraste, le nord du Congo et le Gabon devraient conserver d'importantes forêts denses. Les vastes étendues de forêts marécageuses de la cuvette congolaise, à cheval entre la RDC et le Congo, ne semblent pas menacées, malgré les réserves pétrolières qu'elles sont susceptibles d'abriter. Si la démographie et le climat semblent devoir rester

Hérodote, n° 179, La Découverte, 4e trimestre 2020.

les principaux déterminants des évolutions du couvert forestier, les politiques, la gouvernance et la « gouvernabilité » ont évidemment toute leur importance.

Le processus REDD + a mis en évidence une pratique du double discours [Ongolo, 2015]. D'un côté, un discours à destination de la « communauté internationale » sur la protection des forêts et de l'environnement ; de l'autre, un discours à destination interne sur l'« émergence » économique. Les deux objectifs ne sont pas forcément incompatibles, mais la fascination des élites politiques pour le modèle asiatique de développement avec ses grandes plantations agro-industrielles issues de la conversion des forêts, n'est guère propice à la nécessaire cohérence des politiques publiques.

L'Afrique centrale a connu ces vingt dernières années un processus, au moins apparent, de libéralisation sociétale marqué par une multiplication du nombre des partis politiques, l'explosion de la presse et de nouveaux médias. Ces changements ont modifié le rapport du public aux questions forestières, et ont permis l'émergence d'une société civile plus active. La « gestion participative » est admise, au moins dans les discours, et l'une des questions qui se pose est celle de son approfondissement dans le futur ou de sa stagnation, voire de son recul. Les législations forestières sont le plus souvent mises en œuvre de manière partielle ou incomplète, faute de moyens, de volonté et sont limitées par d'autres lois (sur les mines, par exemple). Cette question de la « mise en œuvre » [Keutcheu, 2020] est un révélateur tant des problèmes de gouvernance que de gouvernabilité[17]. Problème de gouvernance, dans la mesure où nombre de responsables politiques se complaisent dans une posture « performative » (*dire, c'est faire*) ; problème de gouvernabilité, car mettre en œuvre suppose de pouvoir s'appuyer sur des institutions solides et disposer d'un leadership qui fonde la légitimité des politiques et mesures proposées.

En Afrique centrale, on peut s'interroger sur le degré de « gouvernabilité » de plusieurs États (RDC et RCA, mais aussi Cameroun) et des changements réels qui ont été apportés par l'évolution de la gouvernance ces dernières années. La crise sanitaire de 2020 et la chute des cours des produits de base qui s'ensuit ébranlent encore un peu plus ces États « fragiles » dont l'économie dépend beaucoup des exportations de pétrole et de produits miniers. Ce type de crise peut signifier une baisse de certaines pressions sur les forêts (les infrastructures, les nouvelles mines) mais risque d'en renforcer d'autres, de nombreux néochômeurs devant se rabattre sur l'agriculture vivrière. Et la faune sauvage, source importante d'alimentation carnée en milieu rural forestier, risque de payer le prix fort d'une nouvelle aggravation de la pauvreté.

17. Sur la relation gouvernance/gouvernabilité, voir Theys [2003].

Hérodote, n° 179, La Découverte, 4e trimestre 2020.

Bibliographie

BASSALANG M.-M. et ACWORTH J. (2020), « Revue des expériences de reconnaissance et de sécurisation foncière des communautés Sud Cameroun », IIED-CED-RELUFA.

BAYART J.-F. (1989), *L'État en Afrique. La politique du ventre*, Paris, Fayard.

BRÄUTIGAM D. et ZHANG H. (2013), « Green dreams : Myth and reality in China's agricultural investment in Africa », *Third World Quarterly*, vol. 34, n° 9, p. 1676-1696.

CLAEYS F. (2018), « *Impacts du changement climatique sur la durabilité de l'exploitation forestière en Afrique centrale* », thèse de doctorat en Sciences de l'environnement, Paris, AgroParisTech.

DEBROUX L. et KARSENTY A. (1997). « L'implantation des sociétés forestières asiatiques en Afrique centrale - Rimbunan Hijau au Cameroun », *Bois et forêts des tropiques*, n° 254

DEFOURNY, P. DELHAGE C. et KIBAMBE LUBAMBA J.-P. (2011), « Analyse quantitative des causes de la déforestation et de la dégradation des forêts en République démocratique du Congo », UCL/FAO/National REDD Coordination, 105 p.

FAVROT M. et DORIER E. (2016), « Quels enjeux liés à l'arrivée d'investisseurs agro-industriels étrangers en République du Congo ? Contexte agricole et foncier », *Natures Sciences Sociétés*, n° 24, vol. 4.

GLASER A. (2014), *AfricaFrance : Quand les dirigeants africains deviennent les maîtres du jeu*, Paris, Fayard.

GOND V. et DOUMENGE C. (2013), « Climat et changement climatique en Afrique centrale », *in* MARIEN J.-N. et BASSALER N. (dir.), *Prospective 2040 des écosystèmes forestiers d'Afrique centrale*, CIRAD-COMIFAC.

HUGON P. (1992), « L'Homo africanus est-il irrationnel ? », *Cahiers des sciences humaines*, *Trente ans (1963-1992)* numéro hors série.

KARSENTY A. (2017), « The World Bank's endeavours to reform the forest concessions' regime in Central Africa : Lessons from 25 years of efforts », *International Forestry Review*, n° 19, vol. 4.

KEUTCHEU J. (2020), « La "mise en œuvre", catégorie incertaine de la gouvernance forestière en Afrique centrale », *in* TCHAMBA M. et KEUTCHEU J. (dir.), *La Gouvernance forestière en Afrique centrale - Entre pratiques et politiques*, Paris, L'Harmattan.

MOLINARIO G., HANSEN M. C. et POTAPOV P.V. (2015), « Forest cover dynamics of shifting cultivation in the Democratic Republic of Congo : a remote sensing-based assessment for 2000-2010 », *Environmental Research Letters*, n° 10, vol. 9.

ONGOLO S. (2015), « On the banality of forest governance fragmentation : Exploring "gecko politics" as a bureaucratic behaviour in limited statehood », *Forest Policy and Economics*, n° 53.

POURTIER R. (1986), « La dialectique du vide. Densités de population et pratiques foncières en Afrique tropicale forestière », *Politique africaine*, n° 21.

THEYS J. (2003), « La gouvernance, entre innovation et impuissance », *Développement durable et territoires*.

TOPA G., KARSENTY A., MÉGEVAND C. et DEBROUX L. (2009), *Forêts tropicales humides du Cameroun : une décennie de réformes*, Washington, The World Bank.

Hérodote, n° 179, La Découverte, 4e trimestre 2020.

Géopolitique de l'Afrique centrale. La CEEAC entre centralité introuvable et déficit chronique d'intégration

Marc-Louis Ropivia[1]

De toutes les Communautés économiques régionales (CER) conçues pour réaliser l'intégration économique du continent, actuellement préfigurée par la mise en place, en avril 2019, de la Zone de libre-échange continentale (ZLEC)[2], la Communauté économique des États de l'Afrique centrale (CEEAC) apparaît d'emblée comme l'une de celles qui enregistrent un grand déficit d'intégration [BAD, 2019, p. 1].

Ce déficit est aujourd'hui une préoccupation majeure pour les analystes, et surtout pour les chefs d'État réunis à Libreville en décembre 2019 lors du 9e sommet de la CEEAC, dont l'ambition est désormais de « réformer en profondeur l'institution afin de renforcer l'intégration dans cette zone, présentée comme le maillon faible de l'intégration en Afrique, [...] la région la moins intégrée physiquement et humainement[3] ».

Pour mieux examiner le déficit d'intégration lié en grande partie à la question de l'identité régionale, il convient de structurer notre analyse à partir du postulat énoncé comme suit : le processus d'intégration dans l'espace de la CEEAC est ralenti par de nombreux dysfonctionnements du fait que la configuration régionale initialement prévue par le plan de Lagos (1980) et renforcée par le traité d'Abuja (1991) ne rallie pas l'ensemble des États membres. En effet, un certain nombre d'États, République démocratique du Congo (RDC), Angola, Rwanda, Burundi et São

1. Géographe, université Omar Bongo à Libreville.

2. Ratification par les 22 membres requis pour son opérationnalisation.

3. Florent Mbadinga, « [Analyse] Réforme de la CEEAC : Avant, après... ce qui va vraiment changer », *La Libreville,* 19 décembre 2019.

Hérodote, n° 179, La Découverte, 4e trimestre 2020.

Tomé et Principe, participent activement au processus d'intégration d'autres CER, transformant ainsi l'organisation régionale majeure d'Afrique centrale en une sorte d'ensemble vide, renforcé par le particularisme de l'organisation sous-régionale qu'est la Communauté économique et monétaire de l'Afrique centrale (CEMAC).

La question de l'identité, et donc du sentiment d'appartenance à la CEEAC [Ropivia, 1993], est d'autant plus importante que cette dernière est le résultat d'un rapprochement de deux entités, l'Union douanière et économique de l'Afrique centrale (UDEAC), héritière de l'AEF (Afrique équatoriale française), aujourd'hui CEMAC, et la Communauté économique des pays des Grands Lacs (CEPGL). Dans ces deux sous-ensembles, les présidents Bongo du Gabon et Mobutu du Zaïre rivalisaient pour le leadership régional de l'ensemble de l'Afrique centrale. D'une part, la quête d'un rééquilibrage stratégique dans une UDEAC dominée par le Cameroun a amené Omar Bongo à militer pour la création d'un ensemble régional plus vaste au sein duquel le Zaïre devait servir de contrepoids au grand voisin camerounais. D'autre part, le leadership régional auquel aspirait Mobutu l'avait déjà conduit à faire éclater l'UDEAC en s'associant – dans une éphémère Union des États de l'Afrique centrale (UEAC) – à la République centrafricaine (RCA) et au Tchad. Ainsi donc, la CEEAC, dont le siège se trouve à Libreville, naît en 1983 d'une sorte de compromis gabono-zaïrois. Par la suite, cette nouvelle entité a souffert de deux handicaps majeurs : l'incapacité du Zaïre à exercer son rôle géopolitique de pôle intégrateur sous-régional, en raison de son marasme économique et des forces centrifuges qui le travaillaient (territoire éclaté, extraversion économique, dépendance à l'égard des corridors de désenclavement des pays voisins) ; la redondance des missions assignées à la CEEAC et à l'UDEAC. Si l'on admet que ces facteurs handicapants ont été la cause du retard de l'intégration en Afrique centrale, comment rendre cette dynamique fonctionnelle et plus efficiente ?

Centralité et fonctions spatiales : l'État-pivot et l'État catalyseur

Où se situe véritablement la centralité de l'Afrique centrale ? En matière d'intégration spatiale, l'on pourrait sans doute appréhender ce concept à partir de deux fonctions principales qui devraient coexister dans le même espace : l'État-pivot et l'État catalyseur.

L'État-pivot dans la géopolitique de l'intégration

En dépit du caractère polysémique de cette notion, de nombreux spécialistes de géopolitique s'accordent pour considérer l'État-pivot comme un État dont la double

Hérodote, n° 179, La Découverte, 4e trimestre 2020.

CARTE 1. – AFRIQUES MÉDIANES ET CENTRALITÉ DE LA RÉPUBLIQUE DÉMOCRATIQUE DU CONGO

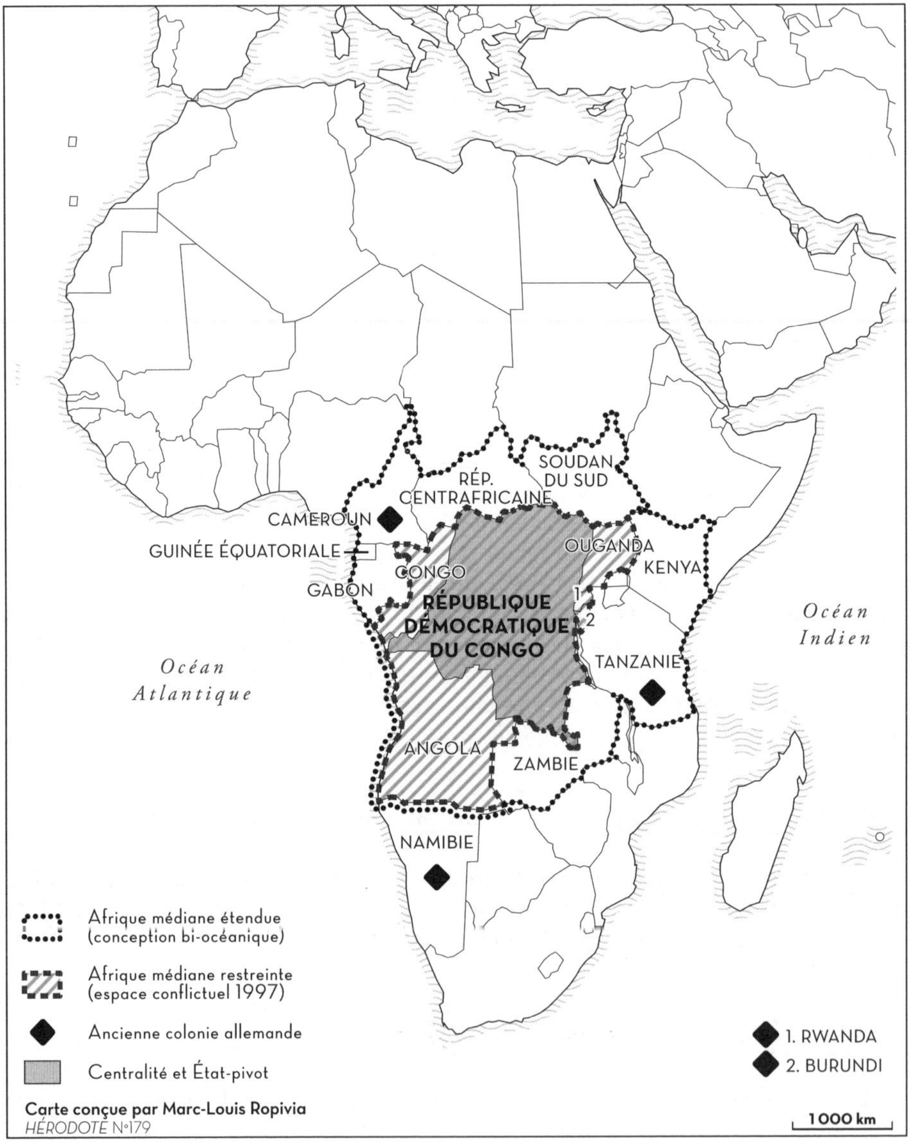

Hérodote, n° 179, La Découverte, 4e trimestre 2020.

vocation est, d'une part, de réunir des sous-ensembles géopolitiques qui autrement seraient indépendants et, d'autre part, de les articuler et de les coordonner en un mouvement d'ensemble cohérent et contrôlé. Dans le cadre du processus d'intégration régionale, il s'agirait d'un pôle étatique de convergence, d'impulsion et de coordination de nombreuses initiatives et dynamiques d'organisation de l'ensemble de l'espace régional. Ce rôle revient généralement à l'État qui dispose d'un poids spécifique démographique, économique et politique déterminant et incontestable, capable de réguler, à travers la place prépondérante de sa capitale politique et/ou métropole économique, les mécanismes multiformes, les stratégies et les synergies de l'ensemble de la CER. De tels pôles ou États-pivots existent dans de nombreuses zones d'intégration économique ou régionale du continent : l'Égypte (Le Caire) dans le Marché commun de l'Afrique orientale et australe (COMESA) ; la Libye (Tripoli) dans la Communauté des États sahélo-sahariens (CEN-SAD) ; le Kenya (Nairobi) dans la Communauté des États d'Afrique de l'Est (EAC) ; le Nigeria (Abuja) dans la Communauté économique des États de l'Afrique de l'Est (CEDEAO) ; l'Afrique du Sud (Johannesburg) dans la Communauté de développement d'Afrique australe (SADC) ; la Côte-d'Ivoire (Abidjan) dans l'Union économique et monétaire ouest-africaine (UEMOA) ; et le Cameroun (Douala) dans la CEMAC. Si l'Afrique centrale, comparativement aux cas précédents, apparaît actuellement comme un ensemble vide c'est parce que manifestement la fonction d'État-pivot n'y est encore exercée par aucun État. Celle exercée par le Cameroun à travers Douala, métropole économique et place boursière sous-régionale, ne concerne que le sous-ensemble de la CEMAC, trop petit pour impacter l'ensemble du processus d'intégration à l'échelle de la CEEAC ; pourtant, ce rôle semble naturellement dévolu à l'État, au grand ensemble démo-territorial, qui en occupe le cœur. Quel autre pays que la République démocratique du Congo (carte 1) pour devenir le pivot de l'intégration dans la CEEAC ?

La République démocratique du Congo comme État-pivot de la CEEAC

De quels atouts dispose-t-elle pour devenir le pôle fédérateur des volontés et initiatives d'intégration dans la CEEAC ?

Il y a d'abord deux facteurs basiques de la puissance des États : superficie et population. La République démocratique du Congo (RDC) est le plus grand pays d'Afrique subsaharienne, le 2e plus étendu du continent après l'Algérie avec une superficie de 2 345 410 km². Par sa population de 88,6 millions[4], elle se classe au 4e rang après le Nigeria, l'Égypte et l'Éthiopie.

4. Estimation de l'ONU en 2019.

Hérodote, n° 179, La Découverte, 4e trimestre 2020.

Pays emblématique du fleuve Congo et du bassin environnemental éponyme de plus de 3,6 millions de kilomètres carrés dont il détient 60 % de la forêt tropicale, la RDC peut au mieux compter sur l'exploitation et l'industrialisation de son riche secteur minier, grâce aux espoirs suscités par la récente et encore fragile alternance démocratique (élection du président Félix Tshisékédi en décembre 2018) et la promulgation, en mars 2018, d'un nouveau code minier. Celui-ci est certes beaucoup moins favorable aux entreprises étrangères, mais reste pour le moment également moins profitable au pays, en raison de la chute des cours, sans omettre les conséquences probables du Covid-19. Réputé « scandale géologique » depuis des lustres par le géologue belge Jules Cornet (1865-1929) en raison de la diversité et de la richesse des minerais qu'on y trouve, la RDC est le premier producteur mondial de cobalt, le premier producteur africain de cuivre tandis que les autres ressources minérales abondantes sont le coltan, l'or et les diamants. Une analyse experte traduit la déchéance des années sombres en ces termes : « Le secteur industriel (19 % du PIB en 2015), jadis plus développé que dans la plupart des autres pays africains, est aujourd'hui en crise. Les productions industrielles traditionnelles – industries alimentaires, les cimenteries, une raffinerie et des industries diverses (plastique, chimie) – ont pâti d'une conjoncture déprimée depuis 2015 sous l'effet de la chute de la dépense publique, de la perte de pouvoir d'achat des ménages et des disparités monétaires qui faussent les échanges transfrontaliers » [Ministère de l'Économie, des Finances et de la Relance, 2020]. La reconstruction économique attendue est censée engendrer de nombreuses opportunités d'affaires pour les opérateurs économiques du monde entier et particulièrement pour ceux de la CEEAC qui bénéficieraient des avantages de la libre circulation et de la zone de libre-échange.

Outre le secteur minier, la puissance économique et politique de la nouvelle République démocratique du Congo pourrait se construire également à partir du climat des affaires devenu plus sécure, pouvant ainsi attirer des investisseurs étrangers et régionaux vers le secteur agricole – qui a périclité ces deux dernières décennies en raison du climat d'insécurité entretenu par les milices – et vers le secteur minier artisanal, localisé surtout dans les provinces de l'Ituri, du Nord-Kivu, du Sud-Kivu, du Haut-Katanga et du Lualaba, et jugé plus lucratif dans un contexte de pauvreté généralisée, en particulier par des populations paysannes, prêtes à se reconvertir.

Toujours au plan économique, la RDC dispose en outre d'un potentiel hydroélectrique gigantesque estimé à 100 000 MW, le tiers du potentiel du continent. Après les barrages Inga I et Inga II, le projet Inga III, devant produire 4 800 MW, approvisionnera en priorité l'Afrique du Sud. Cependant, le projet est toujours en attente depuis des années, les investisseurs « intéressés » se désistant les uns après les autres, au risque de le rendre hypothétique.

Hérodote, n° 179, La Découverte, 4e trimestre 2020.

Enfin, un autre atout majeur au plan géopolitique est d'ordre culturel. La République démocratique du Congo est le 1er pays francophone au monde en nombre d'habitants. En dépit de l'existence de quatre langues nationales : lingala, swahili, kikongo et tshiluba, le français demeure la langue administrative et officielle de communication internationale d'un État de près de 90 millions d'habitants. La centralité de la République démocratique du Congo, à la jonction des trois aires anglophones des Afriques nord-orientale, orientale et australe, devient un facteur prédominant de consolidation de la francophonie africaine et de rayonnement de celle-ci à travers les neuf États limitrophes. Outre la capitale Kinshasa, il faudrait également compter avec la ville de Lubumbashi (2 millions d'habitants) dont la position géographique et la relance du secteur minier devraient faire la métropole francophone la plus méridionale du continent, projetant ainsi son influence culturelle très loin dans l'espace anglophone environnant.

Quelle stratégie durable d'intégration spatiale pourrait donc permettre à la République démocratique du Congo de mieux renforcer sa stabilité interne, aux fins de favoriser une plus forte cohésion nationale, de même que, à travers sa centralité, une plus grande adhésion des États membres de la CEEAC à l'identité de la région d'Afrique centrale ?

La République démocratique du Congo peut-elle devenir l'État catalyseur de l'intégration dans la CEEAC ?

Est-il possible d'atteindre une intégration régionale performante alors même que l'intégration nationale n'est pas encore réalisée ? En d'autres termes, comment prétendre agréger ou unifier à l'extérieur des frontières des entités politiques souveraines alors qu'à l'intérieur d'elles-mêmes de nombreuses sources d'antagonismes contribuent à fragiliser le vouloir-vivre-ensemble et à créer une instabilité sociopolitique permanente [Ropivia, 1994] ? Avec quelles volontés, énergies humaines et ressources financières est-il possible de réussir l'unification interne et externe ? La République démocratique du Congo, à l'instar de bien d'autres États africains, et singulièrement d'Afrique centrale, est confrontée à cette instabilité nationale qui contrecarre les performances de l'intégration régionale dans la CEEAC. N'est-elle pas toujours confrontée à des forces centrifuges qui risqueraient d'affaiblir son intégration nationale au point de compromettre sa position de leadership régional ? À ce jour, en dépit des progrès démocratiques récemment enregistrés, espoir d'une unité nationale jamais acquise auparavant, la République démocratique du Congo est encore un pays en quête d'intégration spatiale, parce qu'elle présente des aires géopolitiques internes éloignées de la capitale et mieux articulées ou satellisées par

Hérodote, n° 179, La Découverte, 4e trimestre 2020.

CARTE 2. – RECENTREMENT GÉOPOLITIQUE DE LA RDC ET DE LA CEEAC

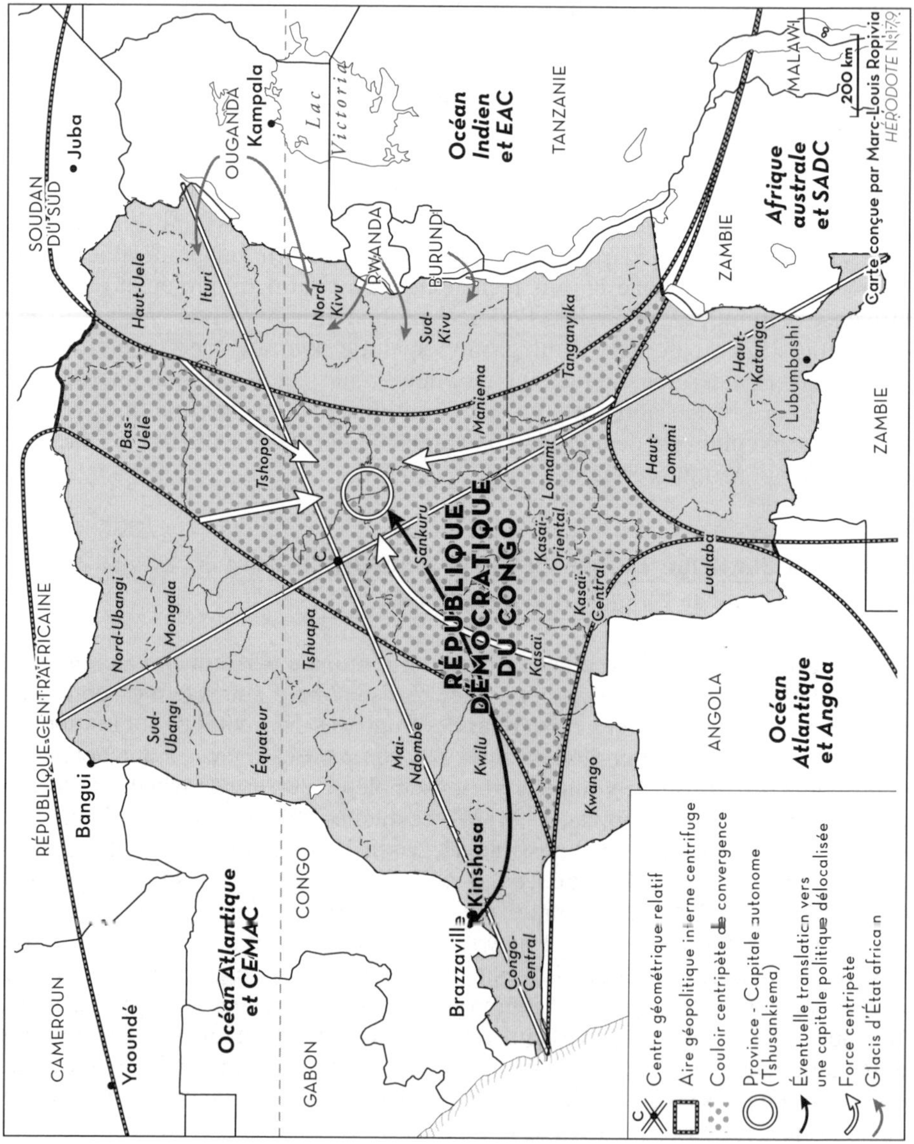

Hérodote, n° 179, La Découverte, 4e trimestre 2020.

les États limitrophes. Quelles sont donc ces aires qui désorganisent le fonctionnement interne de la République démocratique du Congo ? (carte 2).

L'aire orientale (océan Indien et Communauté d'Afrique de l'Est)

Grosso modo, des provinces de l'Ituri au nord-est à celle du Tanganyika au sud-est, cette partie du territoire s'inscrit dans la mouvance historique pré-coloniale des royaumes lacustres (Burundi, Rwanda, Buganda, etc.), luba et des sultanats islamisés esclavagistes en provenance de Zanzibar. La pénétration européenne et, plus tard, le désenclavement maritime et les relations commerciales ultramarines s'effectuent par l'océan Indien, notamment par les ports de Mombassa et de Dar-Es-Salam ; d'où la prégnance de la langue swahili, commune à un grand nombre d'États littoraux de cet océan. Depuis 1996, avec ce que l'on a appelé les « guerres du Congo » (1e et 2e) ou la « guerre des Grands lacs » [Reyntjens, 1999], cette région orientale est devenue un glacis politico-économique de l'Ouganda, du Rwanda et du Burundi qui, par l'entremise de forces supplétives ou de milices en rébellion contre l'armée congolaise, se livrent à un pillage des ressources minières, notamment l'or, le coltan et l'étain[5]. Il est à noter que trois de ces pays, RDC, Rwanda et Burundi, sont membres d'une même organisation sous-régionale, la Communauté économique des pays des Grands Lacs (CEPGL), dont le fonctionnement a été paralysé par la belligérance des trois partenaires, contribuant ainsi à affaiblir celui de la CEEAC.

L'aire sud-est (Afrique australe et SADC)

Elle s'identifie en gros aux moitiés des provinces du Haut-Lomami, du Lualaba et de l'ensemble du Haut-Katanga. Bien qu'ayant abrité des puissants royaumes précoloniaux jusqu'au milieu du XIXe siècle, notamment le Kazembé et le Garenganzé de Msiri qui contrôlaient les routes commerciales vers l'océan Indien, ce qui fonde la particularité de cette partie de la République démocratique du Congo, c'est sa mise en valeur coloniale sous la forme d'une économie minière. Le Katanga devint ainsi la « province cuprifère » par excellence, avec ses villes minières de Kipushi, Kolwezi, Likasi, Ruashi et la métropole Lubumbashi, dont

5. Colette Braeckman, « Le Congo transformé en libre-service minier », *Le Monde diplomatique*, juillet 2006, p. 12-13 ; Yann Rousseau, « L'ONU dénonce le pillage de la République démocratique du Congo. Un groupe d'experts dévoile l'exploitation systématique des ressources naturelles congolaises par les pays belligérants, dans l'ex-Zaire », *Les Échos,* 20 avril 2001.

Hérodote, n° 179, La Découverte, 4e trimestre 2020.

la voie ferrée d'évacuation du minerai fut connectée, dès 1910, au réseau ferroviaire britannique d'Afrique australe et notamment sud-africain dont les terminus sont les ports de Durban, Port Elizabeth et Cape Town. Cette dépendance économique de la République démocratique du Congo vis-à-vis du corridor sud-africain a permis à l'Afrique du Sud d'étendre son influence politique jusqu'au cœur de l'Afrique centrale[6].

L'aire ouest-atlantique nord (océan Atlantique et CEMAC)

Elle est structurée autour de l'axe central de communication qu'est la voie navigable du fleuve Congo et son affluent l'Oubangui. Cette zone se situe dans la mouvance précoloniale des royaumes Zandé mais surtout Téké et Kongo (partie méridionale). Elle est lingalophone et kikongophone. La capitale du pays, Kinshasa, se trouve au point de contact entre les deux grandes masses francophones de l'Afrique centrale, celle de la République démocratique du Congo et celle du sous-ensemble de la CEMAC. De ce fait, cette ville fonctionne bien plus comme une métropole de la partie occidentale du territoire, excentrée et tournant le dos à son immense arrière-pays au tropisme plus oriental et austral. La particularité de cette aire est d'être la seule façade maritime de la République démocratique du Congo avec les deux principaux ports atlantiques de Matadi et Boma.

L'aire ouest-atlantique sud (océan Atlantique et Angola)

Au-delà des royaumes précoloniaux Kongo et Lunda chevauchant les frontières des deux territoires modernes de la République démocratique du Congo et de l'Angola, cette zone est constituée par les provinces frontalières avec l'Angola, notamment de Kwango, des Kasaï et de Lualaba qui gravitent autour des villes angolaises de Luanda, Huambo, Lobito et Benguela. Cette dernière est notamment le terminus du chemin de fer qui relie la côte atlantique au Katanga et pourrait à nouveau constituer le principal corridor ouest de désenclavement du sud de la République démocratique du Congo, à condition que la voie ferrée, déjà réhabilitée côté angolais, le soit également côté congolais. D'ailleurs, en 1960, la province du Sud-Kasaï fit elle aussi sécession sur le modèle de la province cuprifère du Katanga et sous la conduite de son leader Albert Kalonji qui revendiquait une meilleure jouissance de la principale richesse de son sous-sol, le diamant. Ce pourrait être un autre atout majeur pour la République démocratique du Congo, mais

6. « Les trois cercles d'influence de la puissance sud-africaine », carte, *L'Expansion*, n° 390, 1990.

Hérodote, n° 179, La Découverte, 4e trimestre 2020.

les flux de contrebande s'orientent vers l'autre grand producteur de diamants du continent qu'est l'Angola.

À l'évidence, ces quatre aires géopolitiques internes de la République démocratique du Congo en font un pays décentré, déconnecté, fonctionnant essentiellement dans les marges frontalières périphériques des États limitrophes qui contrôlent ses principaux corridors de désenclavement. Il en résulte une forte dépendance extérieure qui fait obstacle à l'unité de la RDC et à celle de l'entité régionale de l'Afrique centrale. Or, pour jouer pleinement le rôle primordial d'État-pivot de la CEEAC, il lui faut d'abord réaliser son intégration spatiale interne [Bruneau et Simon, 1991], condition *sine qua non* du recentrement de l'ensemble des États membres vers le pôle de puissance qui offre les meilleurs atouts permettant d'évoluer vers un processus de construction communautaire viable.

Le recentrement géopolitique de la République démocratique du Congo et de la CEEAC autour de l'État-pivot

Comment réaliser l'intégration spatiale interne de la République démocratique du Congo, indispensable pour exercer son rôle d'État-pivot, tout en permettant aux autres États membres de la CEEAC, satellites d'autres organisations régionales africaines, d'assumer pleinement une identité régionale et une CER d'Afrique centrale comme espace d'intégration régionale de référence ? Les obstacles à cette intégration spatiale interne sont nombreux : excentricité et éloignement excessifs de la capitale par rapport à tous les confins ; en conséquence, les grandes décisions de l'action étatique et de la puissance publique ainsi que les flux multiformes en provenance de la capitale sont perçus comme lointains et se répercutent de manière asynchrone ; absence ou défectuosité des réseaux de communications reliant l'ensemble du territoire ; captation du dynamisme économique des métropoles et régions périphériques par les États limitrophes ; superposition de multiples fonctions dans la ville-capitale sur plusieurs niveaux de juridiction d'administration territoriale qui rend inefficace l'ensemble de l'action gouvernementale ; possibilité d'émergence d'un régionalisme identitaire à fort relent séparatiste ou irrédentiste du fait de l'éloignement et de la marginalisation des régions frontalières par le pouvoir central. « L'immensité du pays qui devrait, en principe, être un avantage sur les pays voisins surpeuplés (Rwanda, Burundi) est plutôt un sérieux handicap. La perception du pays par un habitant de Boma dans le Bas-Congo est différente de celle d'un habitant de Goma dans le Nord-Kivu. L'un et l'autre, éloignés par 2 000 km de distance, s'ignorent car ces deux villes ne sont reliées par aucune voie terrestre ou fluviale directe. La voie nationale est un véritable parcours du combattant semé d'embûches et d'innombrables inconnues dignes

Hérodote, n° 179, La Découverte, 4e trimestre 2020.

du Camel Trophy [Kanyarwunga, 2006]. » « Or, si l'on admet que d'une certaine façon l'État et les réseaux se confondent, on ne peut que s'interroger sur la viabilité d'un État dont les réseaux terrestres de communication ne remplissent que très imparfaitement leur fonction de liaison » [Pourtier, 1991]. Dans le contexte actuel des guerres et dysfonctionnements multiples que continue de connaître le Congo, il y a lieu de croire que cette situation ne semble pas avoir beaucoup évolué [Banque mondiale, 2016]. L'option de relocalisation de la capitale politique (carte 2) aurait pu paraître viable en tant que solution durable d'intégration spatiale et nationale. Cependant, les coûts faramineux d'une telle entreprise invitent à la prudence pour un pays pauvre dont les priorités de l'aménagement devraient s'orienter davantage vers les infrastructures de communication et du développement social.

Enjeux, défis et perspectives de l'intégration dans la CEEAC

L'analyse approfondie des actions et stratégies des organisations africaines et de l'ensemble du processus d'intégration continentale depuis 1960 permet d'en expliquer les contre-performances. Premièrement, une intégration régionale performante est une somme d'intégrations nationales réussies. Deuxièmement, une intégration continentale réussie est une addition de Communautés économiques régionales consolidées et accomplies. À partir de ces deux principes comment envisager l'avenir du processus d'intégration dans la CEEAC ? L'évolution actuelle de ce processus permet-elle, au regard des grands enjeux et défis auxquels elle est confrontée, de garantir des avancées susceptibles de faire compter la CEEAC parmi les organisations régionales performantes du continent ?

Insécurité et fragilité politique

L'un des enjeux majeurs qui engendrent le déficit d'intégration dans la CEEAC est sans nul doute d'ordre sécuritaire, à savoir l'insécurité liée à la fragilité politique des États ; l'instabilité politique reflétant la faiblesse de l'intégration nationale. Aucun processus d'intégration régionale ne peut s'épanouir dans un contexte d'insécurité quasi permanente affectant la majorité des États membres d'une organisation. Le cas de la CEEAC est très révélateur de cette conflictualité intra et interétatique qui a déstabilisé ou continue de perturber les relations internationales pacifiques indispensables à tout processus régional de construction communautaire.

Du fait de leur longévité excessive et sans possibilité d'alternance, les pouvoirs ou régimes politiques, toujours en place – des présidents Omar et Ali

Hérodote, n° 179, La Découverte, 4e trimestre 2020.

Bongo au Gabon (53 ans), Teodoro Obiang Nguema Mbasogo en Guinée équatoriale (41 ans), Paul Biya au Cameroun (38 ans), Denis Sassou Nguesso au Congo (37 ans), Idriss Déby au Tchad (30 ans), et Paul Kagame au Rwanda (20 ans) –, gérontocratiques ou crépusculaires, apparaissent comme des risques potentiels d'embrasement pouvant dériver vers des guerres civiles ravageuses. À ceci s'ajoutent d'autres facteurs de conflits ralentissant ou bloquant l'intégration régionale en CEEAC : 1) forte insécurité dans les régions riches en minerais où se sont constituées des enclaves économiques échappant au contrôle du pouvoir central et gérées par des groupes armés (République démocratique du Congo, RCA) ; 2) conflits intercommunautaires à dérives irrédentistes ou séparatistes (RDC, Cameroun) ; 3) attaques de groupes islamo-fondamentalistes armés (Tchad, Cameroun) ; 4) milices s'opposant aux armées régulières (Angola, RDC, Cameroun, RCA, Rwanda, Burundi). Ces conflits résultent pour l'essentiel d'une gouvernance oligarchique, d'inégalités sociales et spatiales qui en découlent ainsi que d'une absence d'alternance démocratique. Toute cette panoplie conflictuelle intranationale, absorbant régulièrement les énergies et ressources des États, est porteuse d'une instabilité régionale globale qui ne peut garantir aucune efficacité des actions stratégiques d'intégration décidées par l'exécutif communautaire.

Quels défis surmonter en vue d'une intégration viable

La CEEAC se distingue notamment par une faiblesse structurelle de son économie régionale, caractérisée par une forte dépendance des économies nationales à l'égard des ressources pétrolières (Angola, Guinée équatoriale, Tchad, Congo, Gabon) et minières (RDC, Cameroun, RCA, Gabon) soumises aux aléas de la conjoncture économique internationale, en raison de la fluctuation, souvent défavorable, des cours des matières premières. Un processus d'intégration régionale fiable ne saurait se construire, comme c'est le cas actuellement, sur la base d'initiatives ou de décisions inspirées par une conjoncture économique instable, mais devrait plutôt reposer sur des stratégies durables et planifiées relevant préalablement d'une transformation structurelle des économies. Ces économies de rente ont suscité chez les élites dirigeantes des comportements ploutocratiques. La contribution financière des États membres et leur capacité à financer de manière intrinsèque le fonctionnement de la structure exécutive des Communautés ainsi que les projets de développement et les programmes sectoriels restent problématiques. La CEEAC et la CEMAC, comme d'autres organisations africaines, du fait que les contributions des États sont insuffisantes et aléatoires, demeurent à ce jour trop dépendantes des subventions extérieures de fonctionnement octroyées par les organismes et institutions de développement et de coopération bilatérale ou

Hérodote, n° 179, La Découverte, 4e trimestre 2020.

multilatérale des pays industrialisés. Le constat est que ces ressources extérieures servent surtout à entretenir une superstructure de gouvernance (commission, parlement, institutions) très bureaucratique et dont l'efficacité reste à prouver au regard de la faiblesse des résultats. Il importe de préciser que la performance d'une CER réside dans la capacité de ses membres à la doter de ressources financières autonomes la mettant à l'abri des influences d'organisations plus puissantes, afin de lui garantir une indépendance politique et économique dans la mise en œuvre de ses objectifs, projets et stratégies. La CEEAC le peut-elle – elle qui souffre déjà de la participation active de cinq de ses membres à d'autres organisations continentales ?

Parmi les défis majeurs à relever, la diversification des économies demeure la pierre angulaire. Elle devra nécessairement s'affranchir de la forme actuelle d'industrialisation par substitution des importations et se traduire par une véritable industrialisation productrice de biens manufacturés à haute valeur ajoutée, et s'accompagner aussi d'une amélioration inconditionnelle du climat des affaires et de la gouvernance économique. Quant à l'amélioration de la gouvernance politique, en favorisant le respect de l'État de droit, elle apparaît comme le gage le plus sûr de la consolidation de l'intégration nationale, préalable et impératif catégorique à la réussite de l'intégration régionale.

Conclusion

En 2019, alors que l'on croit définitivement réglée la question de la composition étatique des CER africaines de référence devant contribuer à l'édification de la zone de libre-échange continentale, il est surprenant de constater que les organismes les plus officiels, chargés de l'analyse de la conjoncture économique régionale, de l'évaluation des performances et du financement de l'intégration, en soient encore à créer le doute quant au nombre des États membres devant composer la CEEAC ou même la région d'Afrique centrale. Le point de vue de la Banque africaine de développement (BAD) illustre cette imprécision tendancieuse :

« La CEEAC et la CEMAC se recoupent géographiquement, ont des origines similaires et sont dotées de mandats comparables. La CEEAC est née du regroupement des États membres de la CEMAC avec cinq autres pays de la région. Le Burundi et le Rwanda appartiennent aussi à la Communauté d'Afrique de l'Est. Le Burundi, la République démocratique du Congo et le Rwanda sont également membres du Marché commun de l'Afrique orientale et australe. Enfin, l'Angola et la République démocratique du Congo appartiennent aussi à la Communauté de développement de l'Afrique australe. Dans le présent rapport, le terme "Afrique centrale" renvoie à l'espace couvert par les six pays de la CEMAC et de la République démocratique du Congo. Le Burundi et le Rwanda sont

Hérodote, n° 179, La Découverte, 4e trimestre 2020.

considérés comme faisant partie de l'Afrique de l'Est et l'Angola et São Tomé-et-Principe comme appartenant à l'Afrique australe» [BAD, 2019, p. 3].

En interprétant plus attentivement la conception d'Afrique centrale de la BAD, on se résout à considérer qu'en vérité la CEEAC, du fait du tropisme déjà évoqué de cinq de ses États membres vers le COMESA, l'EAC et la SADC, se résume finalement au seul noyau sous-régional de la CEMAC en plus de la République démocratique du Congo. Il s'agit peut-être d'une vision lucide de la réalité mais qui n'en présente pas moins une CEEAC tronquée. La multiple appartenance, qui signifie aussi la multiple contribution financière, des cinq autres États aux CER ci-dessus citées équivaut à une amputation de l'organisation régionale de référence de l'Afrique centrale de quasiment la moitié de ses membres et des ressources financières qu'elle est en droit d'en attendre. Cette conception réductrice de l'Afrique centrale, de la part du premier organisme de financement du développement et de l'intégration du continent, apparaît à la fois comme une remise en cause de la régionalisation officielle du continent opérée par le plan de Lagos de 1980 et le traité d'Abuja de 1991, et également comme une légitimation du tropisme et de la partition de la CEEAC.

Resurgit alors la problématique centrale de l'identité régionale et du sentiment d'appartenance à la région d'Afrique centrale et à la CEEAC. Cette problématique demeure, à n'en point douter, le facteur explicatif le plus prégnant dans la causalité du déficit d'intégration et des contre-performances de la CEEAC par rapport qu'à d'autres CER africaines. Et si l'Afrique centrale est réduite à ne fonctionner qu'avec la CEMAC plus la République démocratique du Congo, le risque de cette configuration est d'engendrer un autre tropisme, francophone celui-là, qui présenterait l'inconvénient d'enfermer l'intégration en Afrique centrale dans des logiques culturelles potentiellement clivantes. Pour échapper à cette éventualité néfaste, il devient urgent pour tous les États de la CEEAC de fortifier leur conscience d'appartenance à un espace régional commun et d'adhérer plus volontairement à l'idée d'une communauté de destin nécessaire à l'accomplissement d'un pan du processus vers l'intégration continentale. Il revient donc à la République démocratique du Congo, potentiel État-pivot de la CEEAC, de conduire la mission de réalisation d'une intégration régionale viable, en comptant sur l'essor démographique de l'Angola et du Cameroun, respectivement 24e (77 millions) et 41e (50 millions d'habitants) pays les plus peuplés du monde en 2050[7], sur leur dynamisme économique, de même que sur celui du Rwanda, *start-up nation* africaine émergente, sans oublier les capacités de résilience qui pourraient émerger de

7. «Projections par pays», INED, < https://ined.fr/fr/tout-savoir-population/chiffres/projections-mondiales/projections-par-pays/ >, consulté le 22 août 2020.

Hérodote, n° 179, La Découverte, 4e trimestre 2020.

l'épuisement des ressources pétrolières chez les producteurs actuels qui auront tiré toutes les leçons du « syndrome hollandais » ou de la « malédiction du pétrole ».

Enfin, la dynamisation de la CEEAC, actée à Libreville, lors du 9e sommet de la conférence des chefs d'État et de gouvernement de la CEEAC, ne saurait se borner à une simple réforme bureaucratique et coûteuse de plus : « Le secrétariat général de la CEEAC disparaît et se voit rebaptisé "commission de la CEEAC". Un engagement fort a été pris pour assurer l'autonomisation financière de l'institution. Les pays membres sont encouragés à collecter et à reverser à la commission la taxe communautaire d'intégration (TCI)[8] ». Ce qui importe aujourd'hui pour l'avenir du processus d'intégration en Afrique centrale n'est pas une fonctionnarisation régionale supplémentaire et inefficace, mais plutôt la rationalisation de ses organisations régionales, autrement dit la disparition des plus petites au profit de la plus grande qu'est la CEEAC. Cependant, à ce jour, l'une des plus petites, la CEMAC, semble la plus consistante. Ses six États membres présentent déjà l'avantage, à travers le franc CFA, de constituer une union monétaire stable – donnée non négligeable pour la libre circulation en cette période où le débat sur son abandon prend des tournures très passionnelles. Il est plus réaliste de réformer cette monnaie pour l'adapter aux évolutions politiques et économiques contemporaines. La partie française s'en est favorablement ouverte. Il devient donc utile pour l'avenir, et pour les deux parties, de reconstruire un nouveau franc CFA plus fort qui permettrait d'éviter les mésaventures antérieures des monnaies nationales qui ne reposaient pas sur des fondements économiques solides (franc guinéen, franc malien, ouguiya mauritanien, franc congolais, etc.). La CEMAC, par sa stabilité monétaire, devient donc une garantie pour l'intégration économique de la CEEAC. Il convient alors d'être plus nuancé sur la problématique de la rationalisation dans cette CER.

Bibliographie

BAD (Banque africaine de développement) (2019), *Perspectives économiques en Afrique centrale, Performances macroéconomiques et perspectives, Intégration régionale en Afrique centrale*, 60 p.

BRUNEAU J.-C. et SIMON T. (1991), « Zaïre, l'espace écartelé », *Mappemonde 4*.

CHOUALA Y. A. (2014), « Les multilatéralismes en Afrique centrale : l'intégration régionale à l'épreuve des Communautés économiques régionales », *in* FAU-NOUGARET Mathieu (dir.), *La Concurrence des organisations régionales africaines*, Paris, L'Harmattan, p. 153-174.

8. « Gabon : la réforme de la CEEAC validée lors d'un sommet à Libreville », *French Xinhuanet.com*, 19 décembre 2019, < http://french.xinhuanet.com/afrique/2019-12/19/c_138642518.htm > consulté le 26 août 2020.

Hérodote, n° 179, La Découverte, 4e trimestre 2020.

DAMANIA R. (2015) « Transport, croissance économique, et déforestation en République démocratique du Congo. Une analyse spatiale », Banque mondiale, 83 p.

DZAKA-KIKOUTA T. et TCHOUASSI G. (2014), « Intégration régionale en Afrique centrale : Une analyse des théories, des contraintes et des perspectives », *in* FAU-NOUGARET M. (dir.), *La Concurrence des organisations régionales africaines*, Paris, L'Harmattan, p. 207-227.

FOLEFACK E. (2014), « Traité d'Abuja et foisonnement des institutions d'intégration régionale en Afrique : problèmes de coordination, de compatibilité des projets et de la gestion des appartenances multiples. Les cas de l'Afrique centrale, de l'Afrique orientale et australe », *in* FAU-NOUGARET M. (dir.), *La Concurrence des organisations régionales africaines*, Paris, L'Harmattan, p. 175-195.

Hérodote (1997), *Géopolitique d'une Afrique médiane, des Grands Lacs au fleuve Congo*, n° 86/87, 3e-4e trimestre, 233 p.

KANYARWUNGA J. I. N. (2006), *République démocratique du Congo. Les générations condamnées, Déliquescence d'une société précapitaliste*, Paris, Publibook, p. 367.

L'Expansion (1990), « L'Afrique du Sud sauvera-t-elle l'Afrique ? », n° 390, 18 au 30 octobre, p. 262-271.

MINISTÈRE DE L'ÉCONOMIE, DES FINANCES ET DE LA RELANCE (2020), *L'Économie de la RD Congo*, 16 janvier, < www.tresor.economie.gouv.fr/Pays/CD/l-economie-de-la-rd-congo > consulté le 26 août 2020.

POURTIER R. (1993), « L'intégration régionale en Afrique centrale : entre territoire et mémoire », Actes de la table ronde *L'Intégration régionale en Afrique centrale, une mise en perspective*, Libreville, CERGEP, université Omar Bongo, p. 10-18.

POURTIER R. (1991), « l'inéluctable défi des transports », *Politique africaine*, n° 41, « Zaïre : un pays à reconstruire », p. 22-31.

REYNTJENS F. (1999), *La Guerre des Grands lacs. Alliances mouvantes et conflits extra-territoriaux en Afrique centrale*, Paris, L'Harmattan, 256 p.

ROPIVIA M.-L. (1993), « L'Afrique centrale ou l'identité perdue : la fiction spatiale de l'intégration », Actes de la table ronde *L'Intégration régionale en Afrique centrale, une mise en perspective*, Libreville, CERGEP, université Omar Bongo, p. 18-21.

ROPIVIA M.-L. (1994), *Géopolitique de l'intégration en Afrique noire*, Paris, L'Harmattan.

ROPIVIA M.-L. (1998), « Institutions déliquescentes et espace éclaté : quelle intégration régionale en Afrique centrale ? », *in* BACH D. C. (dir.) *Régionalisation, mondialisation et fragmentation en Afrique subsaharienne*, Paris, Karthala, p. 175-184.

ROPIVIA M.-L. (2001), « L'Afrique centrale embrasée : pour une géopolitique de pacification régionale », *in* ANGO ELA P. (dir.), *La Prévention des conflits en Afrique centrale : prévention pour une culture de la paix*, Paris, Karthala, p. 143-158.

Hérodote, n° 179, La Découverte, 4e trimestre 2020.

Situation sanitaire de la République démocratique du Congo en 2020

René Migliani[1] *et Jeanne-Marie Amat-Roze*[2]

Fin 1997, la revue *Hérodote* consacrait un numéro entier à l'Afrique médiane centré sur un moment charnière de l'histoire de cette région : la chute du Zaïre de Mobutu le 17 mai de cette même année. La majorité des articles de ce numéro abordait les aspects géopolitiques du Zaïre dans cette période de transition vers la République démocratique du Congo (RDC). Seuls étaient traités les aspects humanitaires et sanitaires spécifiques liés au conflit rwandais [Bradol et Guibert, 1997]. Il nous a paru intéressant plus de vingt ans après de présenter quelques aspects sanitaires actuels de la RDC. Cet article n'a pas pour ambition de présenter un atlas exhaustif des maladies de la RDC, mais de montrer au travers des affections transmissibles sélectionnées, le niveau de développement, les progrès comme les freins à une amélioration des valeurs des indicateurs de santé.

Le tableau I montre l'évolution de quelques indicateurs socio-économiques, démographiques et sanitaires de la RDC entre 1997 et 2018. Si on observe une amélioration de presque tous ces indicateurs sur la période, la RDC reste un des 47 pays les moins avancés (PMA) et parmi les plus pauvres du monde. Le taux de natalité encore très élevé se traduit par la jeunesse de la population ; les moins de 15 ans sont estimés à près de 50 %, sans véritable changement du profil démographique en 20 ans. La malnutrition chronique endémique fragilise les enfants de moins de 5 ans et un accès insuffisant à l'eau potable, surtout en milieu rural, est à l'origine de la persistance des maladies diarrhéiques. Le ministère de

1. Professeur agrégé de l'École du Val-de-Grâce, visiteur de l'université de Bordeaux-II, Santé Publique.

2. Professeur émérite des universités.

Hérodote, n° 179, La Découverte, 4e trimestre 2020.

la Santé a organisé en 2017-2018 une enquête sur échantillon représentatif des formations de santé (FOSA) du pays (50 FOSA dans chacune des 26 provinces) pour évaluer les prestations des services de soins de santé [ESPK, 2019]. Cette enquête confirme les carences des constats précédents. Quelques résultats suffisent à illustrer ce constat : 65 % des FOSA sont pourvues en électricité régulière (23 à 89 % selon la province) ; 49 % des FOSA possèdent une source en eau améliorée (38 % dans le secteur public et 63-71 % dans le secteur privé) ; 65 % des FOSA sont équipées d'une source de lumière pour l'examen des malades ; l'équipement en moyens individuels de protection varie selon le moyen : blouse (83 % des FOSA), gants (75 %), masques (14 %) et protège-yeux (3 %) ; la disponibilité en médicaments essentiels pour l'enfant varie également : combinaisons thérapeutiques à base d'artémisinine (CTA) contre le paludisme (84 % des FOSA), mébendazole/albendazole contre les helminthes[3] (81 %), sérum de réhydratation orale (SRO) pour le traitement de la diarrhée (79 %), zinc[4] (61 %) et autres (moins de 50 % des FOSA) ; 70 % des FOSA offrant des services de vaccination infantile et stockant des vaccins avaient le jour de l'enquête au moins un flacon ou une ampoule non périmés de chacun des vaccins de base (vaccin pentavalent[5], vaccin polio oral, vaccin rougeoleux, BCG et diluants) ; 44 % du personnel parmi les prestataires de services de santé infantile a bénéficié d'une formation dans les 24 mois.

3. Helminthes : vers parasites de l'homme répartis en némathelminthes (vers ronds : ascaris, trichocéphale, ankylostomes, anguillule...) et plathelminthes (vers plats : douves, schistosomes, ténias).

4. La supplémentation en zinc est bénéfique aux enfants souffrant de diarrhée car il s'agit d'un micronutriment indispensable au transport intestinal de l'eau et des électrolytes.

5. Le vaccin pentavalent en Afrique est un vaccin combiné qui protège simultanément contre cinq maladies : la diphtérie, le tétanos, la coqueluche, l'hépatite virale B et l'infection à *Haemophilus influenzae* de type b (Hib). Ces deux derniers vaccins ont été introduits en Afrique dans le PEV respectivement en 1992 et 1997.

Hérodote, n° 179, La Découverte, 4e trimestre 2020.

TABLEAU 1. – ÉVOLUTION DE QUELQUES INDICATEURS SOCIO-ÉCONOMIQUES, DÉMOGRAPHIQUES ET SANITAIRES DE LA RÉPUBLIQUE DÉMOCRATIQUE DU CONGO ENTRE 1997 ET 2018

Indicateurs	**1997**	**2018**	**Variation**
PIB[6] par habitant (US dollars)	139	562	+ 304 %
IDH[7] (classement mondial)	0,33 (142e/175 pays)	0,46 (179e/189 pays)[8]	+ 39 %
Part de la population < 15 ans	45,6 %	46,1 %	+ 1 %
Croissance annuelle de la population	2,47 %	3,23 %	+ 31 %
Nombre moyen d'enfants par femme	6,77	6,02	– 11 %
Taux brut de mortalité pour 1 000 personnes	16,6	9,5	– 75 %
Taux de mortalité infantile pour 1 000 naissances vivantes	112	68	– 39 %
Malnutrition aiguë des moins de 5 ans (poids/taille <-2DS3[9])	11,4 % (1995)	6,5 %	– 75 %
Malnutrition chronique des moins de 5 ans (taille/âge <-2DS)	51,0 % (1995)	41,8 %	– 18 %
Espérance de vie à la naissance femmes/hommes (années)	50,5/47,6	61,9/58,9	+ 23 % / + 24 %
Alphabétisation des adultes > 15 ans	67,2 % (2001)	77 % (2016)	+ 15 %
Accès à l'eau potable (% de population) - En milieu rural - En milieu urbain	42 % 20 % 89 %	59 % 34 % 91 %	+ 40 % + 70 % + 2 %
Part du budget de l'État alloué à la santé (%)	0,3 %	7,8 % (2017)	+ 2 500 %
Nombre de médecins pour 10 000	0,7 (1996)	10,6 (2017)	+ 1 414 %
Nombre d'infirmiers/sages-femmes pour 10 000	4,4 (1996)	11,1	+ 152 %
Nombre de lits aigus d'hôpitaux pour 10 000	14,3 (1990)	8,0 (2006)	– 44 %

Sources : Banque mondiale, OMS/Unicef, PNUD.

6. Produit intérieur brut.
7. Indice de développement humain (Programme des Nations unies pour le développement).
8. *Rapport sur le développement humain 2019.*
9. Déviation standard.

Hérodote, n° 179, La Découverte, 4e trimestre 2020.

CARTE 1. – PROVINCES DE LA RÉPUBLIQUE DÉMOCRATIQUE DU CONGO

Hérodote, n° 179, La Découverte, 4e trimestre 2020.

Une analyse internationale en 2019 montre une amélioration de la couverture sanitaire universelle (CSU) dans les pays africains par rapport à 2010. La CSU reste cependant encore insuffisante en RDC, avec un indice de couverture effective égal à 45 sur 100. Les insuffisances les plus marquées touchent les femmes et les jeunes enfants[10].

Depuis le conflit rwandais (1990 à 1994) puis les guerres congolaises (1996-1997 et 1998-2002) et les violences et troubles politiques qui persistent chroniquement jusqu'à présent, la présence de réfugiés et de déplacés sur le territoire de la RDC est constante. Ainsi, fin juin 2020, 525 000 réfugiés, dont 73 % hors camps, sont encore présents au nord et à l'est du pays dans toutes les provinces frontalières depuis le Sud-Ubangi jusqu'au Sud-Kivu (carte 1) [UNHCR, 2020a], auxquels s'ajoutent plus de 5 millions de déplacés internes depuis 2017 [UNHCR, 2020b]. La présence de ces populations réfugiées et déplacées a un fort impact sur l'environnement, en termes de déforestation et de dégradation de la biodiversité pour satisfaire leurs besoins fondamentaux en eau, en bois de chauffe et en nourriture comme le résume bien le proverbe africain qui dit « Lorsque les éléphants se battent ils piétinent l'herbe » [Baloko, 2011].

Les maladies transmissibles, encore au premier plan des besoins de santé

La rougeole, la plus forte épidémie observée dans le monde en 2019

Afin de prévenir plusieurs maladies infantiles potentiellement graves et mortelles par l'administration de vaccins, la RDC a introduit comme l'ensemble des pays africains, à partir de 1978, le programme élargi de vaccination (PEV) dont les maladies-cibles étaient la tuberculose, la diphtérie, le tétanos, la poliomyélite, la coqueluche et la rougeole. Les six vaccins étaient administrés durant la première année de vie selon un calendrier standard proposé par l'Organisation mondiale de la santé (OMS), en anglais World Health Organization (WHO).

La rougeole est une maladie infectieuse virale à transmission aérienne comme la grippe, qui offre un modèle intéressant pour analyser l'évolution de ce programme mondial de vaccination et son application en RDC. Elle est une des maladies infectieuses parmi les plus contagieuses, aux complications potentiellement graves, en particulier les encéphalites aiguës et subaiguës qui peuvent

10. GBD (Global Burden Disease), « Universal Health Coverage Collaborators Measuring universal health coverage based on an index of effective coverage of health services in 204 countries and territories, 1990-2019 : a systematic analysis for the Global Burden of Disease Study 2019 », *The Lancet*, 27 août 2020.

Hérodote, n° 179, La Découverte, 4e trimestre 2020.

laisser des séquelles neurologiques importantes, voire être mortelles notamment chez les enfants malnutris avec une létalité pouvant atteindre 10 % des malades. Strictement humaine, la rougeole, contre laquelle on dispose d'un vaccin vivant atténué efficace et bien toléré, est donc potentiellement éradicable. D'où la mise en œuvre depuis 1997 d'un programme mondial d'élimination avec l'administration d'une première dose entre les âges de 9 et 12 mois et depuis 2000 d'une deuxième dose entre 15 et 18 mois. Une couverture vaccinale élevée, supérieure à 95 %, est indispensable pour arrêter la transmission et éliminer la maladie.

La mise en œuvre de la vaccination antirougeoleuse au début des années 1980 a été à l'origine d'une baisse importante du nombre de cas de rougeole notifiés dans le monde (graphique). Après une augmentation rapide de la couverture vaccinale (CV)[11] durant les dix premières années (73 % au niveau mondial et 58 % en Afrique), on observe une stagnation de celle-ci les dix années suivantes. L'initiative GAVI[12] entre 2000 et 2010 et la Décennie de la vaccination lancée par l'OMS depuis 2011 ont permis à nouveau une augmentation de la CV qui atteint 86 % dans le monde, 74 % en Afrique et 80 % en RDC en 2019 pour la première dose de vaccin. Elle reste en deçà des 95 % indispensables pour l'élimination de la rougeole notamment dans les pays de l'Afrique subsaharienne. Plusieurs de ces pays dont la RDC n'ont pas encore adopté la deuxième dose de vaccination antirougeoleuse[13].

On observe ces dernières années une recrudescence de la rougeole sur tous les continents. Ainsi, en 2019, la plus forte épidémie de rougeole dans le monde a été observée en RDC avec plus de 310 000 cas notifiés et 6 045 décès favorisés par la forte prévalence de la malnutrition infantile (tableau 1) et dont le nombre réel de cas et de décès est sans doute sous-évalué. Les seuls décès attribuables à la rougeole en un an représentent plus de 2 fois et demie les décès liés à l'épidémie d'Ebola qui a touché l'est du pays entre août 2018 et juin 2020 (2 287 décès). Des campagnes de rattrapage vaccinal de grande ampleur ont été mises en œuvre

11. Rapport entre le nombre de personnes correctement vaccinées, ayant reçu à un âge donné le nombre de doses requises de vaccins du calendrier national, et le nombre total de personnes qui auraient dû l'être dans la même population. Dans le cadre des objectifs de développement durable dans les pays de la région Afrique de l'OMS, la couverture vaccinale est calculée chez les enfants de moins de 1 an complètement vaccinés et ajustée sur l'équité, c'est-à-dire chez les enfants des 40 % les moins riches pour juger de l'administration des vaccins aux plus défavorisés. En 2016, cet indicateur était égal à 36,3 % en RDC [OMS].

12. L'Alliance du vaccin (anciennement GAVI pour Global Alliance for Vaccines and Immunization ou, en français Alliance mondiale pour les vaccins et l'immunisation) est un partenariat international créé en 2000 dont le but est d'accélérer l'accès des enfants des pays pauvres à la vaccination.

13. René Migliani, « La rougeole dans le monde en 2019 », *Mesvaccins.net*, 5 mars 2020.

Hérodote, n° 179, La Découverte, 4e trimestre 2020.

GRAPHIQUE. – CAS DE ROUGEOLE DÉCLARÉS ET COUVERTURES VACCINALES DES VACCINS ROUGEOLEUX DANS LE MONDE, EN RÉGION AFRIQUE OMS ET EN RÉPUBLIQUE DÉMOCRATIQUE DU CONGO DE 2005 À 2019

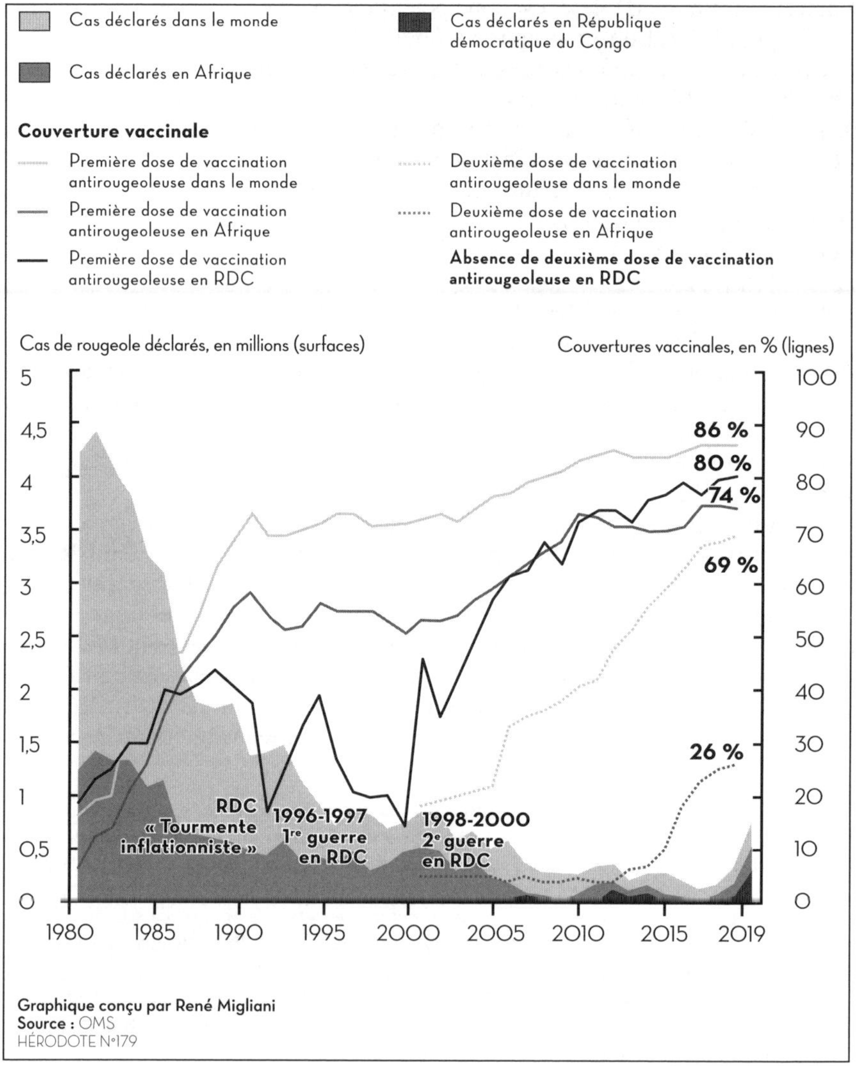

Sources : OMS ; Unicef.

Hérodote, n° 179, La Découverte, 4e trimestre 2020.

dans les régions où la rougeole a flambé, campagnes rendues difficiles dans les zones les plus reculées et dans les zones à forte insécurité (Kivu, Ituri). Malgré ces difficultés 5 800 000 enfants de 6 mois à 5 ans ont été vaccinés. Ainsi, la faiblesse de la couverture vaccinale, les insuffisances sociosanitaires, les difficultés saisonnières d'accès aux structures de santé et les situations de conflits expliquent en grande partie la persistance et parfois l'importance de la rougeole en Afrique. Le cas de la RDC illustre bien ces situations. On note dans ce pays l'impact négatif sur le programme de vaccination, qui se traduit par une baisse de la couverture vaccinale et une sous-notification voire une non-déclaration des cas lors des périodes d'instabilité économique et sociale et des conflits armés (années 1990-2002) (graphique).

Les grandes endémies prioritaires

Trois maladies infectieuses endémiques[14] faisant l'objet de programmes de lutte prioritaires au niveau international et en RDC bénéficient de financements spécifiques du Fonds mondial[15] : le paludisme, le syndrome d'immunodéficience acquise (sida) et la tuberculose.

Le paludisme, les effets incontestables de l'inititative « Roll Back Malaria »

Le paludisme est une maladie infectieuse des régions tropicales du globe. Elle est due à un parasite du genre *Plasmodium* qui détruit les globules rouges à l'origine d'un accès simple avec fièvre élevée, frissons, maux de tête, douleurs abdominales et courbatures. L'accès peut se compliquer de neuro-paludisme mortel associant coma fébrile et défaillance multiviscérale avec l'espèce *Pl falciparum*, la plus fréquente en Afrique tropicale. Le parasite est transmis par un moustique du genre *Anophèles*. En RDC, la presque totalité de la population est exposée au paludisme endémique à *Pl falciparum*, l'espèce « qui tue » surtout le jeune enfant et qui « résiste » aux antipaludiques. On y décrit trois faciès épidémiologiques fortement

14. Endémie : maladie infectieuse enracinée dans une région, un pays, un continent, voire la terre entière ; qualifiée de « grande endémie » si elle représente un problème de santé publique avec un impact important en termes de mortalité, de morbidité et d'invalidité. Les facteurs géoclimatiques et environnementaux, le sous-développement et les comportements humains favorisent cet enracinement.

15. Fonds mondial : partenariat international conçu pour mettre plus rapidement un terme au paludisme, au sida et à la tuberculose, qui mobilise et investit chaque année plus de 4 milliards de dollars américains à l'appui de programmes dirigés par des spécialistes locaux dans plus de 100 pays.

Hérodote, n° 179, La Découverte, 4e trimestre 2020.

influencés par les facteurs géoclimatiques : un faciès équatorial en zone de forêts à transmission permanente avec une prémunition[16] acquise avant l'âge de 5 ans au prix de formes neurologiques fréquemment mortelles sans traitement chez le jeune enfant ; un faciès tropical en zone de savane à transmission en saison des pluies avec une prémunition plus tardive vers l'âge de 10 ans et des formes graves jusqu'à un âge également plus tardif ; un faciès montagnard jusqu'à environ 1 500 mètres d'altitude à l'est du pays à transmission courte sans acquisition de prémunition et des formes graves dans l'ensemble de la population.

L'Initiative « Faire reculer le paludisme » (*Roll Back Malaria* en anglais) est lancée par l'OMS en 1998 en partenariat avec l'Unicef, le programme des Nations unies pour le développement (PNUD) et la Banque mondiale. Elle pose les bases des trois principales stratégies de lutte encore mises en œuvre actuellement : l'accès rapide à un traitement efficace avec une combinaison thérapeutique à base d'artémisinine (CTA) ; l'utilisation des moustiquaires de lit imprégnées d'insecticides (MII) ; la prévention chez les femmes enceintes par MII et traitement préventif intermittent (TPI).

En 2000, le président de la RDC, avec ceux des autres pays endémiques africains, adopte les objectifs de lutte à atteindre fixés par la déclaration d'Abuja (Nigeria). Le tableau 2 montre les progrès accomplis par la RDC entre 2006 et 2018. Le paludisme est toujours responsable d'une forte morbidité en 2018 avec près de 27 millions de nouveaux cas estimés de paludisme, ce qui classe la RDC deuxième pays après le Nigeria (57 millions de cas estimés) [WHO, 2019]. Lorsque l'on rapporte ce nombre de cas au nombre d'habitants, l'incidence pour 1 000 a diminué de près d'un quart (– 23 %) depuis 2006, compte tenu de la forte croissance démographique du pays malgré les longues périodes de conflits meurtriers (carte 2). Par contre, la prise en charge thérapeutique rapide des jeunes enfants dans le pays, comme dans tous ceux de l'Afrique subsaharienne, a permis de diminuer en 2018 de moitié (– 54 %) le nombre de décès liés au paludisme et des deux tiers (– 69 %) la mortalité pour 1 000. Le diagnostic de paludisme est plus fiable et plus rapide grâce à l'usage des tests de diagnostic rapide (TDR) notamment depuis 2010 [Lechthaler *et al.*, 2019]. L'usage des MII de lit, faiblement répandu au début de la deuxième république, a progressé mais reste encore insuffisant puisque globalement 50 % des enfants et des femmes enceintes ont dormi sous MII la nuit précédente lors de la dernière enquête d'évaluation réalisée en 2018 [INS-RDC, 2019].

16. Prémunition : réponse immunitaire de l'hôte qui le protège contre la réinfestation parasitaire après qu'une infection palustre aiguë est devenue chronique en diminuant la charge parasitaire éventuelle et en atténuant la gravité de la maladie, sans éliminer l'infection.

Hérodote, n° 179, La Découverte, 4e trimestre 2020.

TABLEAU 2. – ÉVOLUTION DE L'IMPORTANCE ÉPIDÉMIOLOGIQUE ET QUELQUES INDICATEURS DE LUTTE DES TROIS GRANDES ENDÉMIES EN RÉPUBLIQUE DÉMOCRATIQUE DU CONGO ENTRE 2006 ET 2019

Importance et indicateurs de lutte (par an)	**2006**	**2007**	**2015**	**2018**	**2019**	**Variation**[17] (en %)
Paludisme						
Nouveaux cas estimés (en millions)	23,6			26,9		+ 14
Incidence annuelle pour 1 000	417,1			320,0		– 23
Nombre de décès estimés	96 000			44 615		– 54
Mortalité pour 1 000	1,70			0,53		– 69
Part des enfants < 5 ans dormant sous MII[18]		10,9 %		51,0 %		+ 368
Part des femmes enceintes dormant sous MII		7,1 %		52,4 %		+ 638
Part des femmes enceintes qui ont pris 2 TPI+[19]		6,9 %		31,2 %		+ 352
Nombre de TDR[20] (millions)				18,5		-
Nombre de CTA[21] (millions)				16,9		-
VIH-sida						
Nombre estimé de PvVIH[22]	540 000	540 000	510 000	520 000	520 000	– 4
Prévalence des PvVIH pour 1 000	9,54	9,24	8,44	6,19	5,99	– 37
Nombre estimé de nouvelles infections à VIH	43 000	42 000	29 000	25 000	23 000	– 47
Incidence annuelle pour 1 000	0,76	0,72	0,48	0,30	0,27	– 65
Nombre estimé de décès par sida[23]	43 000	41 000	28 000	17 000	15 000	– 65
Mortalité pour 1 000	0,76	0,70	0,46	0,20	0,17	– 77
Co-infection VIH-tuberculose	0,4 %			39,9 %		+ 9 875
Nombre estimé de PvVIH sous TARV[24]	17 675	21 875	121 762	256 486	277 592	+ 1 471
Part de personnes VIH + connaissant leur statut			24 %		54 %	+ 125
Part de PvVIH connaissant leur statut avec TARV			24 %		53 %	+ 121
Part des 15-24 ans déjà testés VIH (femme/homme)				20,1 % 14,8 %		-

17. Variation de l'indicateur entre la valeur de la première année et la dernière année disponible.
18. Moustiquaire imprégnée d'insecticide.
19. 2 doses ou plus de traitement préventif intermittent (sulfadoxine/pyriméthamine).
20. Test de diagnostic rapide.
21. Combinaison thérapeutique à base d'artémisinine.
22. Personnes vivant avec le virus de l'immunodéficience humaine.
23. Syndrome d'immunodéficience acquise.
24. Traitement antirétroviral.

Hérodote, n° 179, La Découverte, 4e trimestre 2020.

Importance et indicateurs de lutte (par an)	2006	2007	2015	2018	2019	Variation (en %)
Tuberculose						
Nouveaux cas de tuberculose estimés	185 000	191 000	247 000	262 000		+ 46
Incidence annuelle pour 1 000	3,27	3,27	4,09	3,12		– 2
Nombre estimé de cas de tuberculose résistante				6 000		
Nombre estimé de décès (hors VIH)	33 000	39 000	51 000	43 000		+ 30
Mortalité annuelle pour 1 000	0,58	0,67	0,84	0,51		– 12
Couverture vaccinale BCG[25] à la naissance	72 %	80 %	74 %	83 %		+ 15

Source : OMS, Enquête Démographie Santé 2007, Enquête multi-indicateurs 2017-2018.

L'infection à VIH-sida, les effets de l'aide internationale

Le sida est la maladie infectieuse la plus grave à émerger à la fin du XXe siècle. Il est dû à un rétrovirus, le virus de l'immunodéficience humaine (VIH), dont il existe deux types : le VIH-1 responsable de la pandémie de sida depuis 1981, année de la mise en évidence du sida, et le type VIH-2 épidémique en Afrique de l'Ouest. L'OMS estimait fin 2019 à 38 millions le nombre de personnes vivant avec le VIH (PvVIH) dans le monde et à 690 000 le nombre de décès par sida. En RDC, le nombre de PvVIH est actuellement légèrement supérieur à 500 000, 15 fois moins qu'en Afrique du Sud et 2 à 4 fois moins que dans les autres pays de l'Afrique australe.

Le VIH-1 est issu de la transmission à l'homme de virus simiens du chimpanzé et du gorille dans le bassin de la rivière Sangha affluent du fleuve Congo au début du XXe siècle [Guégan *et al.*, 2018 ; Rupp *et al.*, 2016]. Les premiers cas documentés d'infection à VIH ont émergé en 1959 à Léopoldville (aujourd'hui Kinshasa).

Le VIH se réplique dans les lymphocytes T CD4 +, cellules régulatrices de la réponse immunitaire. Il va les détruire progressivement en quelques années, à l'origine d'une baisse des défenses immunitaires avec apparition d'infections opportunistes, notamment la tuberculose, provoquant le décès. La transmission du VIH se fait selon trois modes : des rapports sexuels non protégés s'il y a pénétration vaginale, anale ou buccale ; un contact avec du sang contaminé lors de partage de matériel d'injection ou en cas d'accident d'exposition pour les soignants ; de la mère à l'enfant en cas d'absence de traitement de la mère, ou pendant l'allaitement.

25. Vaccin vivant atténué avec le bacille Calmette-Guérin.

Hérodote, n° 179, La Découverte, 4e trimestre 2020.

En Afrique les stratégies de lutte reposent sur trois composantes principales : la promotion des changements de comportement avec usage des préservatifs ; le dépistage et traitement antirétroviral en population, dans les groupes à risque et chez les femmes enceintes avec diagnostic précoce chez le nourrisson ; et la prise en charge des infections opportunistes, notamment la tuberculose.

Le tableau 2 montre les progrès accomplis par la RDC entre 2006 et 2019. Les efforts de lutte soutenus par l'aide internationale ont globalement porté leurs fruits avec une baisse d'environ un tiers (– 37 %) du taux de PvVIH, de près des deux tiers (– 65 %) des nouvelles infections à VIH et de près des trois quarts (– 77 %) des décès par sida. Ce dernier point est en rapport avec l'augmentation, qui reste insuffisante, de l'accès au dépistage et aux TARV [Kaishusha Mupendwa et Kadima Ntokamunda, 2009]. Les co-infections VIH-tuberculose ont très fortement augmenté sur la période (100 fois plus élevées en 2018 par rapport à 2006), posant un problème de prise en charge, en particulier avec les tuberculoses à bacilles ultra-résistants (XDR), toujours fatales avant 2015 [Misombo-Kalabela *et al.*, 2016].

La tuberculose, un problème de santé publique majeur

La tuberculose est une maladie infectieuse contagieuse due principalement au bacille *Mycobacterium tuberculosis* (ou bacille de Koch – BK) transmis de personne à personne par voie aérienne à partir d'un tuberculeux pulmonaire bacillifère (TPM +) et favorisée par la promiscuité et la durée d'exposition. La tuberculose s'exprime sous la forme d'une infection tuberculeuse latente (ITL) sans signes cliniques ou pouvant revêtir différentes formes cliniques (tuberculose maladie) dont la forme pulmonaire est la plus fréquente. Les formes miliaires diffuses et méningées sont les plus graves, létales sans traitement. Ces formes graves sont prévenues par la vaccination des nouveau-nés par le vaccin BCG. Le nombre de nouveaux cas de tuberculose était estimé par l'OMS dans le monde en 2018 à 10 millions et le nombre de décès par tuberculose à 1,2 million. La tuberculose tue actuellement deux fois plus de personnes dans le monde que la pandémie de sida.

Les principales stratégies de lutte, où la prévalence de la tuberculose est élevée, mises en œuvre à partir de 2007 en RDC dans le cadre de l'initiative « Halte à la tuberculose » sont : la vaccination à la naissance par le BCG dans le cadre du PEV pour prévenir les formes graves de la maladie chez les nouveau-nés ; le dépistage des TPM + chez les personnes toussant depuis plus de 15 jours par examen bactériologique (bacilloscopie) et leur traitement par polychimiothérapie ; et le dépistage par test cutané intradermique à la tuberculine des ITL chez les sujets des groupes à risque, notamment les PvVIH et leur traitement systématique standardisé avec prise supervisée.

Hérodote, n° 179, La Découverte, 4e trimestre 2020.

Le tableau 2 montre l'évolution de l'importance de la tuberculose en RDC et de quelques indicateurs de lutte entre 2006 et 2018. Si la couverture vaccinale BCG s'est améliorée (+ 15 %) sur la période, elle reste en 2018 inférieure (85 %) à l'objectif OMS de 95 % de nouveau-nés vaccinés à la naissance. Le taux estimé de nouveaux cas de tuberculose pour 1 000 est stable sur la période (– 2 %), comme le taux de TPM + notifié avec une prédominance masculine [Bisuta *et al.*, 2018]. La mortalité estimée pour 1 000 a peu diminué (– 12 %). Elle est devenue plus élevée ces dernières années que celle du sida. Un problème de santé publique majeur concerne l'apparition de tuberculoses multirésistantes aux antituberculeux de première ligne. Le traitement par bédaquiline associé aux antituberculeux de deuxième ligne jusqu'à 24 à 30 mois permet depuis 2012 de traiter ces formes multirésistantes. Ce schéma thérapeutique a été introduit avec succès pour la première fois chez deux patients à Kinshasa en 2015 [Kashongwe *et al.*, 2018].

Des maladies infectieuses émergentes

Après l'émergence du sida lié au VIH-1 en 1959 à Léopoldville, le pays devenu le Zaïre a vu émerger un nouvel agent infectieux, le virus Ebola en 1976 à l'origine de la maladie à virus Ebola (MVE), anciennement appelée fièvre hémorragique à virus Ebola. Ces deux exemples montrent que la RDC est une terre favorable à l'apparition de maladies infectieuses émergentes (MIE)[26] d'origine zoonotique à partir de son vaste réservoir forestier (carte 2). Deux exemples qui font l'actualité du pays en 2020 permettent d'illustrer la problématique de l'émergence infectieuse en RDC : la MVE et la maladie à coronavirus 2019 (Covid-19, acronyme anglais de « *Coronavirus disease 2019* »).

La maladie à virus Ebola, les difficultés du contrôle et de la lutte dans les régions orientales

La MVE est une zoonose, maladie infectieuse d'origine animale, de très mauvais pronostics chez les primates. L'homme se contamine par le contact

26. MIE : phénomène infectieux ou présumé infectieux inattendu (en référence à ses propriétés intrinsèques ou aux connaissances de sa biologie), touchant l'homme, l'animal ou les deux. Il peut s'agir : d'une entité clinique d'origine infectieuse nouvellement apparue ou identifiée, d'une maladie infectieuse connue, dont l'incidence augmente ou dont les caractéristiques (cliniques, évolutives...) se modifient dans un espace ou dans un groupe de population donné, d'une modification des caractéristiques de l'agent infectieux, de la population touchée ou de son environnement (Cellule permanente des maladies infectieuses émergentes du ministère de la Recherche, 2006).

Hérodote, n° 179, La Découverte, 4e trimestre 2020.

avec le sang ou les liquides biologiques de chauves-souris frugivores ou d'autres animaux de forêt tropicale (singes, antilopes des bois) porteurs du virus, vivants ou trouvés morts. Cinq virus Ebola, pathogènes pour l'homme, ont été identifiés en Afrique jusqu'à présent : l'espèce Zaïre (EBOV) découverte en 1976 en RDC, responsable depuis de la majorité des épidémies en Afrique centrale ; le variant Makona de cette espèce (EBOV/MAK) responsable de la plus importante épidémie d'Ebola en Afrique de l'Ouest de 2013 à 2016 ; l'espèce Soudan (SUDV) responsable d'épidémies au Soudan du Sud depuis 1976 ; l'espèce Bundibugyo (BDBV) responsable d'épidémies en Ouganda et en RDC depuis 2005 et l'espèce de la forêt de Taï en Côte d'Ivoire (TAFV) responsable d'un seul cas humain non mortel en 1994 [Migliani *et al.*, 2016a].

À partir du premier cas humain la transmission du virus est ensuite interhumaine par contact direct avec le sang et les liquides biologiques des malades ou des défunts en particulier lors des rites funéraires, par contact indirect avec des surfaces et des matériaux (literie, vêtements) contaminés, par injection parentérale avec du matériel contaminé (transmission nosocomiale) ou par voie maternelle (accouchement, allaitement). Après une incubation non contagieuse de 2 à 21 jours, la MVE évolue en quelques jours avec une phase pseudo-grippale fébrile suivie d'une atteinte multiviscérale qui se termine par un tableau clinique où prédominent des signes neurologiques d'encéphalite et des manifestations hémorragiques. L'évolution fatale sans prise en charge est la règle dans la majorité des cas [Migliani *et al.*, 2016b].

La riposte à une épidémie d'Ebola est globale et s'appuie sur différentes stratégies complémentaires qui nécessitent une forte coordination : la mobilisation de la population, pour l'engagement communautaire dans la lutte ; la mise en place d'un système d'alerte précoce par les agents de santé, les tradipraticiens et la population d'un réseau de laboratoires pour la confirmation des cas suspects, d'un système de notification des cas et des décès pour suivre l'évolution de l'épidémie et guider la riposte ; l'identification des sujets contacts des cas et décès, leur suivi médical pendant 21 jours ; la prise en charge médicale rapide des cas et des contacts symptomatiques dans des centres de traitement spécifiques ; la sécurisation avec dignité des enterrements des sujets décédés d'Ebola ; et la vaccination des contacts autour des cas et décès confirmés et des travailleurs de santé par deux vaccins atténués, tous deux efficaces et très bien tolérés [OMS, 2020a].

Après l'apparition en 1976 de la première épidémie d'Ebola à l'hôpital de Yambuku dans la province de l'Équateur (actuelle province de Mongala) due à l'espèce EBOV, dix autres épidémies se sont succédé en RDC jusqu'en 2020, dont une due à l'espèce BDVB en 2012 (carte 2). L'espèce EBOV est la plus virulente des espèces de virus Ebola. La proportion de décès parmi les malades sans véritable prise en charge est de l'ordre de 90 %, létalité qui correspond

Hérodote, n° 179, La Découverte, 4e trimestre 2020.

CARTE 2. – DISTRIBUTION GÉOGRAPHIQUE ET IMPORTANCE DES ÉPIDÉMIES DE MALADIE À VIRUS EBOLA EN RÉPUBLIQUE DÉMOCRATIQUE DU CONGO DE 1976 À 2020

Forêt équatoriale dense humide

Extension des foyers d'Ebola

Points chauds de déforestation en 2005
(pour les forêts du bassin du Congo : évaluation préliminaire)

Épidémies depuis 1976 en RDC

Numéro	Année*	Pays	Localités	Provinces (à/c 2015)	Cas	Décès	Létalité
1	1976	Zaïre	Yambuku	Équateur (Mongola)	318	280	88 %
2	1977	Zaïre	Tandala	Équateur (Mongola)	1	1	100 %
3	1995	Zaïre	Kikwit	Bandundu (Kwilu)	315	255	81 %
4	2007	RDC	Luebo, Mweka	Kasaï occidental (Kasaï)	264	186	71 %
5	2008	RDC	Luebo, Mweka	Kasaï occidental (Kasaï)	32	15	47 %
6	2012	RDC	Isoro, Viadana	Orientale (Haut-Uele)	62	34	55 %
7	2014	RDC	Isaka, Boende	Équateur (Tshuapa)	66	49	74 %
8	2017	RDC	Likati	Orientale (Bas-Uele)	8	4	50 %
9	2018	RDC	Bikoro, Mbandaka	Équateur	54	33	61 %
10	2018	RDC	Beni	Nord-Kivu, Orientale (Ituri), Sud-Kivu	3 470	2 280	66 %
11	2020 (en cours)	RDC	Bikoro, Ingende	Équateur	98	43	44 %

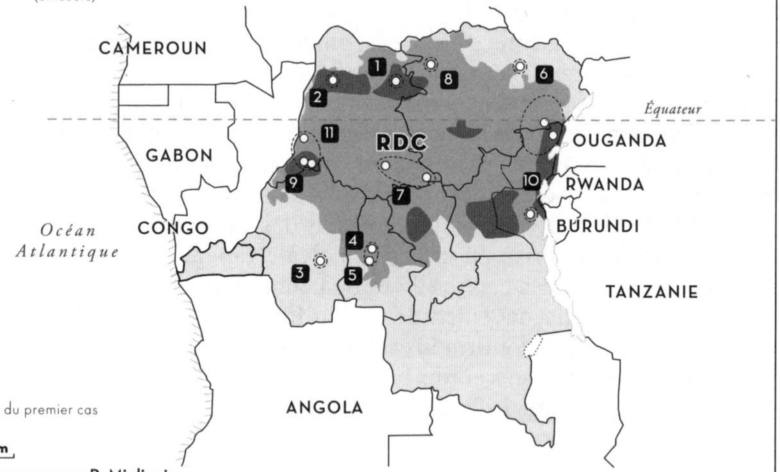

* Année du premier cas

250 km

Cartes conçue par R. Migliani
Source : OMS
HÉRODOTE N°179

Sources : OMS ; Migliani [2016].

Hérodote, n° 179, La Découverte, 4e trimestre 2020.

à l'épidémie principalement d'origine nosocomiale de Yambuku. L'analyse spatio-temporelle de ces épidémies montre que la majorité est survenue dans la forêt équatoriale, souvent à proximité de points chauds de déforestation, et que ces flambées se succèdent avec un intervalle de temps de plus en plus court (carte 2). Ces épidémies ont le plus souvent touché un faible nombre de personnes, sauf celle survenue à l'est du pays dans les provinces de l'Ituri, du Nord-Kivu et du Sud-Kivu entre 2018 et 2020. Elle est la plus importante après l'épidémie d'Afrique de l'Ouest et la lutte y a été particulièrement difficile compte tenu de l'insécurité qui règne dans ces provinces depuis de nombreuses années avec plus de 400 attaques contre des établissements de santé et un lourd bilan humain parmi les professionnels de santé et leurs patients. Compte tenu des risques de propagation internationale, l'état d'urgence sanitaire de portée internationale (USPI) a été déclaré par l'OMS pour ces deux épidémies majeures. L'USPI permet la mise en œuvre de l'aide technique et financière internationale massive nécessaire au contrôle de telles flambées. Depuis l'épidémie d'Ebola de la province de l'Équateur en 2018, ce sont environ 340 000 personnes et professionnels de santé qui ont été vaccinés en RDC.

La Covid-19, une diffusion étendue, une létalité peu élevée

La Covid-19 est une zoonose virale causée par la souche de coronavirus SARS-CoV-2. Ce virus a été signalé pour la première fois dans la province de Wuhan en Chine le 31 décembre 2019 puis a provoqué une pandémie qui a touché la quasi-totalité des pays et territoires du monde en moins de six mois [OMS, 2020b].

Le 10 mars 2020 la RDC est touchée par la pandémie liée au SARS-CoV-2 [WHO, 2020]. À la date du 24 août le nombre de cas de Covid-19 est égal à 9 891, celui des malades guéris à 8 972 (91 %) et celui des décès à 251, soit une létalité de 2,6 % sans dépistage massif en population et une mortalité de 11 pour 100 000, quatre fois moins environ que celle de la France (47,7). Dix-sept des 26 provinces sont touchées à des degrés divers par l'épidémie, dont les plus atteintes sont celle de Kinshasa (80 % des cas) où est survenu le premier cas en provenance de France, et celles du Nord-Kivu (636 cas), du Kongo Central (429 cas), du Haut-Katanga (314 cas) et du Sud-Kivu (297 cas)[27]. Au total, la pandémie a un impact modéré en RDC, comme dans les autres pays d'Afrique centrale, en termes de mortalité à l'inverse des pays de l'Europe de l'Ouest, avec une létalité peu élevée

27. Comité multisectoriel de la riposte à la pandémie du Covid-19 en RDC. Situation épidémiologique Covid-19 en République démocratique du Congo au 24 août 2020.

Hérodote, n° 179, La Découverte, 4e trimestre 2020.

dans un pays ne réalisant pas de dépistage massif. La jeunesse de la population et le faible pourcentage des plus de 65 ans (3 %) expliquent sans doute en grande partie la faible létalité (tableau 1). La létalité réelle sera sans doute réévaluée en fin de pandémie en tenant compte des inévitables décès survenus hors des structures de soins, fréquents dans cette région du monde. Comme pour la MVE, la mise au point d'un vaccin efficace et bien toléré complétera sans doute dans les prochains mois les stratégies de prévention pour contrôler cette nouvelle infection [Mulligan, 2020].

Conclusion

Cette analyse de la situation de la RDC à travers quelques indicateurs et maladies qui ont fait et font toujours l'actualité en 2020 montre que ce vaste pays riche de sa terre et de ses populations porte encore les séquelles des conflits des années 1990, a du mal à se développer et à sortir de la pauvreté. Les carences du système de santé en termes d'infrastructures, de moyens matériels et de moyens humains sont encore importantes bien que la part du budget de l'État allouée à la santé ait été nettement améliorée tout en restant inférieure de moitié aux 15 % recommandés par l'OMS. L'accès aux soins et aux activités de prévention est difficile, notamment pour les femmes et les enfants des zones rurales qui payent le plus lourd tribut sanitaire. Ce contexte favorise également le maintien de certaines endémies et la survenue d'événements épidémiques. Grâce à l'aide internationale, les endémies prioritaires, le paludisme, le sida et la tuberculose, commencent à reculer et certaines épidémies peuvent être contrôlées. C'est le cas en particulier de la MVE qui survient de plus en plus fréquemment dans le pays depuis une dizaine d'années. L'émergence infectieuse souligne l'importance de disposer d'un système d'alerte performant en particulier dans les PMA [Malvy *et al.*, 2019]. Un état de santé est l'expression d'un système multifactoriel mettant l'individu dans des contextes plus ou moins protecteurs pour sa santé. Il est un observatoire privilégié du niveau de développement et des conditions de vie [Amat-Roze, 2010].

Bibliographie

Amat-Roze J.-M. (2010), « La santé en Afrique subsaharienne, entre avancées, recul, renouveau », *Bulletin de l'Association de géographes français,* vol. 87, n° 1, p. 105-18.

Baloko B. C. (2011), *Impact de la guerre sur l'environnement à l'est de la RD Congo. Cas des dégradations liées aux déplacements des réfugiés et perspective d'une gouvernance environnement post-conflit*, Sarrebruck, Éditions universitaires européennes.

Hérodote, n° 179, La Découverte, 4e trimestre 2020.

BISUTA S. F., KAYEMBE P. K., KABEDI M. B., SITUAKIBANZA H. N. T., DITEKEMENA J. D. et BAKEBE A. M. (2018), « Tendances de la tuberculose pulmonaire bactériologiquement confirmée et issues thérapeutiques en République démocratique du Congo : 2007-2017 », *Annales africaines de médecine*, vol. 11, n° 4, p. 2974-84.

BRADOL J.-H. et GUIBERT A. (1997), « Le temps des assassins et l'espace humanitaire, Rwanda, Kivu, 1994-1997 », *Hérodote,* 3e-4e trimestre, n° 86/87, p. 116-149.

ÉCOLE DE SANTÉ PUBLIQUE DE L'UNIVERSITÉ DE KINSHASA (ESPK) (2019), *République démocratique du Congo : Évaluation des prestations des services de soins de santé (EPSS RDC) 2017-2018*, Kinshasa et Rockville, Maryland : ESPK et ICF.

GUÉGAN J.-F., DE THOISY B., AYOUBA A. et CAPELLE J. (2018), « Forêts tropicales, changement d'usage des sols et risques infectieux émergents », *Revue forestière française*, vol. 70 (2-3-4), p. 209-230.

INSTITUT NATIONAL DE LA STATISTIQUE (2019), « Enquête par grappes à indicateurs multiples, 2017-2018. Rapport de résultats de l'enquête », Kinshasa, République démocratique du Congo.

INTERNATIONAL RESCUE COMMITTEE (2008), « Mortality in the Democratic Republic of Congo : An ongoing crisis », janvier.

KAISHUSHA MUPENDWA B. P. et KADIMA NTOKAMUNDA J.-L. (2009), « Niveau d'adhésion et problèmes inhérents chez des malades VIH/sida sous traitement ARV : cas de la clinique "MSF/Hollande" de Kadutu (République démocratique du Congo) », *Cahiers Santé,* vol. 19, p. 205-15.

KASHONGWE M. I., MBULULA L., BAKOKO B., LUBAMBA P., ALONI M. et KUTOLUKA S. (2018), « First Use of Bedaquiline in Democratic Republic of Congo : Two Case Series of Pre Extensively Drug Resistant Tuberculosis », *Journal of Tuberculosis Research,* vol. 6, p. 125-34.

LECHTHALER F., MATTHYS B., LECHTHALER-FELBER G., LIKWELA J.-L., MAVOKO H. M. et RIKA J. M. (2019), « Trends in reported malaria cases and the effects of malaria control in the Democratic Republic of the Congo », *Plos ONE,* 25 juillet, vol. 14, n° 7.

MALVY D., GAÜZÈRE B.-A. et MIGLIANI R. (2019), « Qu'apprend-t-on de nouveau des épidémies émergentes ? », *Presse Med,* vol. 48, n° 12, p. 1536-50.

MIGLIANI R., KEITA S., DIALLO B., RODIER W., PEREA W. et DAHL B. (2016a), « Maladie à virus Ebola en Guinée : évolution de l'épidémie de son émergence en décembre 2013 à novembre 2015 », *Médecine et armées,* vol. 44, p. 149-60.

MIGLIANI R., KEITA S., DIALLO B., MESFIN S., PEREA W. et DAHL B. (2016b), « Aspects épidémiologiques de la maladie à virus Ebola en Guinée (décembre 2013-avril 2016) », *Bulletin de la Société de pathologie exotique,* vol. 109, p. 218-235.

MISOMBO-KALABELA A., NGUEFACK-TSAGUE G., KALLA G. G. M., ZE E. A., DIANGS K. et PANDA T. (2016), « Facteurs de risque de la tuberculose multirésistante dans la ville de Kinshasa en République démocratique du Congo », *PanAfrican Medical Journal,* vol. 23, article 157.

MULLIGAN M. J. (2020), « An Inactivated Virus Candidate Vaccine to Prevent COVID-19 », Éditorial, *JAMA,* publié en ligne le 13 août.

OMBA KALONDA J.C. (2011), « Impact socio-économique du conflit en République démocratique du Congo sur la santé des femmes et des enfants », *Médecine tropicale*, vol. 71, p. 192-96.

Hérodote, n° 179, La Découverte, 4e trimestre 2020.

OMS (2020a), « Relevé épidémiologique hebdomadaire », 24 janvier, n° 4, p. 27-30.

OMS (2020b), « Chronologie de l'action de l'OMS face à la COVID-19 », 30 juillet 2020.

Rupp S., Ambata P., Narat V. et Giles-Vernick T. (2016), « Beyond the Cut Hunter : A Historical Epidemiology of HIV Beginnings in Central Africa », *EcoHealth*, Springer Verlag, vol. 13, p. 661-71.

UNHCR (2020a), « Réfugiés et demandeurs d'asile en République démocratique du Congo », 30 juin.

UNHCR (2020b), « Urgence République démocratique du Congo », janvier 2020.

WHO (2019), *World Malaria Report 2019*, Genève : World Health Organization, Licence : CC BY-NC-SA 3.0 IGO.

WHO (2020), « Coronavirus disease 2019 (COVID-19), Situation Report », vol. 51, 11 mars.

Hérodote, n° 179, La Découverte, 4e trimestre 2020.

Accaparement foncier et officialisation de la propriété privée au Kenya

Claire Médard[1] *et Stéphanie Duvail*[2]

Cette étude se situe dans le contexte spécifique d'une Afrique où la privatisation systématique des terres, promue par l'État, connaît un ancrage historique. L'État puise de manière renouvelée dans le registre de l'officialisation de la propriété foncière pour fonder sa légitimité et c'est dans ce cadre que l'obsession de la légalité, ou du moins de l'apparence de légalité, est explorée.

En Afrique de l'Est, il existe des normes concurrentes, promues par les acteurs étatiques eux-mêmes. Les empilements de droits [Colin *et al.*, 2009] se lisent donc à la fois dans une perspective diachronique et dans une superposition de pouvoirs. Seule une observation construite à partir d'une perspective locale et sur la durée permet de déceler ces chevauchements de droits et de pouvoirs, à considérer de manière dynamique, sans hiérarchisation ou catégorisation rigide [Lund, 2014]. Le processus de privatisation n'est ni simple ni linéaire, l'officialisation de la propriété impliquant des imbrications de pouvoir, explorées ici à partir de deux concepts clés. Le terme de néopatrimonialisme [Bach et Gazibo, 2012] aide à conceptualiser l'articulation dynamique entre institutionnalisation et personnalisation du pouvoir. Loin d'essentialiser la « nature » de régimes politiques africains très variés, ce concept incite à placer les contradictions de pouvoir au cœur de l'analyse. Un deuxième concept, celui de « chevauchement » (« straddling ») permet de se représenter l'association entre ressorts économiques et politico-administratifs du pouvoir, via les stratégies d'acteurs qui lient les deux, dans une

1. Chercheure à l'Institut de recherche pour le développement (IRD), rattachée à l'URMIS (université Paris Diderot-université de Nice-IRD UMR 205-CNRS UMR 8245).

2. Chercheure à l'Institut de recherche pour le développement (IRD), rattachée au PALOC (UMR 208-Museum national d'histoire naturelle-Sorbonne Université).

Hérodote, n° 179, La Découverte, 4e trimestre 2020.

logique parfois plus rentière que productive [Sindzingre, 2012]. Investir l'État donne accès à des ressources économiques (et réciproquement) : c'est dans ce sens qu'il devient possible de parler de « ressources institutionnelles », tout particulièrement observables dans le contrôle exercé sur le foncier via des dispositifs de privatisation et d'officialisation de la propriété.

L'enjeu est de préciser les échelles d'analyse, les articulations spécifiques et les interconnexions entre pouvoirs quelle que soit leur assise institutionnelle et territoriale, en s'intéressant à des normes pratiques [Chauveau *et al.*, 2001][3]. Le processus dynamique de validation officielle, sans être nécessairement légal, aboutit à des formalisations contrastées de la propriété qui vont de la privatisation légale, reconnue ou instaurée par l'État central, à une appropriation privée reconnue à une échelle intermédiaire et locale. L'analyse des processus de légitimation de la propriété, entre contrôle étatique et marché, permet de saisir l'institutionnalisation de nouvelles échelles de pouvoir.

L'appropriation foncière au Kenya : entre contrôle étatique et marché

Au Kenya, ancienne colonie de peuplement européen, le foncier constitue historiquement une richesse économique importante et fortement contrôlée. L'histoire politique du pays au XXe siècle pourrait se résumer en une chronologie d'« accaparements fonciers » [Alden, 2012] : acquisition européenne des hauts plateaux (« White Highlands ») au début du siècle, mainmise des puissants du régime de J. Kenyatta (1963-1978) sur leur transfert à l'indépendance et, à partir des années 1990, mobilisations miliciennes, fomentées par le régime de D. A. Moi (1978-2002) qui dénoncent les « accaparements fonciers » des régimes précédents et conduisent à de nouvelles spoliations. Le détournement de terres au profit d'une élite affairiste et/ou rentière s'est produit au cours d'un processus de privatisation foncière piloté par l'État dont l'héritage est toujours présent sous les régimes de M. Kibaki (2002-2013) et de U. Kenyatta (de 2013 à nos jours).

L'« accaparement foncier » est présenté comme une « obsession » (*land grabbing mania*) [Klopp, 2001 ; ROK, 2004, p. 13]. Ce terme renvoie à des pratiques courantes, voire systématiques, de « réappropriation » de terres avec un appui officiel. C'est dans le but d'y remédier que la nouvelle Constitution de 2010 renforce les gouvernements locaux, à l'échelon des comtés (*County governments*), et cherche à créer une autorité indépendante en charge des terres,

3. Les termes de norme pratique sont utilisés pour désigner une norme observée en pratique, acceptée sans être nécessairement légale.

Hérodote, n° 179, La Découverte, 4e trimestre 2020.

CARTE. – ACCAPAREMENTS FONCIERS AU KENYA : TROIS ÉTUDES DE CAS

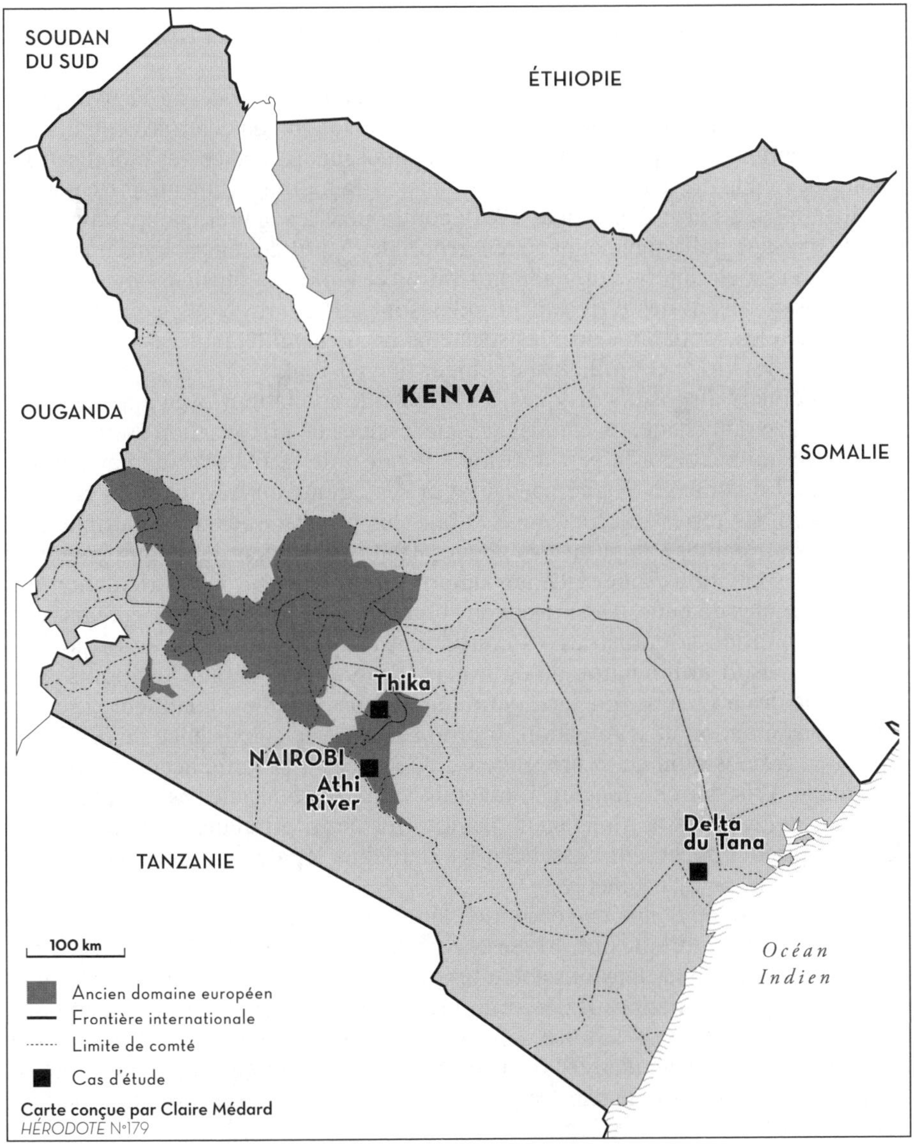

Hérodote, n° 179, La Découverte, 4e trimestre 2020.

la Commission nationale de la terre (National Land Commission, NLC). Les frontières du contrôle sur la terre sont alors redessinées.

Les conceptions vernaculaires de l'« accaparement foncier » au Kenya

La conception vernaculaire des « accaparements fonciers », au Kenya, place l'État au cœur des épisodes de spoliation. La dénonciation du contrôle centralisé de la terre emprunte au registre ethnique. Si, depuis l'indépendance, les mobilisations ethniques sont la clé des stratégies électoralistes, la tournure violente prise par ces mobilisations, à partir des années 1990, contribue à les ancrer encore davantage dans le paysage politique, de manière territoriale. Au fil du temps, dans une dynamique qui associe intervention administrative et violence, plusieurs mécanismes de spoliation visant des terres spécifiques sont à l'œuvre. Nous évoquerons en premier lieu les spoliations opérées sous couvert de légalité, pour aborder ensuite la question des violences miliciennes et leur lien à l'État.

Les premiers dispositifs évoqués, à l'origine de spoliations, sont apparemment légaux : ils se rattachent aux campagnes successives de privatisation systématique de la terre, ou encore à la privatisation « légale » de terres considérées comme publiques. Le contrôle exercé par l'État et ses agents au travers de la création du cadastre des terres « européennes », puis les programmes d'immatriculation de terres « africaines », à partir des années 1950, permettent le détournement de terres. Les spoliations sont évidentes durant les processus d'immatriculation des terres pastorales détenues auparavant en commun. Une fois les terres enregistrées, les élites politico-administratives continuent à interférer, usant de dispositifs institutionnels, d'intimidation ou de fraude. En pratique, depuis la colonisation, le contrôle des transferts fonciers, défini à plusieurs échelles, maintient et renouvelle discrimination et ségrégation. Il promeut aussi la coexistence de différents types de formalisation de la propriété ou de l'accès à la terre, accompagnant la croissance d'un marché foncier. L'obtention d'un titre foncier est un processus long dans lequel tous ne s'engagent pas. Les formes d'officialisation alternatives de la propriété concernent aussi bien les parcelles légalement enregistrées que celles qui ne le sont pas (encore).

En 2002, Njonjo donne une définition large de l'accaparement foncier incluant le vol de terres publiques et privées, avec la complicité de l'appareil d'État. Le rapport explique les tensions actuelles qui portent sur la terre au regard d'épisodes passés de spoliation. Il décrit un processus qui mène à la privatisation et au transfert irrégulier de la terre depuis la colonisation, dénoncé en des termes ethniques durant les années 1990. Il souligne en particulier la responsabilité de l'administration territoriale dans ce processus d'acquisition et de privatisation irrégulière de terres [ROK, 2002, p. 104].

Hérodote, n° 179, La Découverte, 4e trimestre 2020.

S'attachant au cas des terres publiques, le rapport Ndung'u, commandité par le gouvernement Kibaki, enquête plus précisément sur les terres publiques illégalement acquises durant le régime précédent [ROK, 2004; Manji, 2012]. Les termes « allocations illégales et irrégulières de la terre publique » remplacent ceux d'accaparement foncier dans la reformulation légale du rapport. Les dispositifs de spoliation des terres publiques ont été systématisés à la fin du régime de D.A. Moi dans un contexte où l'« africanisation » des terres « européennes » et la privatisation des terres de parcours se sont ralenties, car ces dernières ont déjà en grande partie été réappropriées. Différentes catégories d'acteurs gouvernementaux sont impliquées dans le détournement des terres publiques qui rassemblent aussi bien des forêts protégées que des terres semi-arides ou des parcelles urbaines : les autorités locales en charge des terres en fiducie (*trustland*) et l'administration centrale responsable des terres gouvernementales (*government land*). Le rapport souligne à quel point confier la terre à une autorité publique n'a pas réussi à protéger l'intérêt public et par là même il dénonce le mythe de l'inviolabilité du titre foncier. Il souligne la nécessité de s'attacher à la régularité d'un processus légal et non au résultat obtenu.

Un deuxième mode d'« accaparement des terres », cette fois-ci par la force, fait parler de lui à partir des années 1990 où des formes de violences organisées, engageant la responsabilité de l'État, se construisent autour de revendications portant sur la terre. Elles déstabilisent l'ensemble du Kenya au moment des élections truquées de 2007 qui provoquent des violences ethniquement ciblées, dont certains commanditaires présumés se retrouveront par la suite au pouvoir. S'efforçant de remonter aux racines de cette violence politique, la Commission vérité, justice et réconciliation (Truth, Justice and Reconciliation Commission, TJRC), établie par acte du Parlement en 2008, dans un effort pour promouvoir la paix, se penche sur la question des « injustices foncières historiques » (*historical land injustices*). Le lien entre accaparement foncier et domination ou marginalisation « ethnique » est communément admis au Kenya. Le rapport se réfère en particulier à la « domination des Kikuyu », groupe associé au premier président du Kenya qui dispose, à l'indépendance, d'un contrôle important sur l'administration et les transferts de terres [TJRC, 2013, vol. 2B, p. 222].

L'insistance sur une appartenance locale en référence à la terre sert de fondement à des formes de mobilisations politiques et électorales. Les accusations ciblées d'« accaparement foncier », à l'encontre de groupes ethniques spécifiques, et pas uniquement des Kikuyu, à partir des années 1990, servent à justifier une « réappropriation » violente de la terre qui finit par s'apparenter à de nouveaux épisodes d'accaparement foncier. Accusations et contre-accusations sont enracinées à la fois dans des catégorisations ethniques abstraites et des frontières territoriales très concrètes, à l'intérieur d'un pays quadrillé administrativement

Hérodote, n° 179, La Découverte, 4e trimestre 2020.

[Golaz et Médard, 2016]. L'ethnicité/la race sont utilisées de manière commode par les acteurs politiques pour expliquer les accaparements fonciers sans prendre la peine de considérer ni l'invention politique de l'ethnicité, ni l'ethnicisation du politique. Au Kenya, la force d'un « tribalisme politique » [Lonsdale et Berman, 1992], qui promeut une conception exclusive des identités, se rapporte à des logiques de pouvoir spécifiques et historiquement constituées associant terre, territoire et ethnicité.

La Constitution de 2010 vient en réponse à ces crises politiques et électorales violentes associant revendications territoriales et ethniques locales. Circonscrire les pouvoirs du gouvernement central est présenté comme le meilleur moyen de lutter contre les accaparements fonciers. Cette idée a présidé à une forme de décentralisation des pouvoirs ainsi qu'à l'introduction de la NLC, institution censée être garante de la légalité et de la justice, avec le mandat spécifique de gérer les terres publiques et de lutter contre les « injustices foncières historiques », suite aux recommandations de la TJRC.

La décentralisation du contrôle de la terre ou le renforcement de nouvelles souverainetés

Au fil du temps, les changements institutionnels ont introduit des variations dans le contrôle et la gestion de la terre au Kenya. La première phase, sous les régimes des premiers présidents du Kenya, J. Kenyatta et D. A. Moi, est caractérisée par un renforcement de la centralisation administrative et de la personnalisation du pouvoir présidentiel. Dans une deuxième phase, à partir de la Constitution de 2010, l'impulsion est donnée cette fois-ci vers la décentralisation [Boone, 2019], par le biais de l'introduction d'un pouvoir électif à l'échelle de nouvelles unités territoriales, les comtés, avec à leur tête un gouverneur. Leur assise correspond à celle des anciens districts, avant les subdivisions, jugées excessives, des années 1990.

L'ancien système (pré-2010) plaçait la gestion et, du même coup, la décision de privatisation des terres publiques sous la responsabilité directe d'une administration centralisée, même si formellement une partie des terres dépendait des autorités locales. En l'absence de tout contre-pouvoir, les décisions concernant d'importants investissements fonciers relevaient généralement directement du président, partageant au besoin ses prérogatives avec d'autres puissants du régime. Des mesures limitées de redistribution de terres, liées à des formes de patronage foncier, ont été entreprises à différents moments de l'histoire du Kenya pour répondre aux revendications d'une catégorie de personnes dont les droits fonciers ne sont pas reconnus, les « squatters », établis sur des terres publiques ou privées.

Hérodote, n° 179, La Découverte, 4e trimestre 2020.

À partir de 2010, un nouveau système a été mis en place avec l'objectif de limiter le pouvoir d'intervention personnel du président dans le secteur foncier. Il a abouti à la consolidation d'un nouvel échelon de pouvoir, le comté. Confortés sur le plan institutionnel, ces gouvernements locaux négocient de manière très concrète leur base de pouvoir autour de nouvelles prérogatives, entre norme juridique légale et normes pratiques. Si les gouvernements de comté sont caractérisés par leur grande variété, ils ont dans l'ensemble cherché à créer de nouveaux dispositifs de « rente » en réaffirmant leur autorité sur certaines terres et, en particulier, des terres publiques situées sur leur territoire, s'attaquant au mandat de la NLC.

D'emblée l'opérationnalité de la NLC est entravée [Klopp et Lumumba, 2017] dans le conflit qui l'oppose, en premier lieu, au ministère des Terres qui cherche à maintenir son contrôle via l'administration centralisée de la terre [Di Matteo, 2019] et, en second lieu, aux gouvernements des comtés. Censée être indépendante et irréprochable pour garantir la gestion des terres publiques dans l'intérêt de tous, la NLC est attaquée de toute part. Elle se trouve ainsi au centre d'une controverse concernant un système de fraude organisée et de prise illégale d'intérêts de ses agents pour le renouvellement des baux emphytéotiques (*leases*) sur des terres publiques[4].

La compétition entre différentes autorités au sujet de l'administration de la terre remet donc en question un schéma de répartition des compétences qui semblait pourtant inscrit dans la Constitution. Sa mise en œuvre pratique met en lumière les tiraillements du pouvoir et souligne également des renégociations. Après une période où les compétences respectives des différentes institutions sont incertaines, les documents officiels délivrés par une administration ou une autre sont parfois remis en question. Les prérogatives des uns et des autres finissent par s'ajuster et des collaborations de travail se nouer, traduisant de nouvelles dynamiques de pouvoir aux deux échelles de l'exécutif, ainsi qu'avec l'autorité régulatrice de la NLC, désormais affaiblie.

L'administration de la terre, au travers de tous les acteurs impliqués, reste une question clé : elle permet d'intervenir dans les décisions de transfert et de privatisation et de légitimer les accaparements fonciers. Avec le renforcement des gouvernements locaux, le système rentier finit par se décliner à plusieurs échelles. Les accaparements fonciers ne se définissent pas tant par des pratiques illégales isolées que par les articulations de pouvoir et les dispositifs de formalisation de la propriété qui sous-tendent ces pratiques. Quelques études de cas permettront de préciser ces questions.

4. G. Nyambega, « Probe reveals shocking details of rogue staff in NLC corruption rot » [une enquête révèle des détails choquants sur des employés corrompus de la NLC], *Daily Nation*, 28 avril 2019.

Hérodote, n° 179, La Découverte, 4e trimestre 2020.

Officialisation scalaire de la propriété et nouvelles privatisations

Des exemples d'accaparements de terre plus ou moins anciens, à la fois domestiques et internationaux, mettent en lumière des formalisations contrastées en soulignant les différents échelons de pouvoir et les interactions qui en découlent. Ils illustrent la manière dont ces pouvoirs interviennent dans l'officialisation de la propriété de la terre et montrent comment le renouvellement des institutions participe d'un rééquilibrage en faveur de l'échelon local du gouvernement.

Le premier exemple met l'accent sur une « réappropriation » de la terre dans laquelle un échelon local de pouvoir prend l'initiative, et ce avant même la décentralisation. L'exemple suivant aborde la question des acquisitions de terres à grande échelle avec l'essor des biocarburants à partir de 2008. Enfin, l'exemple d'une multinationale implantée de longue date dans le secteur agricole au Kenya soulève la question de l'échelle de la souveraineté sur la terre, nationale et/ou locale.

Dérives miliciennes et légitimation des occupations de terres

Le phénomène milicien débute, au Kenya, dans le cadre de la planification de violences électorales durant les années 1990. Il correspond, suivant les cas, à des configurations plus ou moins souples ou rigides, consolidées autour d'enjeux économiques ou d'aspirations formulées en des termes politiques, ethniques ou religieux. Son développement se fait en collusion avec des pouvoirs qui se prévalent d'un ancrage local mais aussi du soutien de l'appareil d'État. La confusion, entretenue dans des moments électoraux forts, entre pouvoir qui « protège » et « soutien » populaire, à l'œuvre dans les mobilisations miliciennes, est suscitée également par la violence et la peur.

La région urbaine de Nairobi est devenue le théâtre d'opérations miliciennes qui se rapportent à des violences électorales, mais aussi à la consolidation de gangs sur une base économique. Miliciens, hommes d'affaires et classe politique se retrouvent sur le terrain de la spéculation foncière et immobilière d'une agglomération en expansion. Ils combinent pour s'enrichir violence et intimidation, d'une part, et officialisation des accaparements, de l'autre, suivant un moule bureaucratique.

Dans l'exemple suivant ce sont les autorités locales qui sont responsables de l'allocation de parcelles via l'officialisation d'occupations de terres, définie par la suite comme illégale, ce qui permet leur mise sur le marché. Tout un système irrégulier mais très codifié par des normes pratiques a été analysé dans un rapport gouvernemental qui s'est penché sur l'invasion de terres privées dans la région d'Athi River, aujourd'hui rattachée administrativement au comté de Machakos,

Hérodote, n° 179, La Découverte, 4e trimestre 2020.

à une trentaine de kilomètres à l'est de la capitale du Kenya [ROK, 2011]. Les invasions ont débuté en 1998 et sont connues sous le nom de « ngwata », un mot kamba désignant une terre que l'on acquiert par soi-même [ROK, 2011, p. 14]. Ce mot dénote une conception locale de l'accomplissement de soi pour un homme, qui se rattache à l'autonomisation via la terre. Ces terres réallouées possédaient pourtant des titres de propriété en bonne et due forme délivrés par l'État central. Ce phénomène d'invasion de terres privées s'est reproduit au fil du temps et menace la propriété d'entreprises bien établies dans la région. Même s'il existe un sérieux problème de terres à Athi River et si les leaders impliqués dans les invasions mettent en avant la défense des droits des « squatters », le rapport souligne que ces invasions servent à masquer les intérêts de spéculateurs fonciers [ROK, 2011, p. 15]. En outre, non seulement la propriété légale préexistante est traitée par le mépris, mais l'intimidation devient la norme via les occupations de terres. Paradoxalement tout un système de protection de ces invasions est mis au jour dans ce rapport. La première étape est leur validation officielle par les pouvoirs locaux. Dans l'exemple étudié, il s'agit du « Conseil municipal de Mavoko » (Municipal Council of Mavoko), sous la juridiction duquel ces terres se trouvent placées. Le moyen légal utilisé est une « lettre temporaire d'allocation » (*temporary letter of allotment*), délivrée irrégulièrement par une autorité qui n'est pourtant pas censée émettre des lettres de ce type et encore moins concernant des terres privées. L'étape suivante est le transfert de ces lettres à des tiers, opération à l'origine irrégulière (car il s'agit d'un contrat entre une autorité et le bénéficiaire de la terre et non une preuve de propriété), mais la loi a été modifiée en 1994 pour le permettre [TJRC, 2013, p. 323]. En bref, ce système frauduleux est devenu quasiment légal, avant d'être finalement dénoncé.

Ce dispositif peut aboutir à la production de titres légaux alors que le processus est irrégulier. En vendant de la terre non légalement possédée, il est d'autant plus important de produire l'impression de régularité. Si de faux documents et titres de propriété sont parfois fabriqués, des documents officiels de nature variée sont aussi employés en guise de preuve de propriété : lettres d'allocation temporaire ou même reçus prouvant que les taxes locales ont été payées pour la parcelle considérée sans vérification préalable du propriétaire. Ces documents officiels sont détournés de leur raison d'être. Les procédures bureaucratiques et l'implication de personnalités publiques et d'agents administratifs contribuent à créer l'illusion de régularité. Investir dans la preuve bureaucratique de la propriété peut être aussi payant que d'investir dans la preuve physique de la propriété par l'occupation ou la construction d'un bâtiment résidentiel ou commercial sur la terre accaparée. L'importance des normes pratiques produites par les bureaucraties a été soulignée dans d'autres contextes [Blundo et Olivier de Sardan, 2006].

Hérodote, n° 179, La Découverte, 4e trimestre 2020.

À un niveau symbolique, le rôle clé de l'officialisation locale et sa forme bureaucratique servent ici à réaffirmer une sphère publique ou une souveraineté locale faisant écho à des formes de patriotismes locaux [Peterson, 2012]. La réforme de 2012 a mis l'accent sur la décentralisation pour assainir la gestion de la terre, pourtant les exemples de détournements de terres organisés par les autorités locales ne manquent pas, contribuant au développement du marché foncier. Le système d'officialisation évoqué ici coexiste avec un cadre juridique légal dont le gouvernement central est garant. Les accaparements fonciers de grande envergure que nous allons évoquer à présent reposent principalement sur le cadre juridique de la propriété légale.

La parenthèse des nouveaux « accaparements fonciers » des années 2000

Au Kenya, au regard d'une histoire séculaire de spoliation foncière, peu de cas d'« acquisition foncière à grande échelle » se rattachent à la vague récente des « accaparements fonciers » internationaux qui ont fait l'objet de beaucoup d'attention depuis 2008. Un projet d'agrocarburant établi de 2009 à 2013 à proximité du delta du Tana, sur la côte kényane, en est une illustration [Duvail *et alii*, 2010]. En 2009, le dirigeant d'une compagnie canadienne, Bedford Biofuels, obtient des sous-baux de 45 ans, couvrant une superficie de 164 000 hectares. Il réalise cette transaction foncière grâce aux appuis à la fois au centre et en région et à l'adhésion au projet de six comités de ranchs privés. Le succès de cette négociation foncière ne se traduira cependant pas en un succès sur le plan de la production de *Jatropha curcas* et de sa transformation en agrocarburant. En 2013, alors que seule une plantation pilote de 10 000 hectares était en cours d'aménagement sur le ranch de Kitangale, l'abandon du projet est annoncé.

Le cadre juridique qui avait permis cette acquisition foncière à grande échelle était déjà en place avant 2009. La terre avait été privatisée par l'État kényan durant les années 1970 pour le bénéfice d'une petite notabilité locale. À l'époque, des ranchs, correspondant à des sociétés de statut privé, avaient été implantés pour favoriser le développement des régions pastorales semi-arides du Kenya, promu par la Banque mondiale. Cette privatisation des terres renvoie à l'héritage colonial des « terres de la Couronne » britannique, devenues par la suite des « terres gouvernementales », un statut qui place ces dernières sous le contrôle direct de l'État central. Des baux emphytéotiques avaient été accordés aux dirigeants de ranchs disposant des soutiens politiques nécessaires. Lorsqu'aucun titre foncier n'existe, l'introduction d'un titre de propriété légal, obtenu avec le soutien de l'administration, entérine un mécanisme courant de spoliation des résidents et utilisateurs habituels de la terre. Dans le cas étudié, les ranchs créés par des élites locales ayant

Hérodote, n° 179, La Découverte, 4e trimestre 2020.

très vite échoué sur un plan économique et financier, la superposition de droits avait été maintenue *de facto* sur ces terrasses qui encadrent la rivière du Tana et servent de terres de parcours pour les communautés pastorales de la région. L'arrivée de Bedford Biofuels correspond en quelque sorte à une deuxième privatisation de ces terres. Si la compagnie n'est pas à l'origine de la privatisation initiale des terres, en revanche, son projet bouleverse potentiellement les usages locaux qui font de ces terres des pâturages insérés dans un domaine pastoral élargi.

Les nouvelles transactions foncières, prenant la forme de sous-baux, ne remettent pas en cause la propriété des ranchs, elles contribuent même à la régulariser en permettant de payer tous les arriérés de taxes de ces ranchs insolvables [Duvail *et alii*, 2012] et de renouveler leurs baux pour une nouvelle période de 45 ans. Ces baux signés en 1970 et en 1976 arrivaient théoriquement à expiration en 2015 et en 2021. L'opération a obtenu le feu vert, à l'échelon national, du Commissaire en charge des terres (Commissionner of Lands) et, à l'échelon local, l'accord du comité de développement du district. La période de mise en place du projet, durant laquelle les documents fonciers ont été négociés aux différents échelons du gouvernement et auprès des actionnaires des ranchs privés, représente une bonne affaire pour les élites contrôlant les ressources institutionnelles. Pour l'entrepreneur étranger, l'obtention de documents fonciers légaux est essentielle aussi pour convaincre les investisseurs et lever des fonds.

De nombreux intermédiaires ont tiré profit de cette phase de négociation d'un accord foncier, à la différence des usagers locaux des terrasses de la rivière Tana et des terres du delta situées en aval dont les intérêts n'ont pas été pris en considération. Censées réguler des investissements à fort impact environnemental et social, les études d'impact[5] n'ont pas joué leur rôle. Les conflits de droits et d'usages sont passés sous silence dans ces études. Bien qu'approuvées par l'Autorité nationale de gestion de l'environnement (National Environmental Management Authority, NEMA), elles ont sous-estimé la durabilité du projet et son impact sur la région. Les conséquences en particulier des prélèvements en eau, indispensables à la rentabilité économique de la culture du jatropha en région semi-aride, ne sont pas évoquées, alors qu'ils touchent de nombreux usagers bien au-delà du périmètre du projet.

En août 2012, des violences se déclenchent dans cette région où les conflits d'usage sont décrits comme récurrents. Le projet en lui-même est source de dissensions. Une partie seulement des Pokomo le soutient, sur la base de son volet

5. « Environmental and Social Impact Assessment Report on Proposed Establishment of Jatropha Plantations in Garsen Division, Tana delta district, Kenya » (Rapport de l'étude d'impact environnemental et social d'un projet de plantation de jatropha à Garsen dans le district du delta du Tana, Kenya), 2010.

Hérodote, n° 179, La Découverte, 4e trimestre 2020.

social et des promesses d'embauche faites par Bedford Biofuels et véhiculées par une élite pokomo. Les Orma qui voient l'accès à leurs terres de parcours empêché par des clôtures y sont clairement opposés. Mais le jeu politique est bien plus complexe et les violences, au départ planifiées, sont clairement liées au calendrier électoral. Le schéma d'organisation de la violence politique est désormais classique au Kenya depuis les années 1990 : il a pour effet de systématiser les oppositions ethniques. Il vise en premier lieu à intimider des électeurs ciblés ethniquement, en provoquant localement un exode, quitte éventuellement à en tirer également des bénéfices matériels en permettant des réappropriations foncières plus ou moins durables. Le cas des violences meurtrières de 2012 dans le delta du Tana qui ciblent, au départ, des villages orma [Duvail, 2018], s'inscrit dans le cadre d'un « tribalisme politique », alimenté au fil des ans par différentes tensions économiques. La violence est promue par des candidats, agissant en toute impunité, prêts à assurer leur élection par tous les moyens[6]. Dans le cas du Tana, en 2012, c'est le poste de gouverneur qui est disputé, d'où le caractère très localisé des violences électorales qui ne s'étendent pas au reste du pays. Tout juste créé avec la décentralisation, ce poste est convoité car il ouvre de nouvelles perspectives de contrôle sur certaines ressources locales.

En 2013, Bedford arrête les opérations prétextant l'insécurité politique qui crée des conditions non favorables aux affaires[7]. Cependant l'entreprise connaissait déjà des difficultés financières depuis 2011, en raison du retrait des investisseurs. Ces derniers ont déposé plainte auprès de la Commission de sécurité d'Alberta au Canada et le directeur de Bedford a été condamné en 2017 pour fraude fiscale et escroquerie[8]. Ce jugement ne porte que sur la partie canadienne et ne propose pas de règlement des éventuels préjudices subis au Kenya. Il montre que, en 2011, Bedford Biofuels avait envisagé de vendre les sous-baux pour 70 à 80 millions de dollars à des investisseurs asiatiques, près de dix fois le montant de l'investissement initial (11 millions de dollars). Cette transaction s'est révélée fictive

6. La violence donnera lieu à une commission d'enquête dirigée par la juge Lady Justice G. Nzyoka dont le rapport ne sera jamais rendu public. Par ailleurs, les politiciens mis en cause seront acquittés.

7. « Bedford Biofuels Jatropha, Tana Delta, Kenya », *Environmental Justice Atlas*, last update 2 septembre 2014,

< https://landmatrix.org/media/uploads/ejatlasorgconflictbedford-biofuels-jatropha-tana-delta-kenya.pdf > consulté le 22 août 2020.

8. Alberta Securities Commission, « ASC concludes settlement agreement with David Gregor McClur », 18 août 2017,

< https://www.albertasecurities.com/News-and-Publications/News-Releases/2018/10/ASC-concludes-Settlement-Agreement-with-David-Gregor-McClure > consulté le 22 août 2020.

Hérodote, n° 179, La Découverte, 4e trimestre 2020.

(d'où la condamnation pour escroquerie) mais le procédé souligne la dimension financière du projet foncier qui dépasse largement l'objectif affiché de production agro-industrielle.

Dans ce cas, les investissements étrangers, loin d'apporter le « développement » ont renforcé l'écart entre détenteurs des titres fonciers et utilisateurs coutumiers et, en plus d'avoir alimenté les tensions locales, ont ouvert la voie à des spéculations foncières par des montages financiers complexes. L'abandon du projet est en fin de compte déconnecté des violences miliciennes qui ne visaient pas vraiment Bedford Biofuels. Il s'agit avant tout d'une faillite qui met en lumière des pratiques frauduleuses de la part d'un réseau d'affaires. Si le projet ne s'est pas matérialisé durablement, il aura permis une levée de fonds conséquente et ouvert de nouvelles perspectives de réappropriation privée des terres. Les interventions des détenteurs de pouvoir ainsi que les dispositifs institutionnels à leur disposition permettent ainsi à des officiels de remettre périodiquement sur le marché des terres déjà privatisées de manière à en tirer profit.

Terres publiques et privées : les nouvelles frontières de l'officialisation des terres

L'appui politique indispensable pour officialiser la propriété connaît une reconfiguration dans laquelle l'échelon local peut jouer un rôle déterminant. Étudié sur la période 2012-2020, l'exemple du renouvellement des baux emphytéotiques des terres exploitées par la compagnie Cirio Del Monte pour la production à grande échelle d'ananas à Thika, à proximité de Nairobi, souligne la manière dont le statut légal de la propriété peut être fragilisé et met en lumière des rivalités institutionnelles plus que des logiques concurrentes au sein de l'État. Cet exemple concerne la privatisation centenaire d'un domaine foncier dans une phase de transition et de redéfinition des terres publiques et des droits privés sur ces terres. La remise en question du statut foncier ne renvoie pas seulement à de vagues revendications territoriales faisant référence à une souveraineté « africaine » sur la terre ou, à une autre échelle, celle des « Kikuyu », elle s'organise de manière très concrète en référence à un cadre juridique. La renégociation actuelle se fonde sur la différenciation entre terres privées et terres publiques, exploitant le cadre légal des baux emphytéotiques sur terres publiques qui conceptualise la superposition de droits sur une même parcelle (droits éminents de l'État et droits privés à l'exclusion de tout autre). Les terres détenues via ces baux de longue durée sont classifiées comme privées. L'attaque en règle contre cette forme de propriété privée qui a permis historiquement aux Européens de prendre possession de larges domaines au Kenya, s'est faite en deux temps. Tout d'abord, la nouvelle Constitution limite la durée des baux héritée de la colonisation (elle passe de 999 ans à 99 ans). Dans

Hérodote, n° 179, La Découverte, 4e trimestre 2020.

un second temps, l'insistance des autorités locales sur le statut fondamentalement public de ces terres pourrait permettre de réorienter leur utilisation et de les réallouer à d'autres bénéficiaires.

La plantation d'ananas Cirio Del Monte s'est implantée après l'indépendance entre 1965 et 1973. Elle héritait de la structure foncière de la colonisation caractérisée par de grandes exploitations européennes. Sur le plan foncier, plusieurs compagnies se sont succédé et se sont transmis la terre depuis 100 ans : plantations de sisal et de café, puis une entreprise de conserves de fruit reprise par Del Monte. Le rôle clé du pouvoir étatique en la personne de l'ancien ministre de l'Agriculture des années qui ont suivi l'indépendance, Bruce McKenzie, proche du président Jomo Kenyatta, a été souligné dans l'implantation au Kenya de Del Monte. Cependant, il ne faudrait pas sous-estimer les tensions au sein du gouvernement qui ont présidé à ce choix et, en particulier, la pression pour redistribuer la terre dans un contexte clientéliste ou l'envie des puissants du régime de privatiser ces terres à leur profit. À l'époque, tous les efforts déployés en faveur d'un accaparement domestique des terres ont été déjoués grâce au réseau du ministre de l'Agriculture et au soutien du président.

Depuis quelques années, profitant du renouvellement des baux emphytéotiques arrivant à expiration, différents acteurs mènent des initiatives parallèles. Pourtant censés être quasi automatiques, sauf en cas d'absence de mise en valeur ou dans le cas d'un nouveau projet d'infrastructure publique, ces renouvellements mettent en lumière les tentatives des autorités locales pour en influencer le déroulement. Des procédures légales sont entamées par la compagnie Del Monte, dès 2012, ce qui l'amène d'emblée à se plaindre, à différentes reprises, d'un traitement cavalier de la part des autorités locales.

Pour comprendre ces tractations, il est utile de préciser que son domaine foncier n'est pas d'un seul tenant. Très concrètement, le renouvellement des baux qui arrivent à échéance à quelques années d'intervalle implique aujourd'hui deux autorités locales distinctes : le comté de Kiambu et celui de Murang'a. La renégociation d'un droit sur la terre qui suppose la collaboration entre plusieurs acteurs gouvernementaux, chacun s'efforçant de consolider ses prérogatives, n'est pas aisée. Par exemple, la compagnie paie des taxes foncières à la fois aux gouvernements locaux et au gouvernement central ; elles sont redéfinies à cette occasion. Côté Kiambu, le renouvellement du bail, fixé à 99 ans, semble en bonne voie. Les parties prenantes sont parvenues à signer un accord (*memorandum of agreement*) portant sur 3 300 hectares environ avec en « contrepartie » 250 hectares qui repassent sous contrôle public, et seraient confiés aux mains du comté. La situation a été débloquée grâce au passage de relai entre l'ancien gouverneur Kabogo et le nouveau Waititu, plus favorable à un accord. Le risque d'une privatisation discrétionnaire des terres récupérées par ces autorités n'est cependant pas exclu. Concernant la partie principale

Hérodote, n° 179, La Découverte, 4e trimestre 2020.

de l'exploitation, la négociation est toujours en cours avec le comté de Murang'a et son issue s'annonce encore incertaine : les autorités locales ont annoncé qu'elles voulaient récupérer une large portion du domaine. La question de savoir plus précisément à quoi la terre servira a été soulevée par des personnes qui s'alarment de l'absence de sérieux contre-pouvoirs, à l'échelle des gouvernements locaux[9].

L'idée de faire un état des lieux des propriétés de Del Monte ressurgit à deux moments clés, celui du transfert légal des terres à la compagnie, en 1973, et celui de la reconduction des baux. La NLC demande la cartographie des parcelles de la compagnie en 2019. L'objectif est de savoir s'il y a des parcelles non utilisées susceptibles d'être réappropriées et de produire une nouvelle évaluation de la propriété pour définir la base de taxation. Ces deux exigences correspondent à son mandat ainsi qu'à la protection des droits des « squatters ». Formulée comme la revendication historique de paysans sans terres Kikuyu, un groupe de pression cherche à faire valoir ses droits sur la terre par tous les moyens[10]. Le moment est propice à la dénonciation d'un « accaparement foncier » par un grand groupe, en renvoyant aux racines coloniales d'une structure foncière très inégalitaire, malgré une implantation postérieure à l'indépendance. La NLC fait entendre la voix de politiciens marginalisés dans ce contexte où les gouvernements locaux cherchent à consolider leur pouvoir par un contrôle rentier sur la terre. Face aux nouveaux enjeux de régulation du pouvoir des gouvernements locaux, la question se pose de savoir si la NLC sera capable de jouer un rôle de contre-pouvoir.

La nécessité d'appuis renouvelés dans le temps pour maintenir des droits fonciers est soulignée dans les différents exemples documentés. Ces derniers illustrent le redéploiement de l'État à l'échelon du gouvernement local. Ils se traduisent en particulier par des négociations qui contribuent à redéfinir les terres publiques et, par ce biais, également la sphère du public, en la déclinant à plusieurs échelles.

Conclusion

La transformation initiale des terres publiques en terres privées est radicale ; peu à peu cette transformation s'estompe avec l'apparition de nouvelles revendications et de nouvelles vagues de privatisation. La controverse sur les

9. Miguna Miguna, « Use Alternative Dispute Resolution mechanisms to implement devolution » (Utilisez des moyens alternatifs pour la résolution de conflits dans la mise en œuvre de la décentralisation), *The Star*, 22 mars 2014.

10. Kamau John, « Form team to allocate Del Monte land, Uhuru told » (Formez une équipe pour allouer la terre de Del Monte, [le président] Uhuru [Kenyatta] interpellé), *The Star*, 7 juin 2020.

Hérodote, n° 179, La Découverte, 4e trimestre 2020.

baux emphytéotiques traduit un effort pour redessiner un contrôle sur des terres requalifiées à cette occasion de publiques. Si la séparation entre public et privé est au fondement d'une action « officielle », leur confusion fonde en pratique le pouvoir lié à un office. Les accaparements fonciers renvoient à un système qui place l'officialisation des terres au cœur de normes pratiques de pouvoir au Kenya. Depuis 2010-2012, leur restructuration met l'accent sur la construction d'une sphère locale de pouvoir et sa consolidation institutionnelle, créant un nouveau contexte pour les investissements internationaux. Cette restructuration du pouvoir à différentes échelles déplace la question de l'appartenance nationale des terres, mettant l'accent sur des formes de souveraineté locale. Avec la fin d'un monopole construit autour de l'État central et du président, il faut maintenant compter avec des acteurs puissants sur le plan national mais ayant également des assises locales leur permettant de se créer une base économique et politique. Pour les investisseurs, la situation devient plus complexe face à une « démocratisation » de ce rapport rentier de contrôle de la terre. Le processus d'institutionnalisation d'une sphère locale de pouvoir, articulé aux intérêts économiques forts d'une élite affairiste, parvient à peser dans les décisions au point que l'État central renonce à assurer son rôle « protecteur » d'un secteur privé international.

Bibliographie

ALDEN W. L. (2012), « Looking back to see forward : the legal niceties of land theft in land rushes » (Regardez en arrière pour voir l'avenir : les douceurs légales du vol de terre dans la ruée vers la terre), *The Journal of Peasant Studies*, vol. 39 ; n° 3-4, p. 751-775.

BACH D. et GAZIBO M. (dir.) (2012), *Neopatrimonialism in Africa and Beyond* (Le néo-patrimonialisme en Afrique et au-delà), New York, Routledge, 260 p.

BLUNDO G. et OLIVIER DE SARDAN J.-P. (dir.) (2006), *Everyday Corruption and the State* (La corruption au quotidien et l'État), Londres, Zed Books, 304 p.

BOONE C. *et alii* (2019), « Land law reform in Kenya » (La réforme foncière au Kenya), *African Affairs*, vol. 118, n° 471.

CHAUVEAU J.-P., LEPAPE M. et OLIVIER DE SARDAN J.-P. (2001), « La pluralité des normes et leurs dynamiques en Afrique. Implication pour les politiques publiques », *in* WINTER G. (dir.), *Inégalités et politiques publiques en Afrique*, Paris, Karthala, 453 p.

COLIN J. Ph., LE MEUR P.-Y. et LEONARD E. (dir.) (2009), *Les Politiques d'enregistrement des droits fonciers. Du cadre légal aux pratiques locales*. Paris, Karthala, 538 p.

DI MATTEO F. (2019), « Decolonizing Property in Kenya ? » (Décoloniser la propriété au Kenya ?), thèse de doctorat, Marseille, EHESS.

DUVAIL S. (2018), « Conflits autour de l'eau : le territoire du delta du Tana au Kenya », *in* ARNOULD P. et SIMON L. (dir.), *Géographie des environnements*, Paris, Belin Education, Humensis, 271 p.

Hérodote, n° 179, La Découverte, 4e trimestre 2020.

DUVAIL S., MEDARD C. et PAUL J.-L. (2010), « Les communautés locales face aux grands projets d'aménagement des zones humides côtières en Afrique de l'Est », *Politique africaine*, n° 117.

DUVAIL S., MÉDARD C., HAMERLYNCK O., NYINGI D. W. (2012), « Land and water "grabbing" in an East African coastal wetland : the Tana Delta case study » (Accaparement de la terre et de l'eau dans une zone humide côtière en Afrique de l'Est : le cas du delta du Tana), *Water Alternatives,* vol. 5, n° 2.

GOLAZ V. et MEDARD C. (2016), « Agricultural frontier, land tenure changes and conflicts along the Gucha-Trans Mara boundary in Kenya » (Front agricole, changements fonciers et conflits le long de la frontière Gucha-Trans Mara au Kenya), *Journal of Eastern African Studies*, vol. 10, n° 2.

KLOPP J. (2001), « Electoral Despotism in Kenya » (Le despotisme électoral au Kenya), PhD McGill University, Montréal.

KLOPP J. et LUMUMBA O. (2017), « Reform and counter-reform in Kenya's land governance » (La politique de la réforme de la gouvernance du foncier au Kenya), *Review of African Political Economy*, vol. 44, n° 154.

LONSDALE J. et BERMAN B. (1992), *Unhappy Valley. Conflict in Kenya and Africa* (Le mythe de la vallée heureuse. Conflits au Kenya et en Afrique), *State and Class (Eastern African Studies)* (livre I), 247 p., *Violence & Ethnicity (Eastern African Studies)* (livre II), 304 p., Londres, James Currey.

LUND C. (2014), « Of What is This a Case ? » (De quoi est faite l'étude de cas ?), *Human Organization,* vol. 73, n° 3.

MANJI A. (2012), « The grabbed state : lawyers, politics and public land in Kenya » (L'État accaparé : avocats, politique et terre publique au Kenya), *The Journal of Modern African Studies*, vol. 50.

PETERSON D. (2012), *Ethnic Patriotism and the East African Revival* (Patriotisme ethnique et le Réveil est-africain)*, c. 1935-1972*, Cambridge, Cambridge University Press, 370 p.

REPUBLIC OF KENYA (ROK) (2002), « Report of the Commission of Inquiry into the Land Law system of Kenya » (Rapport de la Commission d'enquête sur le système juridique foncier au Kenya), dirigé par Charles M. Njonjo, Nairobi, Government Printer.

REPUBLIC OF KENYA (ROK) (2004), « Report of the Commission of Inquiry into Illegal/ Irregular Allocation of Public Land » (Rapport de la Commission d'enquête sur les allocations illégales/irrégulières du domaine public au Kenya), dirigé par P. Ndung'u, Nairobi, Government Printer.

REPUBLIC OF KENYA (ROK) (2011), « Report of the Task Force on Irregular Appropriation of Public Land and the Squatter Problem in Athi River District » (Rapport sur les appropriations irrégulières du domaine public et le problème des squatter dans le district d'Athi River), dirigé par J. Abduba, Nairobi, Government Printer.

SINDZINGRE A. (2012), « Neopatrimonialism and its reinterpretation by development economics » (Le néopatrimonialisme et sa réinterprétation en économie du développement), *in* BACH D. et GAZIBO M. (dir.), *Neopatrimonialism in Africa and Beyond,* p. 90-107, 260 p.

TRUTH, JUSTICE AND RECONCILIATION COMMISSION (TJRC) (2013), « Report of the TJRC » (Rapport de la Commission vérité, justice et réconciliation), dirigé par Kiplagat B., TJRC, Kenya.

Hérodote, n° 179, La Découverte, 4e trimestre 2020.

Les manzanzavilles et les « camps riches » de Kinshasa : aperçu de la dynamique et de la géopolitique urbaines

Francis Lelo Nzuzi[1]

Kinshasa est une capitale qui attire l'attention des experts en développement urbain avec ses 10 à 12 millions d'habitants regroupés au sud du Pool Malebo. Elle poursuit sa croissance démographique et spatiale au sein d'une « ville province » de près de 10 000 km^2. Les prévisions démographiques lui attribuent probablement 15 millions d'habitants en 2025, 18 en 2030, 20 en 2035 [Messina Ndjomo, 2019, p. 46]. L'afflux des migrants ruraux, la forte natalité, le manque d'une politique urbaine planifiée et l'absence d'une politique d'habitat social sont à la base d'une crise perpétuelle du logement ainsi que de l'émergence d'un nouvel urbanisme du type « libéral et néolibéral ».

La croissance urbaine rapide de Kinshasa depuis l'accession de la République démocratique du Congo (RDC) à l'indépendance en 1960 s'est traduite par une urbanisation souvent qualifiée d'« anarchique », ou « sauvage ». Ce qualificatif, qu'il faudra relativiser, est cependant discutable. Il correspond à une vision réductrice qui observe cette ville comme un espace urbain non structuré et en crise. Mieux vaut analyser autre chose que la crise urbaine et voir plutôt le dynamisme qui caractérise cette capitale multimillionnaire. Kinshasa est le résultat d'un urbanisme ascendant qui a donné naissance à une ville que la population fabrique elle-même avec ingéniosité. L'habitat populaire, généralement lié à une logique d'auto-construction, représenterait désormais plus de 80 % de l'espace urbanisé [SOSAK, 2014].

1. Professeur à l'université de Kinshasa.

Hérodote, n° 179, La Découverte, 4e trimestre 2020.

Dynamique urbaine : une ville bicéphale avec des quartiers hybrides

La grande marque de la dynamique urbaine de Kinshasa est qu'elle est bicéphale avec, d'un côté, une ville construite et, de l'autre, une ville autoconstruite, comprenant de nombreux quartiers hybrides, caractérisés par la mixité socio-urbaine.

Politique et stratégie urbaines du type « social »

La croissance de Kinshasa a connu une première accélération avec le transfert de la capitale du Congo belge de Boma à Léopoldville dans les années 1920[2]. La ville offrait beaucoup d'opportunités d'emplois. Sa population atteint 26 000 habitants en 1935, 46 000 en 1940 et 120 000 en 1948 [Lejeune de Schiervel, 1956]. L'arrivée massive de migrants ruraux venus avec leur mode traditionnel d'occupation de l'espace et de construction posa d'emblée la question de l'habitat en milieu urbain. Les néo-citadins vivaient dans des maisons surpeuplées. Leur quotidien se déroulait dans la cour. La case était vécue comme un « garde-manger », un « garde-robe », un « dortoir » la nuit, et un « refuge » contre les intempéries. Le développement rapide de ce type d'habitat traditionnel avec ses insuffisances et ses fragilités interpella l'administration coloniale parce qu'il posait de graves problèmes d'aménagement urbain. Cela justifia la création en 1949 de l'Office des cités africaines (OCA) avec pour objectif de construire des lotissements pour les autochtones respectant les normes européennes d'architecture et d'urbanisme.

L'habitat social de l'Office des cités africaines

L'OCA avait pour mission d'offrir à un grand nombre d'Africains des logements décents, suffisants et sains fondés sur un système de location-vente et qualifiés de logements planifiés, logements sociaux, logements du plus grand nombre, logements des masses, logements clés en main, logements pour tous. Avec cette politique urbaine, de 1953 à 1959, l'Office a réussi à construire en grande série près de 25 000 logements pour les employés, artisans, commerçants dits « évolués ». L'adaptation des migrants ruraux à ce type de logements de masse n'allait pas de soi. L'habitat du type « social » fut perçu, par certains Kinois, comme une privation de liberté individuelle dans le choix du logement car il fut imposé aux bénéficiaires sans tenir compte de leurs souhaits. Même si les conditions de logement furent grandement améliorées, bien des habitants se sont

2. Décidé en 1923, le transfert fut effectif en 1929.

Hérodote, n° 179, La Découverte, 4e trimestre 2020.

sentis comme assignés à résidence dans une caserne à l'urbanisme et à l'architecture monotones. Mais la plupart des critiques formulées à l'encontre de ces plans-types se rapportaient à l'exiguïté des maisons et des parcelles. Elles paraissaient confortables pour un jeune ménage sans ou avec un ou deux enfants. Par contre, elles ont vite présenté de gros problèmes d'habitabilité pour les couples de familles nombreuses. Cette insatisfaction vis-à-vis de l'action de l'OCA, en ce qui concerne la qualité et le cadre de vie, constitue probablement une des motivations de l'auto-construction, d'autant plus que le standard de vie du Kinois s'améliorera, lui permettant d'ambitionner une demeure plus grande et mieux construite.

L'habitat social du Fonds d'avance

Cherchant à « humaniser » les logements africains en les rendant plus confortables, spacieux, moins denses et moins monotones, l'administration coloniale mit en place un nouveau système d'accès au logement appelé « Fonds d'avance ». Le Fonds était destiné à accorder des prêts à un taux avantageux aux Congolais détenteurs d'un petit capital et qui désiraient construire eux-mêmes une maison, assistés par des entrepreneurs expatriés, suivant un plan architectural préétabli par l'État. Le Fonds a permis de construire les « Nouvelles cités » ou « Mboka ya Sika » en lingala, dotées de grands logements sur des parcelles de 1 000 m^2 dans les communes de Kasa-Vubu, Ngiri-Ngiri, Ndjili et dans le quartier Kimbangu vers 1955.

Les contemporains témoignent avoir vu certains ménages des quartiers de l'OCA déménager pour les « Nouvelles cités » du Fonds d'avance. Le succès de l'auto-construction « assistée » qui consiste à « construire soi-même un chez-soi et à son goût » correspondait sans doute à un rejet d'une partie de la population vis-à-vis des types de logements sociaux clés en main de l'OCA. Depuis l'indépendance, Kinshasa n'a en tout cas plus bénéficié d'un programme de logements sociaux de l'envergure de ceux de l'OCA et du Fonds d'avance.

Politique et stratégie urbaines du type « libéral »

Face à la grande crise du logement qui éclata dès l'indépendance, la politique urbaine de l'habitat du type « social » de l'OCA et du Fonds d'avance disparut au profit de celle du genre « libéral ». Délibérément, l'État transféra l'aménagement urbain au citadin et au secteur privé.

Les quartiers résidentiels

Les exemples éloquents de résidences des nouveaux détenteurs du pouvoir politique concernent les quartiers Grand Bazar (GB), Beau-Vent, Shaumba,

Mbinza Météo, Mimoza, Baramoto, Masikita, Trois Vallées, etc. Leurs villas construites par des entreprises privées du bâtiment sont gardées par des hommes en uniforme armés et postés à l'entrée des concessions ou par du personnel de services de gardiennage. C'est aussi dans les quartiers résidentiels que les Kinois voient fleurir de nouveaux hôtels et restaurants, ainsi que des supermarchés comme le « Shoprite » implanté au quartier GB. Il est important de souligner que les nouveaux quartiers résidentiels se situent en majorité à Kinshasa-Ouest et à Kinshasa-Centre.

Les quartiers populaires de l'auto-construction

Leur genèse remonte à 1959, à quelques mois de l'indépendance en juin 1960, sur les marges et faubourgs des cités planifiées de l'OCA. Depuis lors, l'auto-construction populaire a continuellement façonné le paysage urbain de Kinshasa.

Les quartiers populaires pionniers d'auto-construction des communes de Ngaba et Makala sont nés dans un contexte purement politique. En effet, dans le cadre d'un vaste mouvement de mobilisation populaire et de désobéissance civile lancé par les politiciens congolais pour réclamer l'indépendance, deux partis politiques bien implantés à Kinshasa (l'Abako de Kasa-Vubu et le PSA de Gizenga[3]), défiant l'administration coloniale, se sont mis à distribuer gracieusement des lopins de terre à leurs militants pour qu'ils construisent eux-mêmes leur logis.

C'était une façon de grossir les rangs de leur électorat pour les futures élections municipales que l'administration coloniale comptait organiser au milieu de l'année 1959 afin de céder la direction de la gestion municipale aux Congolais. Ces maisons ont été construites dans le prolongement du quartier planifié de la commune de Kalamu. Quelque temps après, pour les mêmes raisons, un autre politicien du PSA, nommé Mafuta Kizola Delvaux, distribua gracieusement aussi des lopins de terre aux migrants ruraux, militants du parti, sur les collines de Kinshasa-Ouest. Accolé à la cité résidentielle Ma Campagne, les deux quartiers s'appellent Mbinza Delvaux et Camp Luka.

Imitant les politiciens, les chefs coutumiers, alias chefs de terres ou autorités coutumières, profitent depuis l'indépendance de l'impunité et de l'imbroglio juridique qui règnent dans le domaine foncier pour vendre les terres ancestrales aux Kinois. Aujourd'hui, plus de la moitié de la superficie bâtie de Kinshasa est construite de cette manière par auto-construction. Beaucoup de quartiers auto-construits portent les noms de ces chefs coutumiers initiateurs de ces lotissements comme par exemple Mfumu Nketo (chef coutumier Nketo) à Kimbanseke et Mfumu Nsuka (chef coutumier Nsuka) à Masina.

3. Abako, Alliance des Bakongo ; PSA, Parti solidaire africain.

Hérodote, n° 179, La Découverte, 4e trimestre 2020.

Les manzanzavilles

Ce sont les bidonvilles. À Kinshasa, un *manzanzaville* représente un ensemble de « logements construits avec des matériaux de récupération comme par exemple les tôles ». La terminologie locale est très significative : « manzanza » signifie tôles en lingala. La commune de Mont-Ngafula, au sud de Kinshasa, abrite un bidonville nommé tout simplement « Camp manzanza ». Le kinois désigne un bidonville en ces termes : « quartier manzanza » ou encore « camp manzanza ». Les maisons sont construites avec soit des tôles galvanisées, soit des fûts déroulés, soit des tôles de récupération, soit encore des tôles laminées. Les manzanzavilles n'ont pas de murs en carton, ni en paille, encore moins en natte, mais uniquement en tôle pour se protéger contre la pluviométrie (1 200 mm/an) et les incendies.

Les manzanzavilles sont souvent situés dans des espaces en principe impropres à la construction comme les sites marécageux des rivières (ex. Madagascar à Kalamu, Cosbaki à Bandalungwa, Mozindo à Barumbu, etc.), les zones inondables du fleuve Congo (ex. Grand Monde, Pays sans loi, Bribano à Kingabwa, etc.), les décharges des zones industrielles (ex. Mama Nzenze, Sans Fil, Kosovo à Kingabwa, etc.), les collines érodées (ex. Mbala à Mont-Ngafula), les emprises ferroviaires (ex. Socopao, Paka-Djuma à Limete, etc.), etc. [Lelo Nzuzi, 2017].

Politique et stratégie urbaines du type « néolibéral »

Depuis le début de la décennie 2000, un phénomène urbain nouveau a progressivement pris corps dans le domaine des logements destinés aux ménages aisés de la nouvelle classe moyenne. Il s'agit des enclaves résidentielles ou « camps riches ». Ce sont des lotissements dont la concession est clôturée de murs de protection imposants ou de grillages dont l'accès réservé aux résidents est surveillé par des vigiles. Ce type d'habitat clôturé et sécurisé correspond aux « gated communities » des anglophones ; les francophones le désigne sous plusieurs appellations : enclosures résidentielles, quartiers fermés et sécurisés, enceintes résidentielles, enclaves résidentielles [Le Goix, 2006], parc résidentiel fermé, ghettos des riches [Charmes, 2011], complexes résidentiels fermés et sécurisés [Porcu, 2013], cités résidentielles à accès limité ou « CRAL » [Messina Ndjomo, 2019], etc. À Kinshasa on parle de « camp riche ».

Les « camps riches »

Le phénomène des « camps riches » n'est pas récent à Kinshasa. Il a débuté dans les années 1940 lors du début de l'industrialisation de la ville. C'est un exemple éloquent de l'intervention du secteur privé venu secourir les pouvoirs publics. Dès l'aube de son industrialisation, la ville a assisté à la construction de complexes

Hérodote, n° 179, La Découverte, 4e trimestre 2020.

résidentiels fermés, réservés aux cadres, jadis européens, des entreprises Chanic (chantier naval), UtexAfrica (usine textile) et Onatra (Office national des transports). Le complexe résidentiel fermé UtexAfrica fut probablement le premier et le plus grand « quartier intra-muros » à proprement parler jamais construit à Kinshasa. Ouvert maintenant aux Africains, ce parc résidentiel cossu continue à fournir à ses résidents aisés un environnement clos, luxueux, très protégé, calme et homogène ceint de murs protecteurs, noyé dans un paysage verdoyant.

Dans les années Mobutu fut construit le quartier Mont-Fleury à Mbinza sur les hauteurs du Mont-Ngaliema, pionnier du genre et unique « camp riche » privé de cette époque. Il est issu du morcellement et de la vente d'une partie du domaine de l'homme d'affaires Moleka, qui servait jadis de concession privée familiale. La concession fut entièrement lotie, vendue et placée sous le statut du domaine public de l'État. Le parcellaire prévoyait quelques dizaines de propriétés distinctes. Avec le morcellement parcellaire, la concession en compte aujourd'hui environ une centaine, abritant près d'un millier de résidents dans ce quartier riche, protégé par des gardes qui surveillent jour et nuit les entrées et sorties.

À partir du début des années 2000, au cours des années Kabila, ce type de quartier connaît un succès considérable. Les résidences sont habitées par des ménages aisés et de la classe moyenne, hormis la Cité Mama Olive Lembe construite à Kinkole par la femme de l'ex-président Joseph Kabila. Elle avait gracieusement offert les logements de cette cité à des familles pauvres.

Le quartier « Cité Oasis », situé entre le camp militaire Kokolo et la commune populaire de Bandalungwa, a renforcé sa sécurité en se barricadant avec d'imposants murs de clôture renforcés par des fils de fer barbelés. Ces « remparts » isolent complètement le quartier qui n'est accessible que par les accès contrôlés. Le supermarché (Shoprite) qui vient d'y ouvrir ses portes a contribué à accroître l'attrait de la « Cité Oasis ». La Cité du fleuve à Kingabwa est certainement la forme la plus aboutie de cité résidentielle fortifiée à Kinshasa. C'est une véritable enclave où les barrières protègent les résidences riches construites au bord du fleuve Congo à quelques encablures d'un manzanzaville bruyant et récalcitrant appelé Grand-Monde. Les visiteurs de la Cité du fleuve ont toujours été frappés de voir cette enclave résidentielle étaler sa splendeur et son opulence devant le grand bidonville populeux de Grand-Monde. La cité résidentielle fortifiée Paradise est un ensemble d'appartements dans de grands immeubles construits à la Gombe en face de la commune populaire de Lingwala. D'autres cités résidentielles fortifiées de moyenne importance sont éparpillées dans la ville comme la Cité Moderne à Limete, la Cité Venus à Kinkole, la Cité Belle-Vue à Kintambo etc.

Les entreprises de construction locales ou étrangères, notamment libanaises, chinoises ou indiennes, participent activement à la promotion immobilière. Elles ont réalisé des cités ou ouvert des chantiers selon la même logique de l'habitat

Hérodote, n° 179, La Découverte, 4e trimestre 2020.

fermé. Le quartier Mzee Kabila implanté à Kinsuka abrite les hauts cadres de la Société nationale d'électricité (SNEL). Les logements sont acquis grâce au système de location-vente. L'Office congolais de contrôle (OCC), la firme de téléphonie mobile (Aertel), l'université de Kinshasa et d'autres encore ont ouvert des chantiers pour leurs cadres, respectivement à Kinkole, Mbudi et Mitendi. Les chantiers sont en cours.

Géopolitique urbaine : l'institutionnalisation de l'auto-construction et le dualisme urbain

La politique urbaine du type « libéral » et « néolibéral » est à l'origine de beaucoup de conflits de compétences et d'intérêts entre les services des Affaires foncières et ceux de l'Urbanisme. Selon les textes légaux, l'urbanisme planifie d'abord et le cadastre lotit après. Mais, comme l'État a opté pour un urbanisme « libéral et néolibéral », la planification ne se passe pas sur le terrain comme prévue. Malgré plusieurs tentatives d'harmonisation entre les deux ministères, une bonne collaboration dans les actions à entreprendre pour la rationalisation de l'urbanisation de la ville tarde à se concrétiser sur le terrain. Par manque de leadership étatique en matière de gestion urbaine, l'urbanisme s'est retrouvé dans la rue et le Kinois en a profité pour fabriquer sa ville.

L'institutionnalisation de l'auto-construction

À Kinshasa, l'auto-construction est quasi institutionnalisée et encadrée *a posteriori* par l'État qui laisse faire, la considérant comme une solution à la crise des logements sociaux. Les pouvoirs publics tirent grandement profit de ce type de politique urbaine qui leur permettent de délester les budgets publics de la charge de certains équipements et services collectifs locaux. L'État a transféré l'essentiel des charges aux citoyens. Pour les pouvoirs publics, la politique urbaine du « laisser-faire » a aussi pour objectif non seulement de faciliter l'intégration dans la ville d'un grand nombre de ménages kinois, mais aussi de leur donner l'occasion de se loger, de devenir propriétaire, d'obtenir un lopin de terre dans la cité et d'avoir une adresse dans des quartiers qu'ils ont eux-mêmes créés souvent en marge de la légalité.

Le vécu des quartiers résidentiels et populaires auto-construits

Le rêve du Kinois est de construire lui-même sa maison, l'entretenir et la réparer. On observe de grandes capacités de modification de la maison au gré de l'évolution de la taille du ménage. Une maison « extensible » est susceptible

Hérodote, n° 179, La Découverte, 4e trimestre 2020.

d'être modifiée ou agrandie selon les goûts et les besoins de son propriétaire, contrairement aux logements sociaux clés en main. À Kinshasa, la dimension et l'architecture de la maison sont des indicateurs du prestige du ménage, donc de la respectabilité sociale. Le développement dans le temps et dans l'espace des quartiers auto-construits est partout le même. Au fil des ans, le quartier se peuple, se solidifie et se densifie. Sur base d'une organisation locale, il se dote d'édifices privés religieux, scolaires, médicaux et sociaux. En gros, c'est la population elle-même qui « fabrique » son quartier. Il arrive souvent qu'elle se mobilise pour financer sur fonds propres quelques travaux d'aménagement : construction d'une passerelle, digue, vanne ; réhabilitation d'un caniveau, dalot, poteau ; remblayage d'un terrain marécageux, végétalisation d'un site, etc. (fig. 1). Les citadins kinois sont dotés de fortes capacités d'adaptation et font preuve de créativité [Sambieni Kouagou, 2019]. C'est ainsi que la population organise son quartier selon son entendement, comme elle le veut. Chaque habitant construit sa maison selon ses moyens, prétentions, désirs, aspirations, vœux et goûts. L'État viendra faire le constat plus tard et interviendra pour y implanter quelques voiries et réseaux divers. Cela étant, la plupart des critiques formulées sur l'urbanisme « libéral et néolibéral » se résume en termes de « libertinage urbain » entretenu, au vu et au su de tout le monde, par les chefs coutumiers et les agents véreux des cadastres.

FIGURE 1. – LES MUTATIONS DE QUARTIERS DE L'AUTO-CONSTRUCTION

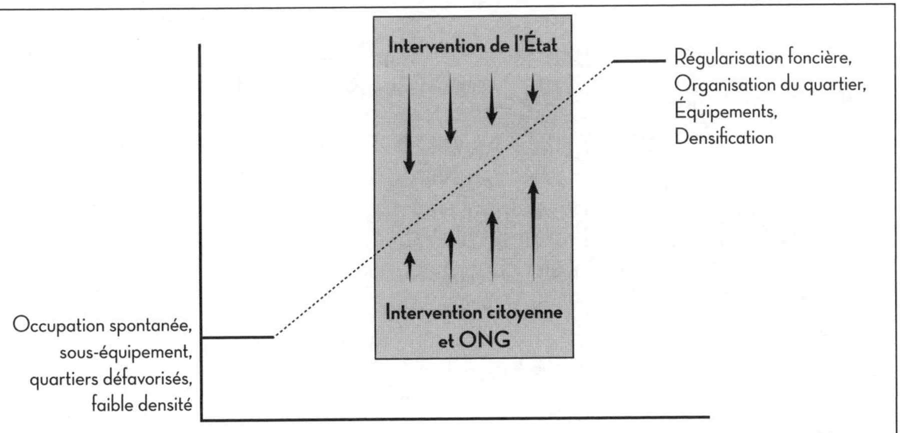

Graphique conçu par F. Lelo Nzuzi
HÉRODOTE N°179

Hérodote, n° 179, La Découverte, 4e trimestre 2020.

CARTE. – DYNAMIQUE URBAINE, « CAMPS RICHES » ET MANZANZAVILLES

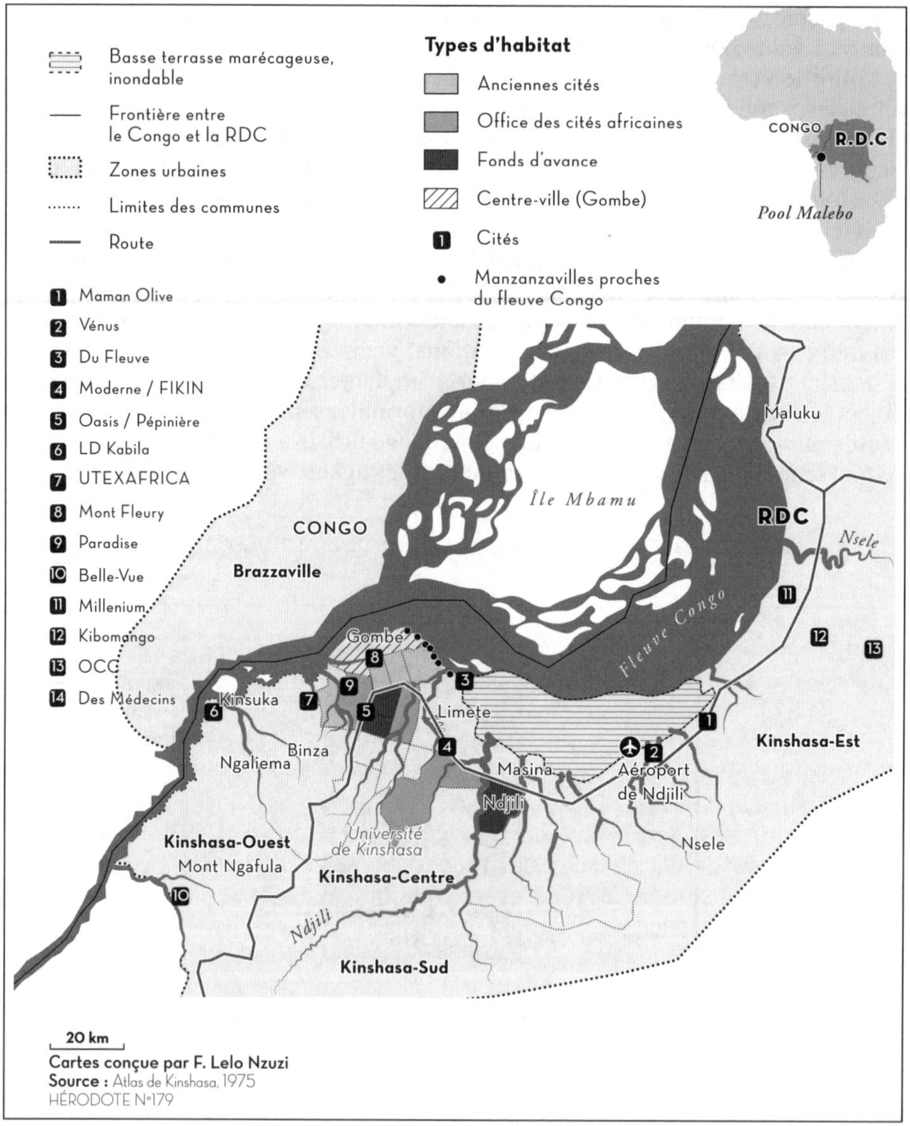

Cartes conçue par F. Lelo Nzuzi
Source : Atlas de Kinshasa, 1975
HÉRODOTE N°179

Hérodote, n° 179, La Découverte, 4e trimestre 2020.

Perception des « camps riches » et quotidien des manzanzavilles

La prolifération des cités résidentielles fermées suscite une forte curiosité auprès des populations des quartiers pauvres environnants. « Camps riches », c'est comme cela que sont perçus ces établissements humains barricadés et surveillés où les résidents aisés utilisent la plus grande partie de leur temps ou l'essentiel de leur vie quotidienne (travail, loisir, école, affaires, visite, achat) à l'extérieur de la cité. Telle est la perception populaire de la ségrégation socio-spatiale.

Quant à l'impression laissée de loin par les manzanzavilles, elle ne correspond pas souvent à la réalité. L'esprit kinois, fondé sur la débrouillardise et l'entreprenariat, fonctionne bien dans les vieux manzanzavilles et a fini par leur donner une image de quartier structurés. Leur population n'est pas statique mais au contraire très dynamique. Certains manzanzavilles se sont surdensifiés et les abris provisoires de fortune en tôle sont devenus des constructions « en dur ». Les populations ont entrepris de régulariser leur statut foncier et organiser leur bidonville. Grand-Monde et Ndanu à Kingabwa sont des exemples parlants des manzanzavilles qui se modernisent progressivement. L'État a également apporté quelques commodités : adduction d'eau et branchement électrique, et installé le bureau du quartier pour l'administration et la police chargée du maintien de l'ordre public. Les ONG locales, internationales et les Églises y ont construit des écoles et centres de santé.

Le dualisme urbain

La ségrégation socio-spatiale

La juxtaposition des trois types d'urbanisme (social, libéral et néolibéral) est à la base du « dualisme » de l'espace urbain qui dessine deux villes distinctes : « Kinshasa-Ouest » et ses quartiers « riches », « Kinshasa-Est » et ses quartiers pauvres, « Kinshasa-Centre » s'interposant entre les deux (fig. 2).

Kinshasa-Ouest abrite les classes aisées dans des quartiers tels que Ma Campagne, Jamaïque, Mbinza Météo, Mbinza UPN, Mbinza Pigeon, Mimoza, Mbudi, Mbinza Telecom, Brikin, Kinsuka pêcheurs, etc. Kinshasa-Est abrite les classes populaires dans des communes telles que Kisenso, Ndjili, Kimbanseke, Masina, Mont-Ngafula secteur Est, Nsele, Maluku, etc. La jeunesse kinoise a elle-même donné un surnom à Kinshasa-Est : « Chine populaire ». Kinshasa-Centre, ville de transition, socialement mixte, s'affiche comme une zone d'« interposition » entre les deux. Elle est constituée de l'ensemble de l'habitat planifié construit par l'Office des cités africaines, le Fonds d'avance et autres quartiers auto-construits avant l'indépendance. Ce sont les communes de Bandalungwa, Ngiri-Ngiri, Kasa-Vubu, Kalamu, Lemba, Matete, Kintambo, Lingwala, Kinshasa et Barumbu.

Le dualisme a engendré un phénomène de mobilité résidentielle intra-urbaine. En effet, les ménages de Kinshasa-Est qui ont connu une ascension sociale ont

Hérodote, n° 179, La Découverte, 4e trimestre 2020.

FIGURE. 2. – LE DUALISME DE L'ESPACE URBAIN DE KINSHASA

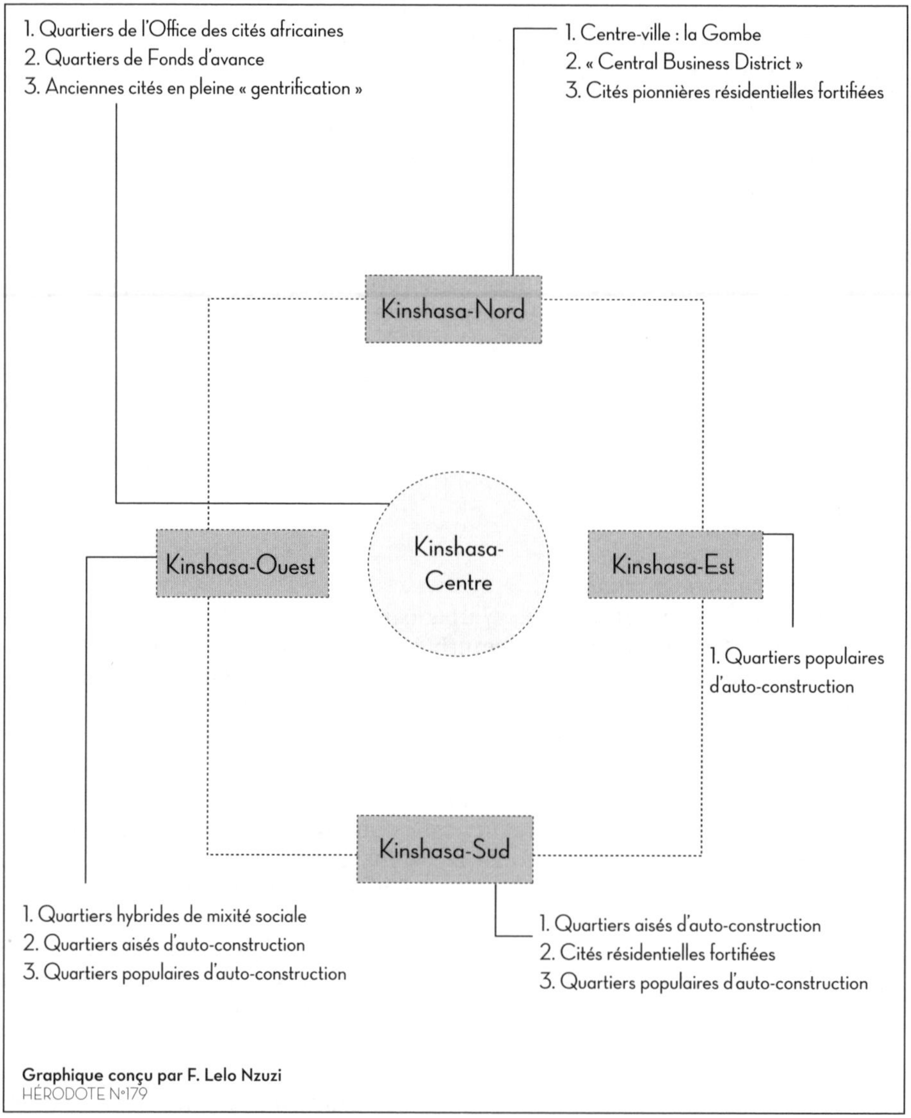

Hérodote, n° 179, La Découverte, 4e trimestre 2020.

tendance à déménager vers Kinshasa-Ouest. Conformément à ce schéma dualiste les cités résidentielles du type « gated community » sont situées en grande majorité soit à Kinshasa-Nord (commune de la Gombe), soit à Kinshasa-Ouest. Pour l'instant, Kinshasa-Est a accueilli à peine deux quartiers résidentiels fermés : la Cité Venus et la Cité Mama Olive Lembe.

La diffusion spatio-ethnique

Depuis sa genèse, la ville s'étale en suivant deux principaux axes routiers : Est et Ouest. La route de l'Est (boulevard Lumumba) conduit directement vers la province de Bandundu ; celle de l'Ouest (route de Matadi) vers la province du Kongo Central. Sur le plan spatio-ethnique, les ressortissants de la province du Kongo Central ont tendance à s'établir à Kinshasa-Ouest. Ils sont nombreux dans les communes populaires de l'Ouest comme Bumbu, Selembao, une partie de Mont-Ngafula et Ngaliema. Les ressortissants de la province de Bandundu quant à eux s'installent de préférence à Kinshasa-Est, notamment dans les communes populaires de l'Est comme Masina, Kimbanseke, Ndjili, Nsele et Maluku.

Cependant, l'afflux massif de migrants ruraux tend à mélanger les populations : la formation de quartiers ethniquement homogènes n'est pas à l'ordre du jour à Kinshasa, ce qui rend possible la cohabitation de groupes socialement et ethniquement différents dans des quartiers multiethniques.

Les inégalités spatio-économiques

Sur le plan socio-économique, un processus de « gentrification » de certains quartiers de Kinshasa-Ouest est en cours (Kinsuka pêcheur, Mbudi, Brikin, Kinsuka Carrigres, etc.) et de Kinshasa-Centre (Kintambo, Lingwala, Kinshasa, Barumbu) grâce à leur proximité avec le centre-ville (la Gombe). À l'inverse on assiste à la paupérisation de certains établissements humains de Kinshasa-Est.

Les conséquences les plus marquantes de l'urbanisme du type « libéral et néolibéral » peuvent aussi être analysées en termes de dualisme socio-économique entre le centre et la périphérie. Le centre, dans ce contexte, est le centre-ville constitué principalement par la commune de la Gombe, l'ancienne « ville européenne », qui fait quasiment office de Central Business District (CBD) de Kinshasa. C'est la zone par excellence du secteur formel. La périphérie où règne le secteur informel couvre le reste de l'espace urbain. Elle émet un flux important de déplacements vers le centre-ville. Les migrations journalières animent Kinshasa d'un rythme pendulaire entre le centre et la périphérie. Le matin, les masses populaires affluent vers le centre. Le soir, elles font le mouvement inverse. Les déplacements quotidiens entre le domicile et les lieux de travail, de loisir, l'école, etc. posent un énorme problème de transport. Le coût du déplacement vers le centre-ville, généralement en minibus, grève le budget des populations de la périphérie. Beaucoup

Hérodote, n° 179, La Découverte, 4e trimestre 2020.

d'habitants des quartiers populaires sont trop pauvres pour pouvoir payer quotidiennement le ticket de bus. La marche à pied constitue alors, pour eux, le principal moyen de déplacement, y compris sur de longues distances.

Le dualisme urbain spatio-politique

Kinshasa-Est est réputé très activiste et engagé politiquement. Les manifestations et revendications politiques commencent souvent dans cette partie de la ville où les inégalités sociales décriées par les masses populaires sont à l'origine d'une violence récurrente relayée par la jeunesse. Les jeunes désœuvrés se livrent à la délinquance qui frise la criminalité. Les politiciens ne se privent pas de les recruter pour organiser des manifestations politiques qui se soldent souvent par la violence. Les jeunes se sont organisés en gangs appelés localement « kuluna », symptôme de la montée en puissance de la violence urbaine en périphérie. Depuis quelques années le phénomène « kuluna » s'est répandu partout dans les quartiers populaires de Kinshasa. Les « kuluna » y alimentent un climat d'insécurité chronique, quand ils ne sèment pas la terreur jour et nuit en agressant les paisibles citoyens.

La spéculation foncière

La privatisation des espaces publics et agricoles qui entraîne leur disparition au profit des « camps riches » est perçue par les populations démunies comme une injustice. La Cité du Fleuve par exemple a confisqué une étendue de 600 ha de marais rizicoles et piscicoles qui ont été assainis et viabilisés à Kingabwa. La Cité Kin-Oasis a privatisé une étendue de 30 ha précédemment occupée par près d'un millier de maraîchers à Bandalungwa. La Cité Moderne a été bâtie dans la concession de la Foire internationale de Kinshasa (FIKIN) à Limete en l'amputant d'un grand espace public. La Cité Belle-Vue a été construite sur un espace agricole à Kintambo. La Cité Venus s'est implantée sur un site agricole de près de 4 ha à Kinkole. La Cité Paradise a privatisé une étendue de 5 ha de pépinière maraîchère et du champ-école du ministère de l'Agriculture à la Gombe. La Cité Laurent Désiré Kabila a confisqué un grand espace de friches industrielles appartenant à l'usine CPA en faillite à Kinsuka. Ces exemples parmi d'autres soulignent l'ampleur du phénomène.

Les cités résidentielles fermées et sécurisées font l'objet d'une intense spéculation immobilière et foncière. À la Cité du Fleuve, le mètre carré se vendait au départ 1 920 dollars, une villa 460 000 dollars. À la Cité Kin-Oasis, les prix de vente des appartements oscillaient entre 291 000 et 450 000 dollars, ceux des villas entre 464 000 et 870 000 selon leur dimension. À la Cité Moderne, les prix des appartements se négociaient entre 217 000 et 390 000 dollars. La Cité Belle-Vue loue une villa entre 2 500 et 6 000 $ par mois. La Cité Paradise loue ses appartements

Hérodote, n° 179, La Découverte, 4e trimestre 2020.

entre 1 800 et 3 500 $. Quant à la location d'une villa dans le complexe résidentiel UtexAfrica, elle peut avoisiner 7 000 dollars par mois. La Cité Laurent Désiré Kabila a fixé les prix de location-vente entre 45 000 et 130 000 dollars pour une maison basse de 2 à 3 chambres, entre 150 000 et 180 000 pour une maison à étage. Le prix du m^2 de terrain à bâtir se situe autour de 1 000 dollars [Messina Ndjomo, 2019]. Ces chiffres sont à comparer avec le PIB national par habitant évalué par la Banque mondiale à environ 750 dollars par an en parité de pouvoir d'achat : cela donne la mesure du gouffre existant entre l'immense majorité des Congolais, et parmi eux des Kinois, et les groupes sociaux, nationaux et étrangers, qui peuvent accéder à ce type de logement.

Conclusion

Cette étude relance le débat sur le dualisme opposant la ville planifiée sur papier et la ville vécue sur le terrain. Assiste-t-on à l'apparition d'une nouvelle forme d'urbanisation à Kinshasa ? Les profondes mutations du paysage urbain reproduisent en réalité le modèle colonial de distanciation raciale, la mise à l'écart physique s'exprimant aujourd'hui en termes de fractures socio-spatiales.

L'étude a montré la complexité du développement urbain de Kinshasa, ville multimillionnaire, qui a connu une croissance soutenue au cours des dernières décennies. À l'heure actuelle, environ 12 % de la population nationale, soit plus de 10 millions d'individus, vit dans la capitale. Mais celle-ci offre de moins en moins d'opportunités aux nouveaux venus issus des provinces en quête de meilleures conditions de vie et de travail. Il n'est pas étonnant que Kinshasa concentre le taux de secteur informel le plus élevé du pays. Les résultats de l'enquête 1-2-3 (2014) sur l'emploi indiquent que 1,7 % des actifs kinois travaillent dans l'agriculture, 83 % dans le secteur tertiaire (commerce et services) et 14,6 % dans le secteur industriel.

Tous ces travailleurs habitent dans des quartiers auto-construits qui sont généralement légalisés *a posteriori* sous la pression d'associations d'habitants auprès des pouvoirs publics. L'attitude de l'État face à la crise du logement n'a pas évolué depuis l'indépendance. Il légalise le statut des habitants parce que cela lui coûte moins cher que le processus de recasement ou de relocalisation. Cette reconnaissance est néanmoins coûteuse car elle implique le branchement à l'eau, l'électricité, aux équipements, etc., si bien que les interventions étatiques prennent souvent du temps pour être mises en place. C'est pourquoi les projets de coopération internationale et les actions d'ONG de développement se substituent souvent aux pouvoirs publics.

Hérodote, n° 179, La Découverte, 4e trimestre 2020.

Le développement d'un monstre urbain comme Kinshasa est un processus complexe où interfèrent les problèmes socioéconomiques, politiques et environnementaux, mais aussi les questions d'organisation spatiale, c'est-à-dire d'aménagement urbain. Cela requiert des interactions entre trois parties prenantes aux intérêts souvent divergents : les pouvoirs publics, le secteur privé et la société civile (les Kinois eux-mêmes). Les dynamiques d'urbanisation ont-elles créé une ville spécifique ? Le paysage urbain porte la marque originale d'un dualisme opposant l'urbanisme de type social et l'urbanisme de type libéral et néolibéral. Les morphologies de ces espaces urbains reflètent les différences profondes entre l'urbanisme descendant de l'époque coloniale et l'urbanisme ascendant de la période postcoloniale. Avec l'urbanisme ascendant, le Kinois fabrique la ville que l'État tente de calibrer après coup. Le phénomène de l'auto-construction n'est pas près de s'estomper dans un proche avenir.

Pour certains observateurs, laisser Kinshasa se développer selon les lois « libérales » de la concurrence et du marché, telles qu'appliquées aujourd'hui dans les activités économiques, aggraverait le « libertinage urbain » et les inégalités socio-économiques. La ségrégation raciale d'avant l'indépendance a été remplacée après 1960 par la ségrégation socio-spatiale, les inégalités sociales se manifestant sur le plan foncier. Les classes sociales ont confisqué l'espace : Kinshasa-Ouest et Kinshasa-Nord par les classes sociales aisées, Kinshasa-Centre par la classe moyenne et Kinshasa Est et une partie de Kinshasa-Sud par les classes populaires. Pour briser ce dualisme urbain plusieurs plans d'urbanisme, à l'instar du plan ARSAC de 1967, SDAU de 1975 et SOSAK de 2014 ont été proposés afin de créer un équilibre entre le nord et l'ouest de la ville (riches et résidentiels) et le sud et l'est (précaires et populaires). Jusqu'à présent sans grand effet.

Bibliographie

CHARMES E. (2011), « Les gated communities : des ghettos de riches ? », *La Vie des idées*, 29 mars 2011, < https://laviedesidees.fr/Les-Gated-Communities-des-ghettos.html >.

LE GOIX R. (2006), « Les gated communities aux États-Unis et en France : une innovation dans le développement périurbain ? », *Hérodote,* vol. 3, n° 122, p. 107-137.

LEJEUNE DE SCHIERVEL X. (1956), *Les Nouvelles Cités congolaises : l'architecture et le logement*, Académie royale des sciences coloniales, Classe des sciences techniques, Mémoires in-8°, Nouvelle série, tome IV, fasc. 3 et dernier, Ed. Duculot. J, Gembloux, 261 p.

LELO NZUZI F. (2017), *Les Bidonvilles de Kinshasa*, Paris, L'Harmattan, 257 p.

MESSINA NDJOMO J.-P. (2019), « Consommation de la ressource foncière, périurbanisation résidentielle et efficacité urbaine à Kinshasa », thèse de doctorat en Sciences de l'université de Liège et en Aménagement et gestion intégrés des forêts et territoires tropicaux de l'ERAIFT/université de Kinshasa, 207 p.

Hérodote, n° 179, La Découverte, 4e trimestre 2020.

PORCU M. (2013), « Gated communities et contrôle de l'espace urbain. Un état des lieux », *Déviance et Société*, 2, vol. 37, p. 229 -247.

RD CONGO, Ministère du Plan (2014), « Enquêtes 1-2-3 ».

SAMBIENI KOUAGOU R. (2019), « Dynamique du paysage de la ville province de Kinshasa sous la pression de la périurbanisation : l'infrastructure verte comme moteur d'aménagement », thèse de doctorat en Art de bâtir et Urbanisme de l'université de Liège et en Aménagement et gestion intégrés des forêts et territoires tropicaux de l'ERAIFT/ Université de Kinshasa, 207 p.

SOSAK – Schéma d'orientation stratégique de l'agglomération de Kinshasa, (2014).

Hérodote, n° 179, La Découverte, 4e trimestre 2020.

Résumés

Béatrice Giblin, *Éditorial, Géopolitique d'une autre Afrique médiane*

Vingt-trois ans après la publication d'un numéro d'*Hérodote* sur « une Afrique médiane », nous reprenons le même thème. Assurément les situations géopolitiques ont évolué : avec le temps les conséquences tragiques du génocide rwandais s'atténuent, la situation politique de la République démocratique du Congo s'est stabilisée. Néanmoins, les situations géopolitiques de ce vaste ensemble restent complexes et conflictuelles car rarement circonscrites à un seul État. Aussi, pour les comprendre, faut-il changer de niveau d'analyse en prenant en compte des espaces plus vastes et des temps plus ou moins longs. C'est l'approche suivie par les auteurs choisis par Roland Pourtier qui a piloté ce numéro, tous comme lui spécialistes de cette région. Leurs analyses précises grâce à leur profonde connaissance du terrain permettent de comprendre des conflits qui paraissent interminables.

Roland Pourtier, *Afrique médiane, Afrique équatoriale : milieu et histoire*

L'Afrique médiane est, d'abord, une Afrique équatoriale, ce qui légitime la question des liens de causalité, généralement occultés, entre les milieux équatoriaux et l'organisation sociale et politique des populations. Pendant des siècles, le centre de l'Afrique a été ponctionné par la traite esclavagiste qui a contribué à façonner les territoires entre les océans Indien et Atlantique, laissant des traces dans les mémoires collectives. Depuis les débuts de la colonisation jusqu'à aujourd'hui, le prélèvement de matières premières a remplacé celui des hommes, dans une nouvelle mondialisation, toujours asymétrique. La République démocratique du Congo illustre le paradoxe d'un pays potentiellement riche de ses ressources naturelles mais qui ne parvient pas à s'extraire de la pauvreté. Le basculement géopolitique en cours vers l'Asie, Chine et Inde en particulier, y renouvelle les acteurs externes mais perpétue le système rentier. Dans le temps long, la démographie joue sa partition à la croisée du milieu et de l'histoire.

Gérard Prunier, *Le Sud-Soudan depuis l'indépendance : chronique d'un désastre*

Dernier État mondial à accéder à l'indépendance en juillet 2011, le Sud-Soudan semble avoir très difficilement géré la liberté qu'il trouvait après cinquante-six années d'existence conflictuelle au sein du Soudan

Hérodote, n° 179, La Découverte, 4e trimestre 2020.

« uni ». En décembre 2013, le président Salva Kiir dénonçait une tentative de « coup d'État », suite à plus d'une année de désagrégation du pouvoir. La réalité semble avoir été au contraire une tentative d'empêcher les élections prévues pour 2015 et qu'il semblait bien en peine de gagner. Le massacre des soldats Nuer à Juba ouvrit une période de guerre civile où plusieurs régions du pays se soulevèrent contre le pouvoir qui parvint à se maintenir largement grâce à l'aide d'une intervention de l'armée ougandaise. Une violence extrême dans la répression causa d'énormes pertes civiles (autour de 400 000 morts) et un nombre encore plus élevé de personnes déplacées (1,5 million) et de réfugiés (plus de deux millions) Des négociations ont abouti à la difficile mise en place d'un gouvernement fragile dont l'avenir reste incertain.

Thierry Vircoulon, *Quand le Sahel central rencontre l'Afrique centrale, réflexions géopolitiques sur le conflit centrafricain*

Le conflit centrafricain n'est pas seulement l'aboutissement final de trente ans de mauvaise gouvernance structurelle depuis la démocratisation ratée des années 1990. Il est aussi et surtout le révélateur d'évolutions géopolitiques : l'effritement graduel des États tchadien et soudanais et le glissement des communautés pastorales du Sahel central jusqu'à la forêt congolaise. Ces évolutions ne se contentent pas de plonger le territoire centrafricain dans l'anarchie, elles sont en train de recomposer l'Afrique centrale.

L'implication croissante des miliciens tchadiens et soudanais dans les conflits centrafricains depuis le début de ce siècle met en évidence à la fois la faible emprise des régimes soudanais et tchadien sur leurs turbulentes périphéries, la gouvernance de ces territoires par compromis avec des bandes armées et la formation d'un vaste espace de banditisme régionalisé qui englobe maintenant le territoire centrafricain.

Le fait que le pastoralisme soit devenu un enjeu de sécurité majeur en Centrafrique traduit une nouvelle régionalisation de l'espace pastoral : les communautés du Sahel central glissent vers l'Afrique centrale. Alors qu'il était encore saisonnier et temporaire à la fin du siècle dernier, le mouvement du bétail et des hommes en provenance du Sahel central donne maintenant lieu à un nouveau front pastoral au nord de la République démocratique du Congo et modifie le peuplement du nord et de l'est de la Centrafrique. Cette nouvelle migration climatique nord-sud recompose discrètement mais profondément la géopolitique régionale : elle entretient des guerres de terroirs loin dans la brousse, introduit l'islam dans de nouveaux territoires et est vécue comme une invasion par les communautés autochtones. En remettant en cause la frontière invisible écologique, religieuse, sociale, politique et économique séparant l'Afrique sahélienne et l'Afrique centrale, le glissement vers le sud des éleveurs sahéliens va exacerber la conflictualité actuelle.

Filip Reyntjens, *L'araignée dans la toile. Le Rwanda au cœur des conflits des Grands Lacs*

Les deux guerres du Zaïre/Congo ont été menées par de nombreux acteurs : armées nationales de plusieurs pays de la région, mouvements rebelles congolais et voisins, « entrepreneurs de l'insécurité ». Des alliances mouvantes régionales en ont déterminé le déroulement et l'issue. Cet article met l'accent sur le rôle joué par le plus petit pays de la région, le Rwanda. C'est à son

Hérodote, n° 179, La Découverte, 4e trimestre 2020.

initiative que les conflits débutent et à chaque fois ses actions sont déterminantes. Au-delà des guerres congolaises, le Rwanda a été et reste en conflit, à un moment ou à un autre, avec l'un ou l'autre de ses quatre voisins. Cela s'explique pour partie par des soucis sécuritaires bien réels, mais cette réalité renvoie aussi à l'expérience historique récente de l'ancien mouvement rebelle, le Front patriotique rwandais (FPR), devenu parti au pouvoir. La longue durée offre un autre élément d'explication. Le Rwanda précolonial était une société profondément militarisée et un ancien « nationalisme belligérant », ramené par la diaspora tutsie après la victoire du FPR, continue de façonner la vision des relations régionales de ses leaders.

Jean-Pierre Bat, *L'Afrique centrale : le nouveau « Grand Jeu »*

Le paysage politico-diplomatique de l'Afrique centrale a profondément évolué depuis le début du siècle : à la veille de la décennie 2020 de nouvelles lignes de force géopolitiques se font jour. Les présidents africains de la nouvelle génération savent, mieux que leurs aînés des années 1990-2000, composer avec le nouvel ordre mondial, avec ses règles du jeu en recomposition au XXIe siècle. L'Afrique centrale y occupe une place d'autant plus stratégique qu'elle est devenue le centre d'un nouveau « Grand Jeu » dans lequel la Chine s'impose comme le grand acteur international. Entre les nouveaux rapports de force multilatéraux et les repositionnements des acteurs étatiques et para-étatiques africains et étrangers, une nouvelle géographie politique de la sous-région émerge : les héritages postcoloniaux y sont souvent identifiés mais les nouvelles combinaisons stratégiques trop fréquemment sous-estimées.

Alain Karsenty, *Géopolitique des forêts d'Afrique centrale*

À rebours des autres régions du monde, l'Afrique pourrait devenir bientôt le continent de la déforestation, avec la République démocratique du Congo qui perd plus d'un million d'hectares de couvert arboré par an. En Afrique centrale, la déforestation est le fait d'une petite agriculture dont l'emprise géographique s'accroît avec la démographie et la volonté de se constituer des patrimoines fonciers. Le phénomène d'accaparement des terres boisées par l'agrobusiness reste limité, la plupart des annonces impressionnantes ayant tourné court du fait des résistances paysannes et des réticences des gouvernements. L'exploitation des forêts se fait toujours très largement sous le régime des concessions, mais les intérêts européens sont devenus minoritaires face aux conglomérats asiatiques, notamment chinois. L'émergence d'une rivalité sino-indienne dans le secteur forestier se dessine au Gabon. Les initiatives internationales qui se succèdent n'ont pas obtenu de résultats convaincants et le processus REDD + reste essentiellement une vitrine à destination des donateurs sans prise réelle sur le terrain. Le Gabon a su tirer parti d'une habile diplomatie climatique qui lui confère un leadership auparavant occupé par la RDC. La crise de 2020 pourrait entraîner une baisse de certaines pressions sur les forêts (infrastructures et activités extractives) mais risque d'en renforcer d'autres, de nombreux néo-chômeurs devant se rabattre sur l'agriculture vivrière.

Marc-Louis Ropivia, *Géopolitique de l'Afrique centrale. La CEEAC entre centralité introuvable et déficit chronique d'intégration*

Hérodote, n° 179, La Découverte, 4e trimestre 2020.

L'organisation majeure de l'intégration régionale en Afrique centrale est la Communauté économique des États de l'Afrique centrale (CEEAC). L'appartenance de cinq de ses États membres aux régions d'Afrique orientale et australe ainsi que leur dépendance des corridors de désenclavement de ces deux zones constituent des forces centrifuges qui entraînent un déficit d'intégration dans la CEEAC. L'une des solutions pour y remédier est le recentrement sur la République démocratique du Congo et son émergence en tant qu'État-pivot de l'entité régionale d'Afrique centrale.

René Migliani et Jeanne-Marie Amat-Roze, *Situation sanitaire de la République démocratique du Congo en 2020*

Près de vingt ans après le numéro de la revue *Hérodote* consacré à l'Afrique médiane où seuls les aspects humanitaires et sanitaires liés au conflit rwandais avaient été abordés, décrire la situation sanitaire actuelle de la République démocratique du Congo est un observatoire pour juger du développement de ce pays sur la période. Des affections, la rougeole, les endémies prioritaires, le paludisme, l'infection à VIH-sida, la tuberculose et deux maladies émergentes épidémiques, la maladie à virus Ebola et la maladie à coronavirus 2019, montrent que ce vaste pays se remet encore des conflits des années 1990, et a du mal à se développer et à sortir de la pauvreté. Les carences du système de santé sont encore grandes, bien que la part du budget de l'État alloué à la santé ait été nettement améliorée. L'accès aux soins et aux activités de prévention est difficile, notamment pour les femmes et les enfants. Grâce à l'aide internationale les endémies prioritaires commencent à reculer et certaines épidémies peuvent être contrôlées, notamment la maladie à virus Ebola.

Claire Médard et Stéphanie Duvail, *Accaparement foncier et officialisation de la propriété privée au Kenya*

La conception vernaculaire des accaparements fonciers, au Kenya, souligne les responsabilités de l'État, dans la mesure où le pouvoir s'est construit historiquement autour du contrôle foncier. Elle introduit aussi la notion de la légitimité d'une appropriation, qui serait fonction de l'appartenance ethnique ou nationale. L'accent mis sur les acteurs et les échelles de l'officialisation de la propriété de la terre permet de poser différemment la question d'une souveraineté « ethnique » ou « nationale » à partir du contrôle foncier et des formalisations contrastées de la propriété. Des études de cas mettent en lumière les transformations locales du contrôle foncier pour mieux saisir les articulations de pouvoir aussi bien dans le cas d'acquisitions foncières internationales que dans celui d'accaparements fonciers domestiques.

Francis Lelo Nzuzi, *Les manzanzavilles et les « camps riches » de Kinshasa : aperçu de la dynamique et de la géopolitique urbaines*

Le paysage urbain de Kinshasa porte les stigmates de trois types de politique et stratégie de gestion urbaine : social, libéral et néolibéral. Ce paysage a été façonné en trois phases successives. Avant l'indépendance, la ville a bénéficié d'une politique urbaine du type social avec la construction de logements sociaux clés en main mis en location-vente. Après l'indépendance, la

Hérodote, n° 179, La Découverte, 4e trimestre 2020.

ville a connu une politique urbaine du « laisser-faire » du type libéral engendrant des quartiers d'auto-construction et manzanzavilles ou bidonvilles. Depuis la décennie 2000, la ville a vu se développer un urbanisme du type néolibéral à l'origine des « cités résidentielles fermées et sécurisés », à l'instar de ce qu'on appelle aux États-Unis les « gated communities » que les Kinois ont surnommées « camps riches ».

Hérodote, n° 179, La Découverte, 4e trimestre 2020.

Abstracts

Béatrice Giblin, Editorial, *Geopolitics of a different Middle African*

Twenty three years after publishing Hérodote's issue "A Middle Africa", we are choosing the same theme. For certain, the geopolitical situations have evolved: the tragic consequences of the Rwandan genocide ease up overtime, and the political situation in the Democratic Republic of Congo got stabilized. However, the geopolitical situations of this wide area remain complex and contentious because they are rarely contained to one State. Also, in order to understand them, it is necessary to change the scale of analysis and take into account wider spaces and longer timeframes. This is the way Roland Pourtier pursued when he selected the authors of this issue, all of them being specialists of this region. Thanks to their deep knowledge of the field, their analyses are precise and help to understand seemingly endless conflicts.

Roland Pourtier, *Middle Africa, Equatorial Africa : environment and history*

Middle Africa is, first of all, an equatorial Africa, which legitimizes the question of the causal links, generally hidden, between equatorial environments, and the social and political organization of populations. For centuries, the center of Africa has been drained by the slave trade which has helped to shape territories between the Indian and Atlantic oceans leaving traces in the collective memories. From the beginnings of colonization until today, the taking of raw materials has replaced that of men, in a new globalization, always asymmetric. The Democratic Republic of Congo illustrates the paradox of a country potentially rich in its natural resources, but unable to lift itself out of poverty. The ongoing geopolitical shift towards Asia, China and India in particular, renews the external actors there but perpetuates the rentier system. In the long time, demography plays its part at the crossroads of environment and history.

Gérard Prunier, *South Sudan since Independence : Chronicle of a disaster*

South Sudan is the youngest born of the world's states, its independence dating from July 2011. It was the product of forty-six years of difficult and largely violent existence in the former "united" Sudan. In December 2013, President Salva Kiir announced an attempt at a coup d'état, after over a year of unraveling of the nascent state structures. It was, in fact, due to an attempt

Hérodote, n° 179, La Découverte, 4e trimestre 2020.

by the president himself at preventing the organization of a general election due to be held in 2015 and where his victory seemed highly problematic. The massacre of Nuer soldiers in Juba triggered a general civil war when several regions rose against the government. The regime survived due to the military intervention of the Ugandan Army. A very violent repression caused a massive number of civilian casualties (probably around 400 000 deaths) and a large number of internally displaced persons (1.5 millions) and refugees (2 millions). Negotiations eventually led to creating a fragile "peace" government whose future remains at present uncertain.

Thierry Vircoulon, *When Central Sahel meets Central Africa, geopolitical thoughts on the Central African conflict*

The Central African Republic conflict is not only the final act of thirty years of bad governance that started with the botched democratization process in the 1990s. It is first and foremost the symptom of the geopolitical shifts underway in the region: the progressive crumbling of the Chadian and Sudanese states and the movement of pastoralist communities from the Sahel to the edge of the Congolese tropical forest. These geopolitical shifts are not only causing havoc in the Central African Republic, they are also transforming the Central Africa region.

Since the start of this century, the involvement of Chadian and Sudanese militiamen into the Central African conflicts has increased. It demonstrates that the Chadian and Sudanese régimes are losing control over their rebellious peripheries and co-rule these territories with non-state armed groups. Nowadays these peripheries constitute a vast lawless area that incorporates the Central African Republic.

Pastoral farming has become a major security issue in the Central African Republic because of the regionalisation of this activity: the Sahelian pastoralist communities are gradually moving south to the Central Africa region. At the end of last century, the cattle migration from the dry land to the savannah was seasonal and temporary. But it is now opening up a new pastoral frontier in Northern Congo and transforming the settlement patterns in the North and East of the Central African Republic. This new climate migration from North to South is discreetly but surely redefining the regional geopolitical order: it causes land conflicts in the bush, it extends Islam into new territories and it is seen as an invasion by the local communities. As it is contesting the ecological, religious, political, social and economic border that divides the Sahel and Central Africa, the migration of the pastoralist communities to the South is a perfect recipe for more conflicts.

Filip Reyntjens, *The spider in the web. Rwanda and the conflicts in the Great Lakes Region*

The two successive Zaire/Congo wars have been waged by many actors: national armies of several countries of the region, Congolese and neighboring rebel movements, "entrepreneurs of insecurity". Shifting regional alliances have determined their development and outcome. This article focuses on the role played by Rwanda, the smallest country in the region. Its initiatives were at the origin of the conflicts and each time its actions were instrumental. Since the Congo wars, Rwanda has always been and remains, at one moment or another,

Hérodote, n° 179, La Découverte, 4e trimestre 2020.

in conflict with its four neighbors. While genuine security concerns drove it into action, we explain this reality also based on recent experiences of the former rebel movement Rwandan Patriotic Front (RPF), which is in power today. The longue durée offers another element of explanation. Precolonial Rwanda was a profoundly militarized society, and an ancient "belligerent nationalism", brought home by the Tutsi diaspora after the RPF's victory, continues to inform its leaders on the reading of regional relations.

Jean-Pierre Bat, *Central Africa : the new "Great Game"*

The political and diplomatic situation of Central Africa has deeply changed since the beginning of the twenty-first century. At the beginning of the 2020s, new geopolitical trends are emerging. African presidents from the new generation know much better than their elders from the 1990s and 2000s how to play with the changing rules of the international game. Central Africa is becoming, in the new international order, the center of a new "Great Game" in which China appears as the major international actor. A new political geography is emerging between a new balance of power, on the one hand, and, on the other hand, the repositioning of African and foreign institutional actors: post-colonial legacies are often identified but new strategical schemes are usually underestimated.

Alain Karsenty, *Geopolitics of Central Africa forests*

In contrast to other regions of the world, Africa could soon become the continent of deforestation, with Democratic Republic of Congo losing more than 1 million hectares of tree cover per year. In Central Africa, small-scale agriculture is the main driver of deforestation. Its expansion is associated with demographic patterns and the desire to build up a land heritage. Land grabbing of forestland by agribusiness remains limited, as most of the impressive announcements have turned out to be short-lived due to local people resistance and government reluctance. Forest exploitation is still mostly carried out under the concession regime, but European interests have become a minority in the face of Asian conglomerates, particularly Chinese. The emergence of Sino-Indian rivalry in the forestry sector is emerging in Gabon. Successive international initiatives have not achieved convincing results, and the REDD + process remains essentially a showcase for donors with no real grip on the ground. Gabon has been able to take advantage of a skillful climate diplomacy that gives it a leadership previously hold by the DRC. The 2020 crisis could reduce some pressures on forests (infrastructure and extractive activities), but may increase others, as many neo-unemployed people will have to resort to subsistence farming.

Marc-Louis Ropivia, *Central Africa geopolitics : ECCAS between unfindable centrality and chronic integration deficit*

The major organization for regional integration in Central Africa is the ECCAS (Economic Community of Central African States). The fact that five of its member States belong to Eastern or Southern Africa as well as their dependence on the opening-up corridors of these two zones constitute centrifugal forces which lead to a lack of integration into ECCAS. One of the solutions to remedy this is to refocus

Hérodote, n° 179, La Découverte, 4e trimestre 2020.

on Democratic Republic of Congo and its emergence as a pivotal state of the regional entity of Central Africa.

René Migliani and Jeanne-Marie Amat-Roze, *Health situation in the Democratic Republic of Congo in 2020*

Nearly twenty years after Hérodote dedicated an issue to Middle Africa, in which only the humanitarian and health aspects related to the Rwandan conflict had been addressed, to describe the current health situation in the Democratic Republic of Congo is an observatory to evaluate the development of this country over time. Diseases, measles, priority endemics, malaria, HIV-AIDS infection, tuberculosis and two emerging epidemic diseases – Ebola virus disease and coronavirus disease 2019 – show that this vast country is still recovering from the conflicts of the 1990s and is struggling to develop and lift itself out of poverty. The deficiencies of the health system remain important, although the share of the state budget allocated to health has been significantly improved. Access to care and prevention activities is difficult, especially for women and children. Thanks to international assistance, priority endemic diseases are beginning to decline, and some epidemics can be controlled – such as the Ebola virus disease.

Claire Médard and Stéphanie Duvail, *Land-grabbing and the official making of private land ownership in Kenya*

The vernacular meaning of land-grabbing in Kenya points at the role played by the State in land thefts, reminding us that, historically, state power was built through control over land. Accusations of land-grabbing also convey the idea that the legitimacy of land ownership follows the orderly representation of ethnic and national belonging. We focus on actors and scales of the official making of private land ownership to highlight institutionally rooted strategies of control over land and contrasting formalizations. We link these to "national" and "ethnic" sovereignty. Case-studies help us understand the local transformation of land control and its power base whether dealing with large-scale international land acquisitions or domestic land-grabbing.

Francis Lelo Nzuzi, *The "manzanzavilles" and "rich camps" of Kinshasa : overview of urban dynamics and geopolitics*

Kinshasa's urban landscape bears the scars of three types of urban management policy and strategy : social, liberal and neo-liberal. This landscape was shaped in three successive phases. Before Independence, the city benefited from an urban policy of the social type with the construction of social housing put on sale. After Independence, the city experienced an urban policy of "let it be" with a liberal type of town planning, the genesis of self-built neighborhoods and "manzanzavilles" or slums. Since the 2000s, the city has seen the development of a neo-liberal type of town planning in its urban space at the origin of "closed and secure residential cities", like the so-called "Gated communities" in the United States – that Kinshasa nicknamed "rich camps".

Hérodote, n° 179, La Découverte, 4ᵉ trimestre 2020.

Mis en pages par DV Arts Graphiques à La Rochelle.
Achevé d'imprimer en octobre 2020 sur les presses de l'imprimerie Laballery à Clamecy
Dépôt légal : novembre 2020 – N° d'impression : 010400

Imprimé en France